U0186567

万物小史

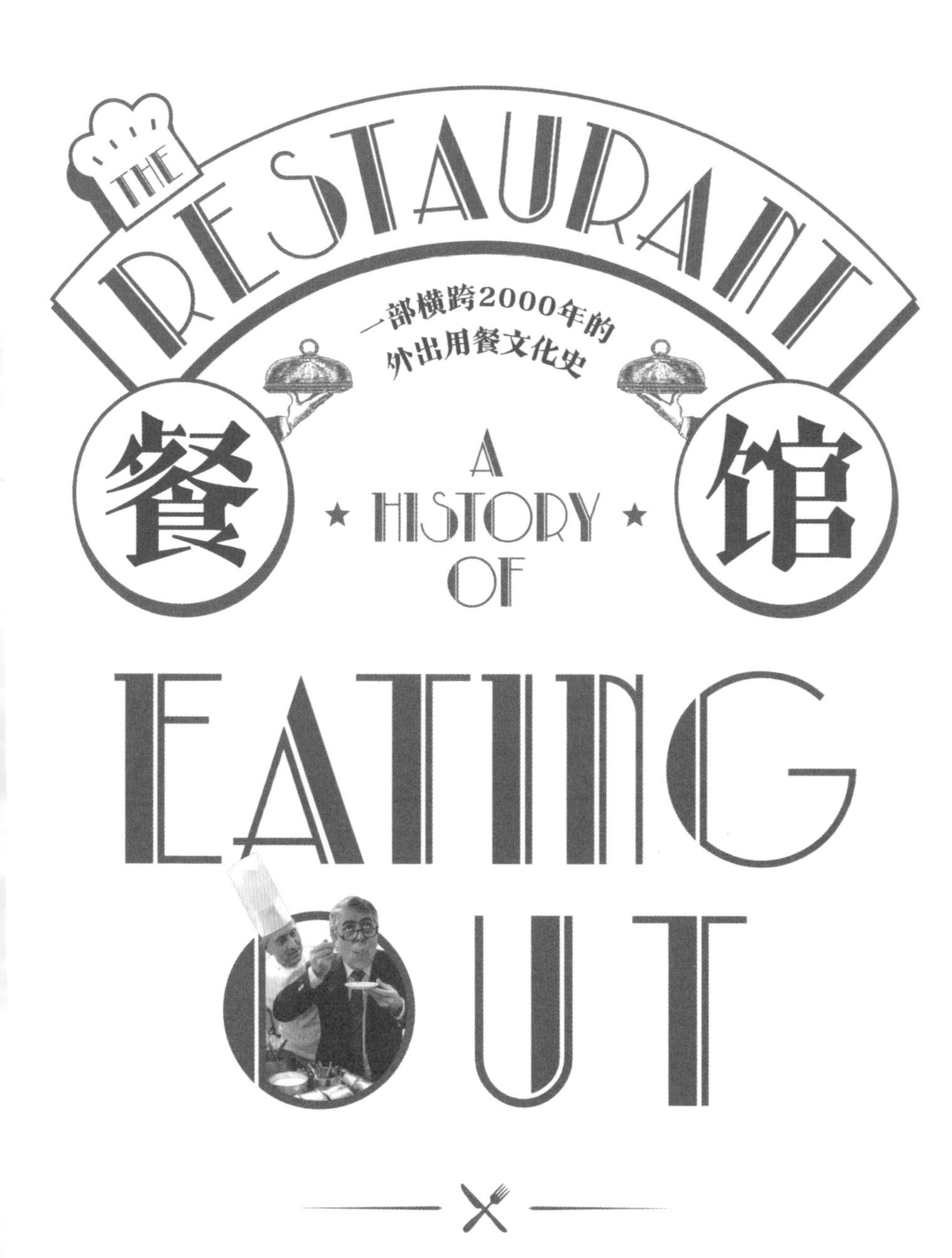

WILLIAM STIWELL
[英]威廉·席特维尔——著　吴慈瑛——译

SPM
南方出版传媒
广东人民出版社
·广州·

图书在版编目（CIP）数据

餐馆：一部横跨2000年的外出用餐文化史 / （英）威廉·席特维尔著；吴慈瑛译. —广州：广东人民出版社，2022.3（2022.7重印）
书名原文：The Restaurant: A History of Eating Out
ISBN 978-7-218-15160-1

Ⅰ. ①餐… Ⅱ. ①威… ②吴… Ⅲ. ①饮食—文化史—世界 Ⅳ. ①TS971.201

中国版本图书馆CIP数据核字（2021）第147859号

CANGUAN: YIBU HENGKUA 2000 NIAN DE WAICHU YONGCAN WENHUASHI
餐馆：一部横跨2000年的外出用餐文化史
［英］威廉·席特维尔 著 吴慈瑛 译

出 版 人：肖风华

责任编辑：陈 晔
文字编辑：罗凯欣
责任校对：钱 丰
责任技编：吴彦斌

出版发行：广东人民出版社
地　　址：广州市越秀区大沙头四马路10号（邮政编码：510102）
电　　话：（020）85716809（总编室）
传　　真：（020）85716872
网　　址：http://www.gdpph.com
印　　刷：天津丰富彩艺印刷有限公司
开　　本：889毫米×1194毫米 1/32
印　　张：9　　字　　数：230千
版　　次：2022年3月第1版
印　　次：2022年7月第2次印刷
著作权合同登记号：图字19-2021-095号
定　　价：59.00元

如发现印装质量问题，影响阅读，请与出版社（020-85716849）联系调换。
售书热线：020-87716172

目 录

简介

灵感的触角遍布世界；它们会穿越大陆，渗透文化，浸入人们的思想，也会在历史的进程中蜿蜒前进，有时它们似乎完全停止了，甚至会在停滞长达几个世纪之久后，再次出现在一个完全不同的地点。

这些触角——餐厅故事的根源，是我将要在本书中努力描述的细枝末节。

从古代到未来，极少有事物如餐馆这般种类繁多。这是一门生意，一项爱好，一种激情，又或是一场灾难。

无论是餐馆老板还是厨师，或是二者兼任，都需要独创性、商业头脑、创造力、技术专长、对设计或艺术的敏感性、会计意识、文化素养、社交技巧、公关能力、营销知识、谈判天赋——倘若他们还拥有精湛的厨艺，那便更胜一筹。

餐厅既可能是一个令人憧憬的梦想，也可能是一场吞噬生活的风暴；经营者既可能功成名就而腰缠万贯，也可能一败涂地而一蹶不振。

外出就餐的历史涉及政治、恐怖、勇气、疯狂、运气、创新、艺术、爱，以及沉着、诚恳的拼搏。

这个故事可以简单地通过研究一些个性鲜明的人来讲述——他们凭借自己的满腔热情与真知灼见，开创了非同凡响的餐馆，他们或打造了新颖的厨房，或设置了不落俗套的服务方式与餐饮风味，并改变了人们的饮食习惯。

你将会在本书的字里行间找到他们。例如，14 世纪伟大的旅行家伊本·白图泰在 30 多年里游历了 40 个国家；在经历长期的旅行和在外就餐后，他将自己所了解到的理念带回了家乡，并写下了关于各地食物的体验，供世人学习。19 世纪，法国人玛利·安托万·卡雷姆则缔造了家庭烹饪与专业制作的重大区别。

你还将认识到出生于墨西哥的纽约移民尤文西奥·马尔多纳多；1951 年，他取得了炸玉米卷制作机的专利，掀起了快餐产业的热潮。1958 年，白石义明将传送带运用到了寿司餐厅里，使鱼类的食用方式发生了革命性的剧变。

1967 年，阿尔伯特·鲁克斯和米歇尔·鲁克斯两兄弟在伦敦开设了“流浪儿餐厅”（Le Gavroche），培养并启发了一代代厨师，为战后英国惨淡的餐饮业带来了转机。美国的爱丽丝·沃特斯则在加利福尼亚开设了反主流文化的餐厅“潘尼思之家”(Chez Panisse)，出于自己对农民与作物的崇敬与热爱，她孜孜不倦地抵御着快餐产业这只“叫嚣的巨兽”。

他们对相隔数千英里的诸多国家造成了深远影响，千百万的人都在就餐过程中自觉或不自觉地体验到了他们的个人哲学，无论好坏与否。

本书以伟人的理论为基础的同时，还阐述了非预期的后果——法国革命家马克西米连·罗伯斯庇尔从未预见到自己的政纲及其热衷的血腥手段，反而会迎来精致餐饮的时代；理查德·麦当劳和莫里斯·麦当劳两兄弟也未预料到自己的快餐生意会蓬勃发展成一股席卷全球的浪潮，促使爱丽丝·沃特斯等人开设了理念截然相反的餐厅。

无论是否有意而为之，餐厅都是发生变革的工具与象征，可能标志着一个国家或帝国的繁荣与萧条——我们从庞贝古城错综复杂的餐饮格局，便可大致了解到古罗马帝国的远见、势力范围、文化深度与经济水平。第二次世界大战后英国萎靡不振的餐饮业，则充分展示了战争的恐怖与国家的冲突对该国饮食文化与口味的严重破坏。快进至 2018 年，我们又可以看到伦敦已成为世界级的餐饮业竞争选手——这一次是积极的角度。用餐厅老板兼设计师特伦斯·康兰爵士的话来说，英国首都已从“美食界的笑柄变成了令世界称羡的梦想所在”。

然而康兰也反映了餐厅故事中的另一个主题：对当前浮华盛景的习惯性幻想。作家们常说没有比当下更适合外出就餐的时代了，但在大约 20 年前的 1997 年，《美食指南》也曾宣称“当下是迄今为止餐饮业的巅峰时期”。

在“二战”后的几十年中，英国备受争议的餐饮业又如何呢？英国电影导演兼《星期日泰晤士报》的评论家迈克尔·温纳曾如是描述：“在 20 世纪 50 年代的黄金时期，食物的口感已达到应有的水平。”

1791 年，塞缪尔·约翰逊写道：“在人类精心打造的事物中，没有什么能比一家好的酒馆或饭店能够产生如此多的幸福。”所以那时的食物自然不会太糟糕。那么 1170 年，威廉·菲茨斯蒂芬在书作《伦敦风貌》中的谈到的一家日夜经营、随时提供餐点的公共餐厅又怎么样呢？

我并不认为外出就餐要到近代才算得上是一项值得考虑的活动，否则其中的故事就不会那么扣人心弦。随我一同游览这数千年的发展史后，也许你会认同我的看法。虽然其中有些故事可能被认为是“在外就餐”而不是“外出就餐”，但我仍认为它们与本书是有关联的，因为从“在外就餐”到“外出就餐”的变化影响了餐馆的前景。当然，现代社会能为信息交换与人流输送提供更多种可能的途径，因此世界人民才有幸追求种类更丰富、口感更美味的食物，而这也为餐厅存在的意义打下了一束高光，毕竟现在许多人可以通过食物来判断一个国家。毫不夸张地说，仅一家餐馆就可能成为人们长途跋涉的理由。餐馆的文化价值早已不亚于博物馆、艺术馆、夜总会与海滩，在当今，更是与一个地区的风景、居民与气候处于同等重要的地位。

不过，餐厅既可能成为推动旅游业的驱动力，也可能产生反效果——如果你居住的城市拥有印度、中国、日本、秘鲁、法国和意大利的美食供应商，那为何还要飞往他处呢？用英国作家尼古拉斯·兰德尔的话来说："点菜就是最便宜的旅行方式。"

餐厅既象征着一个国家的发展，也可以成为用餐者的身份象征。如果食客选择一家餐厅，仅是因为他们认为自己会陶醉于其中的奢华体验，那么外出就餐的观念就十分复杂了。

历史学家约翰·伯内特对前辈让·安特赫尔姆·布里拉特·萨瓦林的原话进行了巧妙的改写："告诉我你的用餐地点，我就能说出你是什么样的人。"人们就最喜爱的餐厅而进行的探讨，可能会比你想象中更细微，因为他们会以自己热衷光顾的场所类型来彰显自己的品味与实力。而为了达到这个目的，他们也许还需要在一直讨论的时髦/休闲餐厅中，加入几家素食小餐馆。

餐厅也成了一种娱乐形式，即便它们在本质上不算娱乐业的组成部分。你也许会好奇，其中某些餐厅会不会只是因某位厨师的电视节目或书作生涯而诞生的附属品。我们很难分辨哪些是餐饮产品，哪些是营销手段。有些厨师在节目里赢得烹饪比赛后开设了餐厅，而有些则是在经营餐厅后赢得了这种比赛，从此只在烹饪节目中做饭。

由于餐厅已成为休闲行业的一部分，其存在的理由也越发难以定义。如果你需要通过做运动，例如散步或慢跑，才能增加对晚餐的食欲，那么你是否还会选择到餐厅吃饭呢？人们并非因饥饿而外出就餐的生活，有多么疯狂呢？不过当然，食物并非人们走进餐厅的唯一因素。正如英国餐厅评论家阿德里安·安东尼·吉尔所述："人们会去餐厅是因为胃口好，这与饥饿不同。"

我们会选择五花八门、风格各异的餐厅，而这些地方的经营灵感来源也是多种多样的，并且通常是社区为满足移民种群而引入的烹饪手法，而这样的迎合进一步带来了令人愉快的餐饮发展，例如20世纪60年代在北美生活的日本移民，又或是在伦敦东区生活的孟加拉国移民。与此同时，尽管东道国的某些公民曾十分抵触带来这些美食的侨民，但当他们也有幸尝到这些美味后，不但爱不释口，还将之归为自己国家文化的重要组成部分（例如英国人对印度风味的态度）。

不过在你开始阅读这段复杂而奇妙的历史前，我认为自己有必要道个歉，因为这几百页内容全是我个人的就餐历程，自然有许多人、许多餐厅、许多故事没有被本书提及，有些国家的食物尚未被最终定论。但不可否认的是，这些国家的美食与餐厅仍具影响力。鉴于我有限的研究未能触及全面的世界餐饮知识，我要在此向它们以及作为读者的你表达最诚挚的歉意。

但故事叙述者的特权是讲述他自己的故事。本书并不是有史以来最佳餐厅的大盘点，也不是史上最伟大的厨师、最好的烤箱或最具创新性的厨房工具的列表，而是一个关于美味佳肴的背景故事，一个塑造我们生活的现代世界的故事。

威廉·席特维尔

北安普顿郡韦斯顿

1 The Romans 古罗马人

考古学家在庞贝古城中发现的一家酒馆揭示出了一座拥有一系列非常精致的酒店、酒吧和餐馆的城市。

公元 79 年 8 月 23 日，烈日炎炎的一天，我们不妨设想这样一个场景：某个庞贝市民正从他最常光顾的酒馆里跌跌撞撞地走出来。这个酒馆很可能是“普里姆斯酒馆”，一处实实在在的买醉之地，位于奥克尼奥十字路口的东北角。他从酒馆正门出来后，踏上了城市主干道——阿波坦查大道。这条街道横穿曾坐拥 12000 人口的庞贝城，全长将近 1 公里。

也许他厌倦了饮用这种为了适应某些顾客寡淡的口味而掺了水的葡萄酒，想要逃离庞贝“牛津街”的人群，这是古文明世界的“第五大道”。他走出酒馆后右拐再右拐，急转进入了较为狭窄的斯塔比亚大道。他从普里姆斯酒馆一扇开着的窗户前经过，而酒馆的柜台紧靠着街道，以方便顾客在窗前点单并取走食物。由于这扇窗户离街道还有一大步的距离，因此我们这位衣衫褴褛的庞贝居民以及其他过路人才不会在途经这条熙熙攘攘的小路时撞上窗户。

普里姆斯酒馆的这位常客，因为混着喝了几种酒而头晕目眩，又因输了骰子游戏而心烦气躁，只想赶紧回家打个盹儿。他沿着斯塔比亚大道眺望着远处巍然耸立的维苏威火山——这番壮阔的景象他再熟悉不过了，几乎就跟长在自己身上的双手一样日日相见，但没想到今天它有些不寻常——山顶上冒着一缕轻烟。罗马帝国的作家兼诗人小普林尼曾描述这片火山云“形如一棵金松”。

这天早晨已有居民听到了隆隆声，他们议论并猜测这又是一场地震。但这并不罕见，坎帕尼亚的这片地区经常发生轻微震荡，仿佛是众神在抱怨着什么。人类会在赌桌上因手气不佳而感到不悦，或许是众神在发牢骚吧？所以，这些居民自然没有因维苏威火山冒出的烟雾和轻微的震动声而感到惊慌，也没有将两者联系起来。虽然 7 年前当地曾发生过大地震，但时至公元 79 年 8 月 23 日，维苏威火山已经休眠了 1500 年，因此没人认为这样的“死火山”会突然苏醒。

现在我们继续跟着那位伙计。他摇摇晃晃地走在大量鹅卵石铺就的道路上，沿途避开行人与流浪狗。回到家中，也许他还会再喝几杯打发时间，一直到太阳落山、黑夜降临。于是他吃饱喝足后，一头栽倒在床上，昏昏沉沉地进入了酣眠。也许，在普里姆斯酒馆度过的这一天中，这场酩酊大醉正是神明的善意之举，让他就此永眠于梦中……

8 月 24 日，悲剧降临了这座小城——维苏威火山真的爆发了，它狂暴地喷射出滚烫的岩浆。数小时内，整座城市已然浓烟滚滚，尘土弥漫，景象可怖，令人窒息。许多居民甚至没来得及从房屋中逃离便丧命；成功逃生的居民则在数周或数月后返回寻找自己的财物、住所以及至亲的遗体，却都徒劳无功——

这座城市已经被覆盖在厚厚一层密不透风的灰烬与熔岩下，而雨水的冲刷又使这些熔岩变成了浮石。很显然，在这样一片荒芜与狼藉中，任何生灵都无法存活，任何物件也都已化为尘土，于是他们放弃了搜寻。从此，庞贝从世界地图上消失，不复存在。直至 18 世纪，这座深埋地底的古城才被挖掘出土而重见天日。

右页图 **火山之下：在这座古文明世界的“第五大道”——阿波坦查大道上，到处都是受欢迎的饮食场所，贫民与富人都爱光顾，据闻甚至连罗马皇帝尼禄也不例外**

时至今日，考古工作已经持续了约 250 年。引用某位历史学家的话来说，来到这里的人，所能看到的是“庞贝人的悲与欢，他们的劳作与消遣，以及他们的美德与罪孽”。

而我这样一名小作家所关心的东西，莫过于那些能证明 2000 年前罗马帝国餐饮情境的具体凭据。毕竟外出就餐可谓人生一大要事：它不仅可以增加我们的幸福感，抚平我们的悲伤，还能实现商务与娱乐的双赢，甚至悄悄影响着我们的人性。

正由于庞贝人民从未寻求或预料过此番覆灭与寂然，因此我们所看到的一切才如此真实。在罗马帝国的鼎盛时期，这座小城的发展如火如荼。公元 79 年的庞贝可谓历史上的惊鸿一笔，令世人梦回古罗马的巅峰，展现了一度恢弘的帝国体系：依托统一的律法约束、单一的行政语言，以及可随时购买酒水、小食或餐点的通用货币，人民得以自如地穿梭于整个帝国的各城各市。帝国的衰落是由野蛮人在其最远边界的入侵加速的——有人说这是不受控制的移民的结果。可以说，最后一任罗马皇帝罗慕路·奥古斯都的统治严格来说是灾难性的，但他也没有过分到让人民进行全民公决。公元 70—80 年，风靡一时的庞贝城拥有罗马帝国的一切美好事物——相对完善的律法、先进的技艺、高雅的文化、统一的语言、强大的宗教、辉煌的建筑、令人神怡心醉的美食与美酒……毫无死神即将到来的迹象。整座城市坐落于黄金地理位置——地中海的温暖水域与坎帕尼亚地区的维苏威火山坡之间，土壤肥沃，其土壤和斜坡非常适宜种植葡萄树。

当地的葡萄酒赫赫有名，而酒类制造商也得益于颇为良好的出口业务。古希腊最闻名遐迩的葡萄酒——费乐纳斯，是用产自当地附近法拉奴山的艾格尼科葡萄酿制的：将晚采的葡萄装在双耳细颈瓶中直至其发酵并呈现出铁锈色后，取酒精含量较高的部分装瓶，便制成了珍贵的白葡萄酒。这种酒到底有多珍贵呢？我们不妨参考其中一间酒馆的价目表：“一枚硬币 / 红酒，两枚硬币 / 最好的红酒，

四枚硬币 / 费乐纳斯。”

庞贝拥有维苏威火山遮阴的同时，又有海风拂面的凉爽，可谓依山傍水的避暑胜地，风景秀丽的潮流海港，时尚宠儿的专属景点，各国商贸人士的云集之地。城中的露天圆形剧场可容纳 20000 名观众，由此可知当时毗邻城镇的居民都会来此观看演出。剑桥大学的古典学教授玛丽·比尔德爵士将它形容为“拉斯维加斯与布莱顿的结合”。

对古罗马人来说，庞贝就是集赌博、美色、美食与美酒于一城的寻欢作乐之地。也许好客并非罗马帝国的一贯作风，但到访的旅者与当地的居民都会感受到庞贝的热情。

“hospitality”（好客、款待）一词源于拉丁语“hospes”，用来形容因好客而建立起友谊的罗马人。因此这个词既合情合理，又有着神圣的意义，而由此建立的感情可能浓于亲情，甚至拥有神明的庇护。传说，朱庇特（即希腊神话中的宙斯）除掌管天空与雷电外，还有一项职责就是维护“款待律法”（ius hospitia）。

古罗马人认为所有人都应遵循这条“律法”，无论贫富，每个人都应拥抱并款待自己的客人。这一行为的由来也许更大程度上出于商业意图：倘若古罗马人民身处何地都能做到热情好客，那么他们就能更方便地经商，与有待征服的城邦建立起利益关系，从而帮助帝国扩张；当然，倘若这些城邦没有配合，那么它们就会遭到无情的屠戮。

自然而然，当贸易商、零售商与水手穿梭于帝国各城镇时，就会期待享受到当地的盛情款待，比如舒适的居所、美味的食物、暖心的陪伴以及少量的娱乐项目。正如罗马历史学家李维所述：“城中大街小巷的房屋敞开前门，形形色色的物品摆放于公共区域以供使用；无论熟客还是新客，都会被引进店里感受庞贝的热情。”

私宅的庭院里摆放供过路人使用的物件曾是当地的传统，这不仅为风尘仆仆的旅者送上了贴心的关照，还有助于与外邦人民建立友谊，点燃互惠共赢的希望，从根本上推动帝国势力的壮大。当有人把这段冒险与这份温暖带回家乡津津乐道后，又会有更多人期待同样的旅程。

日复一日，年复一年，这个传统越发根深蒂固，最终发展成为一项不成文的规定，而违反这条规定等同于犯罪。罗马帝国能有这样的习俗，意味着时至上述的公元 79 年，庞贝的商业款待服务已然井井有条。

旅店、小餐馆、酒馆、餐厅与妓院分布全城。由于考古学家在这些场所内发现了大量情色壁画，因此有人认为这些饮食场所同时也是妓院。公元 1 世纪末至 2 世纪初的罗马诗人尤维纳利斯将典型的罗马酒馆描述为“放纵的殿堂”；倘若你在那儿，便会看到顾客“醉倒在面相凶狠的刽子手、棺材工人或已然晕厥的牧师身旁，附近可能还有一群水手、窃贼与逃亡的奴隶”。

而当代学者玛丽·比尔德不像尤维纳利斯那样愤世嫉俗。她认为，虽然庞贝城中存在一些妓院（其中某家妓院昏暗、狭小的卧室与石床，令人不禁对当时的性工作者生起同情之心），但这些壁画并不能说明城中妓院遍地，它们更能反映出的不过是古罗马人的某些低俗趣味。

与多数罗马帝国的城镇一样，庞贝的城门附近也有数家旅店与酒馆，为来访的商贩提供便利的食宿。此外，城中其他各类场所遍布。除大量的旅店外，已发现的似乎是酒馆与餐厅的场所总计 160 处。这在当时已经是一个较大的数目，原因是许多居民家中不具备烤箱和水槽这类烹饪设施。这又似乎与当代的曼哈顿生活别无二致——由于空间与供电受限，许多纽约客家中尚无厨房，甚至连烧壶开水都成问题。这就是便利、经济又时尚的都市生活，无论是早晨的一杯咖啡还是每顿正餐，无一不让人算计着柴米油盐的生活成本。即便他们能够下厨，也不会有心思去倒腾一桌佳肴了。

庞贝的众多场所放到今天来看，就是我们称作“餐厅”的地方，而古罗马人则称之为“hospitium”（旅栈）。城中较贫穷的地区也有一些布局与大小各异的简陋房屋，里面长期住着无法负担房租的贫民。从卧室数目来看，某些房屋最多可容纳至50人。

还有一些“stabula”(马车小站)，也就是设施较为简单的酒馆，有时就在都市之外；以及“popina”(餐厅)和必不可少的“lupanar”(妓院)。

而在这些餐饮场所中，坐落于阿波坦查大道主街的普里姆斯酒馆无疑相当受欢迎，吸引着庞贝城中心的各行从业者与居民来此光顾。

考古学家还在这条街道上发现了商店与工坊，以及建筑商铺、铁匠铺、铁铜商铺，以及出售工艺品、布料、橄榄油、五金器具与各类工具的商店，五花八门的商品应有尽有。此外，街上还有一家葡萄酒店、一家面包店、一家理发店、一家杂货店、一家水果店、一家银行、数家妓院、一家洗衣场和数家公共浴场。这些浴场以“为最优秀的人准备的优雅浴室”为卖点进行宣传，其目标顾客也许包括这条街上那些极致光鲜且奢华的别墅、房屋与住宅的主人：贵族、将军与前途无量的内外科医生等专业人士。

毗邻普里姆斯酒馆的两所住宅则十分引人瞩目，分别属于庞贝居民马尔科·埃皮迪奥·卢弗与拉皮纳斯·奥普塔缇，它们均展现了不同凡响的建筑艺术；其内部庭院、圆柱与喷泉将房屋与大门前的车水马龙隔开，给人以清爽而宁静之感。

即使无法了解房屋居住者的生活，我们也能知道他们的名字。因为要在众多商店、浴场与铁匠铺中拥有辨识度，就必须把自己的名号与头衔写在房屋的正面或室内的墙上。我们还能辨别哪些建筑是面包房。因为维苏威火山的致命喷射物湮灭整座城市并冷却后，密封并完好地保存了磨坊、烤箱、糕点，以及那些还未磨碎的小麦籽粒；橄榄油店里的陶罐中残留着油迹，酒庄里则堆满了双耳细颈瓶。考古学家声称他们甚至在面包化石中发现了迷迭香、大蒜、橄榄油、奶酪和凤尾鱼的迹象。在广场不远处可以看到当地面包师普迪斯克斯·普里克斯的商店招牌。据历史学家所说，里面有一台用木材生火的烤箱。庞贝城中很可能还有其他烤箱，类似那不勒斯古市场区内发现的那一台，直径均大约 4 英尺[1]。虽然这些烤箱的形状不适宜烤面包，但可以烤出圆形的小面饼，也就是后来的意大利经典街头美食——比萨。

从城中画着庞贝人啃食比萨的涂鸦，我们可以看出些许他们对美食的热爱。

考古学家在阿西克图斯酒馆（Athictus）的墙上发现了这样一句话："我与酒吧女招待共度了春宵。"阿斯蒂卢斯与帕达卢斯酒馆（Astylus and Pardalus）内的涂鸦就比较诗意了："爱情甜如蜜的海洋。"

而情欲和活动的中心就是普里姆斯酒馆，它的发掘工作分两次，分别于 1853 年与 1857 年进行。

若你走进这家酒馆，会看到被众多当地人（庞贝人无论贫富都住得很近，也就是说，他们在酒馆里活动时会经常会擦肩而过）与旅者包围的 L 形吧台，店内很嘈杂，也许还有点乌烟瘴气。在吧台供酒处附近的台面上有几个圆形凿孔，原本应该是固定了一台小烤架，并且很可能是一台金属三脚架，下面是燃煤，上面支撑着汤锅，以此给食物加热。柜台下方的陶器与瓦器中可能保存着葡萄酒等其他酒水。

吧台的右侧有一个炉膛，它可以兼作壁炉和第二台烤架或烤箱。吧台的左侧后方是通往第二层住宿的台阶，而吧台的右侧是一扇通往后屋的门。从这间后屋墙上色彩绚丽的涂漆残迹可以猜测这里并非后厨或储藏室，而是餐厅；而从砖墙上勾勒着金色条纹的红色涂漆可以看出房间内别致的格调。

1 1 英尺约等于 30.48 厘米。——本书脚注皆为译者注我们设想的那位庞贝伙计就是在这儿度过了一整个下午，豪饮豪赌。墙上竞选活动的宣传标语说明了顾客会在这间酒馆内谈论政治。在整座庞贝古城以及附近的赫库兰尼姆古城中，你能找到数家同样被火山熔岩吞没覆盖而保存下来的小餐馆或酒馆，其中的墙上都涂写着政治候选人的宣言。因此毫无疑问，当时人们经常到这些场所会面并议政。事实上，古罗马首领们都心怀戒备地盯着自己的子民；他们认为某些小酒馆为政敌提供了庇护，所以开始制定法规。

提比略（14—37 年在位的罗马皇帝）就对此十分愤怒，于是颁布了一条律法“对……饮食场所施行限制，且禁止在店内摆卖糕点”。他猜想，一个地方提供的食物越少，就越不会吸引人到此会面。

庞贝城中的墨丘利街酒馆类似当代传统意大利风格的餐馆：天花板上挂着药草、葡萄、奶酪和腌肉；人们用动物皮囊装着美酒放上马车运输到店家，然后将酒倒入双耳细颈瓶

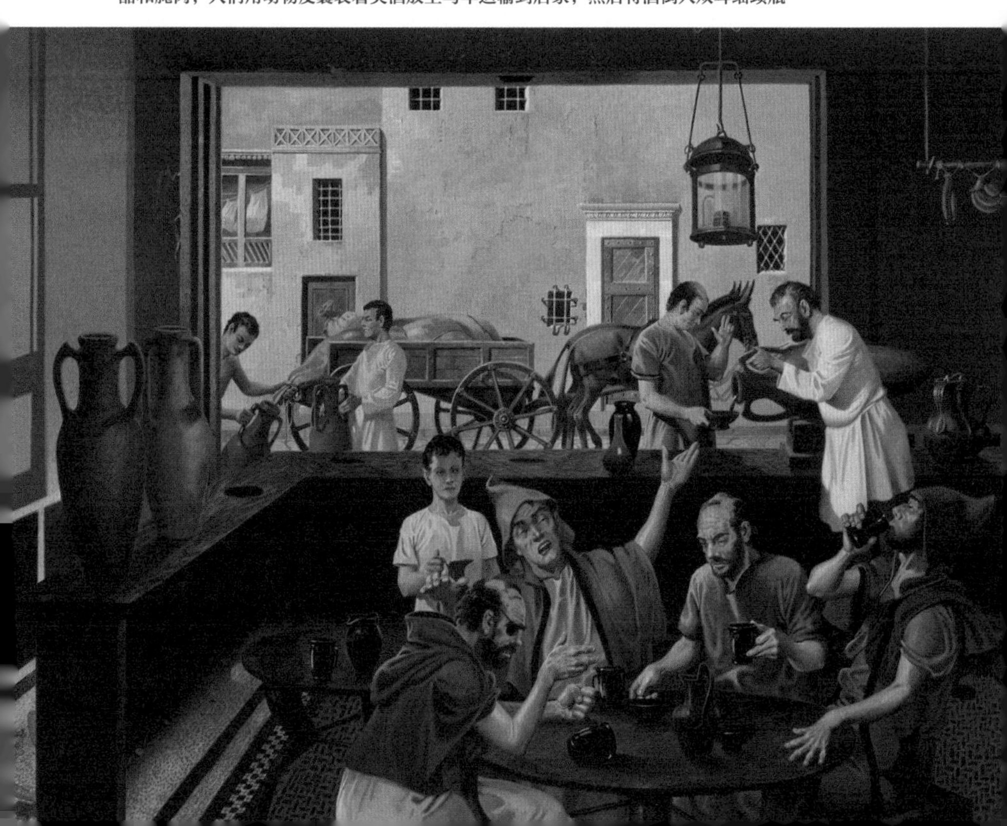

但显然这并不奏效，于是克劳狄乌斯（41—54 年在位的罗马皇帝）加大了监管力度，直接废除了众多让他心存忧虑的经营场所。约 100 年后，历史学家狄奥·卡西乌斯记载道："皇帝废除了人们常去聚会、畅饮的小酒馆，还下令禁止售卖熟肉与热水。"之后由尼禄统治罗马帝国至公元 68 年，共 13 年。他施行了自己的一套饮食法规。根据历史学家苏维托尼乌斯（卒于 126 年）的记载，在尼禄的统治下，"酒馆内禁止出售除豆类与蔬菜外的任何熟食；而在这之前，任何食物都可以在店内摆卖。"

虽然尼禄施行了这样霸道的规定，但他还是常常亲自探访这些有政治敌意的酒馆。苏维托尼乌斯的记载是：夕阳西下后，尼禄便开始巡视小酒馆；狄奥·卡西乌斯的叙述则较为详细：尼禄"几乎把所有时间都花在了酒馆中"，同时又"禁止他人在酒馆中售卖任何除蔬菜与汤水之外的熟食"。

然而，每任统治者处心积虑实施的这些限制规定似乎并未延伸至庞贝，又或者在实施后便被当地人忽略了。

庞贝城中的酒馆数量就是最好的证据；它们仍是城中最广泛的生意，并且似乎无节制地扩张，这也是这座城如此受欢迎的原因之一——到访庞贝的古罗马公民可以纵情于酒池肉林之中。

墙上残存的涂画与某些破碎的图案兴许可以让你联想到当时的氛围。庞贝城墨丘利街一间酒馆中的一幅画里，食客们围着桌子而坐，其中一人穿着连帽斗篷，可见他应该是一名旅者；他旁边站着一名侍从，而他们身后的墙上的架子上则挂着各种食物。

去过当代传统意大利风格餐馆的食客应该会对画中的场景十分熟悉——店内会提供葡萄、香肠、洋葱和奶酪等食物，当然，天花板和木梁上会悬挂着百里香、牛至和迷迭香等干药草。城中的其他涂画则展现了人们的热情好客。例如，一位顾客向仆童买酒的画面，又或是描述酒水（主要是本地酒）运输方法的画面——将葡萄酒用动物皮囊装着放上马车运输，送达后再巧妙地使用动物腿部皮制成的漏嘴将酒倒入空的双耳细颈瓶中。

酒馆老板通常会在葡萄酒里掺水，某些老板则因在酒中掺水较多而名声败坏。我们又是从何得知的呢？古城的一个入口史塔宾大门附近酒馆留存下来的涂鸦写着："老板，你把水卖给顾客，把酒留给了自己。我诅咒你。"

一块公元前480年的酒杯残片的图案中，一名侍女将酒洒在了倚着卧榻而坐的男子身上，而男子抬着手，似乎正要给侍女一记耳光——这就是古时女服务员面对的窘境

当然，古罗马社会中也总有些令人不太愉快的场合，尤其是在奴隶制时代，工作可能是件折磨人的事。举一个较为早期的例子：德国巴伐利亚州北部城镇维尔茨堡的马丁·冯·瓦格纳博物馆展出了一件古希腊文物——酒杯的一块碎片，编号L483，文物时期约为公元前480年，黑色陶面上的金色图案描绘了女服务员的普遍窘境——

长须男子赤脚倚着高高的卧榻而坐，鞋子放在地上；身旁的侍女拿着一个小巧精致的细颈瓶倒酒时，洒了一些在男子的腰上。虽然器皿与历史均未记载该侍女是否有意而为之，但图案中男子已将手举起，从他手臂上明显隆起的肌肉可判断，这名侍女是要因失误而挨上一记重重的耳光了。

若虐待侍者是不平等的象征，那么古罗马的酒馆以及历史上的

庞贝城的酒馆通常装饰奢华。吧台上的圆孔处原本可能放的是燃煤，上面放置小烤架后可烹饪食物或加热一锅汤。葡萄酒与其他酒水则存放于柜台下方与后面的储藏室中

许多酒馆实际上可算是社会平等的象征了，毕竟某些臭名昭著的皇帝还在公务结束后光顾了吧台呢。而庞贝人的饮食习惯也表明了食物是古罗马人的共同纽带，相关证据最早来自庞贝一处名为奥普隆蒂斯的郊区，考古学家在那里的地窖中发现了数十具骸骨——火山喷发时在此处避难的庞贝人遗体。尽管他们悲惨丧生，但依旧为后世提供了有趣的线索：佩戴珠宝的为富人，反之则为贫民。奴隶通常“陪葬”于上层阶级的主人身旁，但这两类人的遗骸并无明显区别。既无营养不良的迹象，也不符合人们对历史上贫富差异的这些假设：富人身强力壮，贫民骨瘦如柴；上层阶级胡吃海喝，下层阶级饥肠辘辘。

考古学家对地窖中遗骸的牙齿进行研究后，发现了相似的磨损与裂缝，这可能是由面粉研磨时残留的粗砂所造成。庞贝城中有大约 30 家面包房，并且似乎富人与贫民都曾光顾。人们在对赫库兰尼姆古城的粪坑进行研究后，也得出了相似的结论。

该城街道下方约 15 英尺处残留着一些可能拥有 2000 年历史的粪便；剑桥大学历史学家安德鲁·华莱士·哈德里尔将这些粪便誉为“黄金”。他说：“这底下埋藏的是等待世人发掘与解读的古罗马饮食事迹。”他还分析了 700 袋人类废弃物——跟 2000 年前相比，现在这算是个令人愉快的工作。他在其中发现了种类繁多的食物，其中包括产自本地与采购自外地的鸡肉、鱼肉、坚果和鸡蛋等食材。下水道上方是商店与住宅，其主人并非富人或贫民，而是古罗马的中产阶级，并且很显然他们享受着很好的日常饮食。

原本带着些许恐怖色彩的考古发现，如今反而为人们前来庞贝享受海滩、日光浴与滑水活动的度假体验提供了谈资。这伤痕累累的昔日繁华向世人展现的仅是历史的冰山一角，却也最能体现凡间俗人的生活点滴。富人与贫民比邻而居，如同现今世界上的许多城市居民一样，无论是伦敦还是孟买。有些地方的富人与穷人甚至住在同一个地方。今天的英国乡村酒吧里，地主坐在农民与劳工旁开怀畅饮，新老顾客源源不断；同样的，2000 年前庞贝小餐馆与酒馆中古罗马帝国的贵族与商贩也曾相间而坐，推杯换盏——虽然富人肯定会在自己的豪宅中大饱口福，但这些庞贝人遗骸的牙齿与肠胃仍然惊人地相似。

而本书想要分享与探讨的则是公共范畴，比如通过这片破败的古罗马餐饮残像，重现 2000 年前令人心潮起伏、浮想联翩的外出用餐情境。虽然我们只能设想公元 79 年庞贝街道上有一位蹒跚而行的伙计，并猜测他的命运，但可以肯定的是，即便他在这场灭顶之灾中存活下来，身为尊崇饮食文化的庞贝居民，他也无法再光顾普里姆斯酒馆了。

2

The Ottoman Empire

奥斯曼帝国

尽管许多历史学家将奥斯曼帝国贬为古老而落后的文明，但从相关的研究成果中，我们可以了解到当时丰富的食物对后世的影响很大。

人们谈论起奥斯曼帝国的“衰亡”，通常都是心怀贬损、嘲讽、轻蔑甚至鄙视的。但我想了想，它已经负重前行了600多年，也许是时候歇息了。而当它正静静地躺历史长河中享受应得的小憩时，又发生了什么呢？它还未能向世人介绍自己当年的美食“茄泥酱”（baba ganoush），就已受到接踵而至的否定与批评。这段长达数世纪的文化传统被世人打上了“保守”的标签，与“抱残守缺”无异。继承了东罗马帝国文化的民族也曾突然思路一转，开始流行西方“现代化”改革，即土耳其共和国于1923年成立时推崇的发展路径。虽然土耳其仍处于当年奥斯曼帝国的中心——其领土已不如当年那般广袤，它已经丢失了当年的饮食传统，在对世界餐饮业的贡献上，厨师们通常更看重法国。即便奥斯曼帝国建立于1299年，这600多年的文明也曾一度与世隔绝，无人问津。

政治意识形态能够在某种程度上控制人民的思想，可饮食又是另一回事了——倘若食物与酒水除了解决人们的基本生理需求，还能带来愉悦感，那么它们定会悄悄爬出抵触与防备的高墙，融入人们的生活。

奥斯曼帝国的美食便是如此。在西方世界已经进入21世纪的第一个 25 年里，起源于 13 世纪末的东方饮食文化仍然不可避免地影响着人们——午餐时间，你坐在公园长凳上用胡萝卜蘸的鹰嘴豆泥（houmous），或是你赶路时匆匆塞进嘴巴的炸豆（falafels），又或是你光顾的一家新开的共桌式奢华餐厅，其实均衍生于这段经久不息的古老文明；你包包里的小零食和你最常点的餐馆小菜，也并非新潮厨艺大师的创造物，而是发源于塞尔柱人、蒙古人、伊利汉人与马穆鲁克人，而他们也与奥斯曼帝国的发展有着密切关系。

这些部族曾为了扩张霸权而南征北战，吃着烤茄子（imam bayildi）、酱汁茄子（patlcan soslu）与鸡肉（tavuk），一路吞并了伊朗、阿尔及利亚、希腊与也门。随着奥斯曼人对阿拔斯王朝、萨非王朝与拜占庭帝国的先后征战，这个帝国终于在 16 世纪中叶步入极盛（这一时期其领土包含当今的埃及、伊拉克与巴尔干半岛地区），其饮食文化也随着领土的扩张而变得包罗万象。

象征着帝国繁荣昌盛的美食向来令奥斯曼人引以为傲。随着领土的持续扩张，当地的食材也逐渐扩散并渗透至疆界以外。时至 17 世纪，帝国的食物已流入英格兰的沿海地带。但正因帝国商人成功开拓了太多的出口枢纽，本地市场的食材出现了短缺。

17 世纪 70 年代，帝国意识到了内外市场的失衡，于是为保证本土供应，禁止商人向英国出口无花果与葡萄干。这就让追赶潮流的英国上层阶级不太高兴了，因为他们已然爱上了这种异域风味的干果零食。其中最为沮丧的要数当时的英国君主查理二世了。这一时期，餐宴是一国之君的重要政治活动——国王往高高的餐桌前一坐，便成了万众瞩目的焦点，四处摆放着闪闪发光的盘子，盛着精心制作的餐点。据闻，查理国王最爱吃的水果之一是菠萝，而我们可以确定的是，无花果也赢得了他的青睐。由于这一贸易举措令英国王室十分不悦，于是奥斯曼帝国又在1676年宣布了开放政策——

15 世纪苏丹穆罕默德二世的御厨房内有 160 名厨员，后继苏丹穆拉德三世则雇佣了将近 1500 名厨员

每年向英格兰出口两船无花果，专供这位“欢乐王”[1] 享用。

倘若说罗马美食家阿比修斯烹制酱汁最浓稠的时期便是罗马帝国的巅峰，那么同样的，奥斯曼帝国的极盛也可以用苏丹御厨房内的厨员数量来衡量。

在穆罕默德二世统治期间（1451—1481 年），御厨房内有 160 名厨员；1520 年苏莱曼大帝登基时，厨员已增至 250 名；1566 年赛利姆二世登基时，厨员又增至 600 名；而在穆拉德三世统治（1574—1595 年）的晚期，厨员已达到 1500 名左右。据记载，在 16 世纪 90 年代末，一位同时代的作家曾批评苏丹雇佣了太多御厨员，光是食物储藏室就有 286 人。

当时，苏丹的总部已稳居君士坦丁堡，而此前一直位于布尔萨（今土耳其西北部）与埃迪尔内（今马尔马拉地区最东端）的城镇中。1453 年，22 岁的苏丹穆罕默德二世率军围攻君士坦丁堡，7 周后，拜占庭帝国灭亡，这座城市也落入奥斯曼帝国手中，从此成为新首都。6 年后，穆罕默德二世下令在帝都建造宫殿，这便是当今的托普卡帕宫。他召集了全帝国最杰出的建筑师与工匠为他建造宫殿内的私人住所，以及随从起居场所、凉亭与风光怡人的庭院，

1　查理二世因个性活力四射并奉行享乐主义而被英国人称为“欢乐王”。

当然，还有十个厨房。1520—1560 年，苏莱曼大帝又扩建了这座宏伟的复合型宫殿。

宫殿中的食物、菜谱与用餐习俗均由穆罕默德的父亲穆拉德二世规划并确定，而整个帝国的菜肴实则融合了阿拉伯、北非、巴尔干、安纳托利亚、黑海、爱琴海、高加索与波斯部分地区的饮食文化。（16 世纪，奥斯曼帝国领土以北已扩张至当今的匈牙利，南至也门，西至阿尔及利亚，东至伊拉克。）

帝都受到的影响、流入的菜谱与所用的食材，均经由苏丹及其臣民的饮食习惯再造，而他们正是当今土耳其人的先祖。黑海盛产谷物、大麦、盐、牛肉、羊肉、鸡肉、鸡蛋、苹果与蜂蜜，埃及盛产枣子、梅子、大米、扁豆、香料、糖与腌肉，摩尔达维亚（今属匈牙利）和特兰西瓦尼亚（今属罗马尼亚）盛产蜂蜜，并贡献了冰冻果子露与炖肉的食谱，希腊盛产橄榄油，而帝国所有地区均盛产大米——一位同时代旅者到访大不里士（被帝国攻占的原波斯首都）后记载道，自己在当地发现了四十种肉汁饭（pilav / pilau）。

当然，奥斯曼帝国在不同时期受到的影响各异，但总的来说，他们会一同用餐，会喝奶（包括马奶、羊奶与牛奶），还会吃大量蔬菜——17 世纪一位到访者将奥斯曼人描述为“喝奶的蛮族”；19 世纪的一位观察者写道：“土耳其人在蔬菜烹饪中淋漓尽致地发挥了毕生所学的厨艺。”一位法国旅者认为土耳其饮食是“许多水果、沙拉、半熟黄瓜及其茎秆可做成法国马匹喜爱的食物。”16 世纪一位德意志旅者说自己“像家畜那样生吃所有蔬菜”。[1]

在托普卡帕宫中，有苏丹的御厨房，专为王后、王子、宦官与其他宫廷成员烹饪的厨房，以及专为公众烹饪的厨房，其中有来自帝国各地的面包师，糕点师，制作酸奶、腌菜与糖果等食物的专业人员，以及各类随行厨队。苏丹御厨房中还有一名内务总管，演化

1 奥斯曼帝国曾与德法结盟。

托普卡帕宫内烹饪的菜肴融合了全帝国的饮食文化，并且会向等候在外的公民提供

至今则是各大饭店的主厨，但其当年的职责还包括管理所有厨队、预算与餐具。同时，各部总管、记账员、仆役长等许多工作人员也均听候其差遣。我们无法否认，当今包括皇室御用厨房与公众餐厅在内的最大餐饮机构的体系，显然都发源于奥斯曼帝国时代。

宫廷主厨与其他厨员的不同之处在于，前者均头戴白色高帽；他们每天日出而作，烹饪大量的食材——15 世纪中叶一位旅者曾记载了托普卡帕宫的食材采购量：“200 头绵羊、100 头羔羊、10 头小牛、50 只鹅、200 只母鸡、100 只小鸡与 200 只鸽子”，供苏丹、宦官、仆人、侍从、军官与内政官食用。当然，若是碰上宴会与庆典，各厨房就更要竭尽所能、全力以赴了。16 世纪中叶一位作家曾记载了某王子割礼庆典的部分食材：“1100 只鸡、900 头羔羊、2600 头绵羊、接近 8000 千克的蜂蜜与 18000 只鸡蛋。”

但奥斯曼帝国所消耗的食材可不仅用于苏丹及其宫廷成员的日

常佳肴中，还会分发给宫殿附近的富人与贫民，尽管他们的菜肴相对简单。

所以在奥斯曼帝国时代，光顾宫殿附近的食坊也不失为一项就餐选择。上午中段吃早餐，下午中段祷告后吃晚餐，一日共两餐。苏丹通常从一碗美味的汤羹开启一顿丰盛的早餐——依照传统，他盘腿坐于低矮的圆桌或宽大的皮垫前，前襟铺上一块丝绸或其他昂贵材料制成的餐布，左手边放置一块用来擦拭嘴巴与双手的餐巾；然后侍女会将由整块肉慢炖而成的汤羹端上，由他亲自分块食用。但他通常不需要刀叉来做这件事，而是用手。当然，他在享用粥点或糖浆状的水果甜点时，还是会用上勺子。

汤羹中的肉可能是用番茄酱、洋葱与大蒜慢炖了数小时的鸽子肉、鹅肉、羊肉、鸡肉、羔羊肉或野味。显然，苏丹只会在海边食用鱼肉，为的是亲眼目睹捕捞过程而确定食材的新鲜。他也许还会吃肉丸、烤肉串、肉汁饭、各式各样的冷热蔬菜，包括西红柿、胡椒、秋葵、南瓜、洋蓟、韭菜与白菜，还有裹着蔬果、奶酪与菠菜的油炸饼，以及数十种甜点，而最后一道佳肴通常是糖与枣子等食材制作的甜饮——冰冻果子露（sherbet）。在奥斯曼帝国的餐桌上，人们通常不会相互交谈，而是静静地享用食物。但滑稽的是，据某位访客所述，苏丹曾在安静的饭桌上被那些无声捣蛋搞怪、相互取乐的“哑巴”与“小丑”给逗乐。

在两顿主餐之间，宫殿内还经常提供小吃。于1603—1609年担任威尼斯大使的奥塔维亚诺·本到访帝都后，详细描述了在位苏丹阿哈迈德一世的用餐习惯：早上十点吃第一餐，晚上六点吃最后一餐，每天共吃三到四餐。他感到饥饿时会先传唤白人宦官总管，由后者传话给下级宦官，然后下级宦官传话给侍者，最后再由侍者传话给御厨房。菜肴送到后，先由一名品尝员试吃。

御厨房专供精美菜肴来取悦苏丹及其访客，公众厨房烹饪的则是粗茶淡饭。尽管这些简餐朴实无华，却也是免费的。在奥斯曼帝国，苏丹必须是无所不能、至高无上的存在，只听从真主的旨意，并且掌管着军队以及帝国所有的领土与财产。他们均以东罗马帝国的继承者自居，也许还扮演了“慈父”的角色，在手握大权的同时，背负起了维护子民安定的义务。这也是帝国势力成功扩张的关键——苏丹供给并管制所有食物，让宫殿内的公共厨房为子民提供肉汤或肉汁饭这类简单的食物。根据 17 世纪一位访客所述，这种肉汁饭经常煮至黏糊甚至“稀烂”。

奥斯曼人都和苏丹一样坐在地上吃饭。来自奥格斯堡的植物学家莱昂哈德・劳沃夫于 16 世纪到访了地中海东部地区的黎凡特，并于 1582 年发表了著作。他在作品中写道：“东部国家的人们都在平地上吃饭。用餐时，他们会铺开一块圆形皮革，再铺上一层毯子或垫子，然后盘腿而坐。”用餐前，他们会感谢主给予这份恩赐。他还写道：“然后他们匆匆地吃喝……不多交谈。”饭后，劳沃夫注意到食客们的起身动作：“他们用餐完毕后，会猛然一颠而起身，晃晃身体，这点我们外乡人难以模仿。由于他们盘腿久坐会导致下肢麻木，因此需要缓上好一阵才能恢复。”倘若劳沃夫起身时未感到双腿发麻、有如针扎而失去平衡，那么他就会看到那些摊开的皮革上残留了当日的面包屑——人们把绳子一收，又将带着面包屑的皮革捆成了皮夹的形状，然后挂到角落。

苏丹为民供食之处不止宫殿外围，还有一些小客店（imarets），即当今我们视为赈济处的地方（其中许多小客店曾经是清真寺建筑群的一部分），并且这里的食物也是免费的。他们服务的对象不只那些经常光顾的贫民，还包括政府官员、当地清真寺工作者、学者、学生与旅者等其他老百姓。小客店会将内含炖肉的浓汤或浓稠的大麦粥放在木制托盘上端给食客。

据 1552 年的当地记载，耶路撒冷一家与清真寺相连的小客店每天提供两顿免费膳食：早餐主要为米汤，以及一小盘鹰嘴豆、欧芹、西葫芦或南瓜，旁边还放着酸奶或柠檬汁；晚餐主要为碎麦粒、洋葱、盐或小茴香煮成的小麦汤，还有面包。根据历史记载，食客须按照自己的身份地位，以严格的顺序依次就餐——首先是小客店工作人员，接下来是当地居民，然后是有学识的贫民、未受过教育的贫民，最后才是妇女。

大马士革一家小客店为贫民服务的同时，也为马匹提供饲料。君士坦丁堡大巴扎集市附近的一家小客店则提供汤点与调味品，如腌葡萄、茄子与洋葱；这家小客店主要为附近一所大学的教职工与学生服务，有剩余的食物才会向穷人提供。

那么这些食物的质量如何呢？16 世纪末在任的奥斯曼帝国官员兼评论家穆斯塔法·阿里在到访两家小客店后给出了评价。关于帝都的一家小客店，他写道："他们的食物已然变质——面包黑得像一块干土，汤点尝起来像洗碗水，米饭与布丁犹如呕吐物。"他认为这里的肉菜是从已死动物身上取材加工的，"在瘦弱的羊病死后屠宰。"但这些客店还有一点用处，穆斯塔法补充道："如果你有一只宠物狗，可以用这里的汤水喂它喝。"

而在当今巴尔干半岛地区的鲁米利亚，则有一家小客店令他欣喜若狂："他们为旅者提供的食物是如此的可口，回味无穷。这里有火候得当的炖肉，足量的汤羹与汉堡，而且面条与面汤一样美味。"他还写道，小客店会在每顿饭后分发新鲜水果与一小盒"甜点"，并且会在特殊场合为食客奉上"形如圆月、比糖更甜的巴克拉瓦甜点（baclava），以及用香肠制作的各种佳肴"。

在奥斯曼帝国各城镇中，还有一些地方的食物不是由仁慈的苏丹赐予的（值得一提的是，穆罕默德三世在维护民生的同时，为了巩固王权而处死了他所有直系男性亲属，包括婴儿。他认为，如果园丁体格强壮，那么他们就必须抽空兼任刽子手一职。而处决宫廷成员时，为了避免见血，绞刑是首选），例如小餐馆与食坊，其烹饪方式则因经营者而异，菜肴可大致分为三类：①简状泥炉烤制的羔羊肉或山羊肉；②炖羊头或炖猪脚；③牛肚汤或羊肉小麦粥。

相对来说，小餐馆更精于某道菜的烹饪——有些专供卷心菜或藤叶为馅的蔬菜卷（早期的包心卷），有些专供香肠，少数专供沙拉，多数还是专供炖菜或汤羹，当然，还有些专供至今仍为世人熟知的烤肉。

17 世纪早期的画饰记载了土耳其旋转烤肉（döner kebap）的烹饪情境——精致的小野餐。一小群人围坐在放满水果的餐布上，有人在惬意的环境中为同伴念书，同时，一位厨师在他们身后适当距离处切着长形楔子上的肉块，然后另一位厨师再将楔子置于热煤上烘烤。

同时，也有专供土耳其烤肉串（sis kebap）的小餐馆，也就是那些小厨师们随处架设的“摊铺”：在地面上挖洞，放入煤块，放上烤架，然后开始烧烤。其他食品贩也搭起了类似的货摊：在大托板中间放置烤架，上面架着用来保温食物的锅子。他们一般到公共广场摆摊，离去时再收拾并带走所有设备。不过这类街头美食的顾客可不止贫民——据闻，统治至 1736 年的苏丹艾哈迈德三世每天都会派他的维齐尔（最高级别的大臣）到街上某专供摊贩处买他最爱吃的点心。

当然，街上也有提供甜点的摊铺——有些售卖糖衣凝脂乳酪，有些售卖各式奶类布丁。似乎许多爱吃甜食的男人较为好色，以至于在 1573 年，妇女被禁止光顾君士坦丁堡某地区的一家凝脂乳酪店，原因是有些妇女利用这些场所来招揽嫖客。

随着当地饮食业的发展与普及，帝国开始施行相关法规。苏丹为民供食之时，有人正盘算着从食物倒卖中获利，因此价格管控措施与食品卫生标准也随之引入。1502 年颁布的一条律法规定：烹饪流程必须保持卫生，且食物必须以干净的餐具盛放；锅子与拭干

左页图 帝王的早餐：苏丹坐在低矮的圆桌前用餐，早餐通常为一碗美味的汤。其传统做法是将整块的肉慢炖，以便苏丹在享用时亲自撕开肉块

厨具的抹布必须清洗干净；厨员必须穿戴干净的围裙。此外，正如今天的法国葡萄酒等级划分标准严格地规定了特定葡萄酒中葡萄品种的百分比一样，在16—17世纪，奥斯曼帝国也管控着各食坊热门美食的配方——牛肚汤必须配以大蒜、香辛料和食醋，烤羊头或烤羊蹄上必须涂上食醋、融化黄油与香辛料，鸡汤泡饭必须以柠檬汁佐味。一种名为“千层薄饼”（börek）的酥皮饼则有十分细致的烹饪手法：必须使用优质面粉，以（换算成现代的重量单位的话）每25千克面粉中混入1.283千克纯黄油的精确比例制作面团，以70迪拉姆[1]的红肉与10迪拉姆的洋葱这一指定配比制作馅料，再加入黑胡椒调味。这些法规的实施开创了一种清洁的饮食文化，并在随后的几个世纪得到普及。19世纪50年代一位到访君士坦丁堡的旅者乔治·马修·琼斯对这些餐馆的印象十分深刻，因而做出如是评价：“保持得非常干净整洁。”

鉴于奥斯曼帝国的文化主流是伊斯兰教，你可能会以为当地人从不饮酒，而事实并非如此——许多当地人背离了法规约束而在聚会上饮酒。据报道，某位英国大使的妻子于1718年到访君士坦丁堡时感到十分震惊：一位招待她的奥斯曼帝国东道主竟然在她身旁喝起酒来。这位东道主解释道，禁酒令是明智之举，但它只针对普通百姓。他还说，先知穆罕默德从未打算对那些懂得适度饮酒的人施行这条禁令。

然而在某些时期，公众的饮酒行为还是受到了较为严厉的管制。劳沃夫写道，他在阿勒颇（位于今叙利亚）遇到的居民都会喝一种无酒精的浆果味饮料，可他们更喜欢喝葡萄酒；但“任何身上有酒味的人都会被拘禁”并处以罚款，同时“其灵魂会受到严厉的谴责”。劳沃夫还记载道，一位当地长官在发现队列中的一名士兵因醉酒而步履踉跄后，当场“拔出弯刀砍掉了醉酒士兵的脑袋”。

1 迪拉姆即dirhem，是当时的一种重量单位。

不过很显然，在上一任苏丹统治期间饮酒并不违法，所以这位历史学家才会写道："许多男子每天都聚在酒馆豪饮……并非小酌怡情，而是开怀畅饮，并且全是未掺水的烈酒……他们动作迅速而急切，一杯一杯地喝；可想而知，这些人的酒量相当了得。"劳沃夫补充道，他们如此贪杯，足以在酒桌上代表帝国出征，又或者如他所述："他们的酒量横扫千军。"而后继的苏丹就不太能容忍饮酒这件事了。但根据劳沃夫的记载，这并没有阻止人们饮酒。他写道，在夏季，人们会"（像蚂蚁搬家一样）偷偷带来大量的葡萄酒"，然后"待夜幕降临便一同开怀畅饮，喝到再也喝不下了，就倒头彻彻底底地睡上一夜，这样次日他们身上也许就不会有酒味了"。

虽然喝酒只能偷偷进行，但"他们还有一种很不错的饮料"，劳沃夫写道，"叫做 chaube（即咖啡），看起来几乎黑如墨汁"。有人告诉他，倘若感到肚子不舒服，喝这个就能缓解。他看到当地人通常在早上喝这种饮料："装在陶瓷杯中，热气腾腾，用嘴唇一点点抿着喝。"

虽然咖啡起源于埃塞俄比亚或也门，但劳沃夫的记载证明了 16 世纪中叶奥斯曼帝国已然盛行这种饮料，相关产业也在当时蓬勃发展。正因为咖啡如此受大众青睐，咖啡馆才得以遍布整个帝国。一位历史学家记载道，咖啡馆已深深扎根于"男性社交生活的核心"。保守的穆斯林学者们并不喜欢这种刺激性饮料，但也未能阻止它日益兴起——渐渐地，咖啡有了精心的调制流程。苏丹穆罕默德三世也很快爱上了这种饮料，甚至雇佣了一名御用咖啡师，当然，与咖啡师随行的还有四十名助手。

咖啡通常配以土耳其软糖（Turkish delight），偶尔也用开心果调味，并且通常是热饮。1615 年，一位到访当地的医生写道："几乎所有聚会上都有人喝咖啡。"然而，正由于咖啡馆成了人们的常聚之处，因此统治阶层又变得多疑而偏执起来。当时的说书人、诗

16 世纪中叶，奥斯曼帝国咖啡馆遍布。穆罕默德三世甚至雇佣了私人咖啡师，随行的还有四十名助手

人与思想家喜欢聚在一起，一边优雅地喝着咖啡，一边嘲笑腐败的官员。于是，正如罗马皇帝取缔被认为是阴谋诡计滋生的酒馆那样，穆拉德四世统治的 1623—1640 年，许多咖啡馆被逼迫停业。根据记载，甚至还有人因喝咖啡与吸食烟草而被处决。下次你与朋友坐在星巴克一边闲聊，一边吃着酥饼喝着拿铁时，不妨细品一下当时的场景……

3 The Legacy of Ibn Battuta
伊本·白图泰的遗产

渴望着改变、冒险与美食的伊本·白图泰，毅然在 14 世纪初这样的战乱年代选择了背井离乡。就这样，他沿途体验着多种多样的饮食起居，在外漂泊了三十多年。

在摩洛哥的城市——菲斯随处可见无窗的砂岩建筑，坚固雄伟的大门。门外的小街巷热浪炎炎，纷纷扰扰，飞扬着尘土。其中一扇沉重的木门上镶着铁圆盘与两个大门环，将闲适的庭院衬托得格外宁静——喷泉中央清脆的水声穿过庭院里装饰的圆柱与荫凉的地面，瓷砖上铺着精美的地毯与坐垫，谈话声隐约可闻。

那是 1356 年的一天。一位五十多岁、身着穆斯林学者传统服装、头戴白色头巾的男子斜倚在树荫下，时不时喝一口漂亮小杯子里的茶。他身旁是一位年轻的文学家，来此执行摩洛哥统治者苏丹阿布·伊南派遣的一项任务。

中年男子说话时，年轻男子一边专注地听，一边热切地写。小伙子名叫伊本·朱扎伊，他的任务是为后世记录沙姆斯·丁·阿布·阿布杜拉·穆罕默德·伊本·阿布杜拉·伊本·穆罕默德·伊本·伊布拉欣·伊本·穆罕默德·伊本·尤苏夫·赖瓦蒂·团智·伊本·白图泰的游记——史上最引人入胜的冒险故事之一。我们可以简称这位主人公为“伊本·白图泰”。

右页图 在菲斯一扇沉重的木门背后一个安静凉爽的庭院里，学者伊本·白图泰讲述了自己三十年来的非凡旅程

“我狠下心与所有的挚爱道别，离家而去，就像鸟儿飞向天空，忘却自己出生的小巢那样。”倚坐在垫子中间的他娓娓道来，似乎开始探向记忆的深处。

22 岁那年，他独身一人从丹吉尔（位于摩洛哥）的家中出发，只带了少量的行李与财物。他的任务是前往麦加——先知穆罕默德的陵墓所在地朝圣，该地位于当今的沙特阿拉伯。所有穆斯林信徒都必须踏上这段旅程，而伊本·白图泰的计划却有所不同。动身离去时，他就知道这次旅程会更远，因为他期待的并非一次旅行，而是一场冒险。果然，他这一走就是三十二年，一路从北非到叙利亚，穿过黑海到中亚地区，调头游历当今的土耳其，然后向东前往阿富汗与印度，又继续朝中国迈进。他走访过当今世界地图上的四十多个国家，路程总长约 75000 英里[1]。

伊本·白图泰的每个歇脚、下榻与用食之处，串成的不仅是一个绘声绘色的中世纪传奇，更是一次令人心潮澎湃的味蕾探险，毕竟他可是沿途吃了三十多年呢。

“我的父母无法脱离原有生活的束缚，因此我只能独自踏上旅程。这样的离别令我们都感到十分沉重与悲伤。”白图泰对伊本·朱扎伊说，这个故事的开始一定是多次挣扎反思的结果。朱扎伊的手稿完成后经过了长时间的流传与复制，直至 400 年后的 18 世纪 50 年代才有了法文译本与第一位欧洲读者。在此后的 150 年中，白图泰的游记被翻译成了大多数欧陆语言，但直至 2001 年的一个英文译本才有了索引，其最终卷的翻译完成于 1994 年。阅读过《伊本·白图泰游记》的人还曾将白图泰与马可·波罗相提并论。

西方社会视马可·波罗为有史以来最伟大的旅行家：出生于威尼斯，早年便穿越亚洲，成为最早记载中国生活的探险家。与白图泰一样，马可·波罗也曾用尽各种方式游历世界，踏过大浪，骑过

1　1 英里约等于 1.60 千米。

骆驼，遭遇过暴风雨和强盗，多次命悬一线。与白图泰一样，后来他也讲述了自己的经历——尽管不是在宁静的庭院里，而是在牢房中（马可·波罗阔别亲人24年后回到威尼斯，发现这座城市与敌对势力热那亚爆发了战争，因参战而被俘）。与白图泰一样，马可·波罗某些事迹的真实性也受到了审慎的历史学家的质疑，同时，他还背负了造假与剽窃的骂名。

然而，马可·波罗的贡献远比这些无益的因素更有分量。他于1271—1295年巡游世界，并于伊本·白图泰离家的前一年（1324年）去世。可以说是，马可·波罗（不知不觉地）将这趟史诗旅程的接力棒交到了本章的主人公手中。

白图泰则在准确性与编年史两方面均受到了强烈的批判。例如，一位分析原始文本的历史学家曾提出质疑：白图泰怎么可能"一个下午在安纳托利亚穿越800英里？"但在与同时代作品的描述相互参照后，其分析表明了其惊人的准确性。尽管白图泰在口述了自己的见闻，但他提到了大约1500个人名，正如其游记近代简略本的编辑蒂姆·麦金托什-史密斯所说："他是怎么记住这些，这些事件的记忆与相应的核查结果为何如此惊人地相符，这也是《伊本·白图泰游记》的神秘奥妙之处。"

事实上，白图泰承认自己抄录了布哈拉（位于今乌兹别克斯坦）一块墓碑铭文中的部分学者名，但他也说："我在海上遭遇印度异教徒的劫掠时，这些抄录和其他随身物一同丢失了。"这足以让大部分作家感到恐慌（特别是写作本书这一"巨著"的笔者，连记住自己宠物狗叫什么都得把名字写下来才行）。但白图泰成长于伊斯兰法学世家，可谓书香门第，他所生活的时代又较接近以听和说为传统的古代，因此他大脑中记忆人名与地点的部位应较为发达与灵活，有别于当今的许多人——因科技与惰性而让大脑的这些功能极度退化了。

不过蒂姆·麦金托什-史密斯在删减白图泰的游记时并没有把

自己局限在图书馆里。他重走了白图泰的部分旅程，并发现其他记录“与这位旅行家的叙述相互印证……我偶尔会发现关于他叙述准确性的惊人证据，例如，我曾在一个不起眼的安纳托利亚清真寺发现了他见过的某件家具，其所在的位置与他 670 年前所讲述的完全相同，那真是一场紧张刺激的体验”。

白图泰于 1304 年出生于丹吉尔一个受人尊敬的穆斯林法律学者的家庭，与父亲和祖父一样成为了伊斯兰“卡迪”，也就是教法执行官。也许他踌躇满志，认为自己待在丹吉尔只能继续漫长而曲折的法学生涯而别无他获；但倘若他踏上游历伊斯兰世界的旅程，那么他脑子里的法律学问没准比兜里的那点钱更有用。

继续去麦加朝觐是可以的，但他走得更远，到了可以让自己的能力发挥更大作用的印度德里。果然，他给当地苏丹留下了深刻印象，获得了一个法官职位以及可观的薪水。

很显然，白图泰对事物充满了好奇心，勇于探索未知领域，有时甚至还有点厚颜无耻——他曾拥有过数名女奴与妻子（并与她们都生下了小孩），也曾从海难与危及性命的劫掠中幸存下来，但他也的确是一名信奉伊斯兰教的朝圣者。身为学者的他也在寻找志趣相投的文人，并以大力推崇伊斯兰文明的公民自居。

因此在旅途中，尤其是用餐与选择食物时，想必他一直认真遵循着基本道德规范与教义。正如 11 世纪伊斯兰教权威哲学家安萨里所述：“人类最容易陷入的道德危机就是对食物的渴望。”此外，英国的伊斯兰教义研究教授兼白图泰游记分析专家大卫·韦恩斯也认为：“食欲是引发诱惑与错误的根源，性欲只能排第二。”韦恩斯说，人类需要健康的躯体来获得上帝指引的学识，并且“只有长期摄取必要的食物才能维持身体健康”。不过，白图泰不仅秉持着伊斯兰精神而适度控制着食欲，还抵制暴饮暴食。

穿越波斯西部地区（今伊朗）时，他曾因一顿饭所额外供应的食物而感到心绪不宁与些许窘迫；他认为这顿饭的量足以再喂饱四个人。到访摩加迪沙时，他对当地人的体形感到十分震惊，并称他们“过度肥胖，都是大胃王，其中有个人的食量甚至堪比整个朝圣团”；而在锡兰（斯里兰卡的旧称），他目睹了令人痛心的一幕，一些公民因为过度饥饿而屠宰了一头小象来果腹。白图泰补充道，人们吃饱象肉晚餐后便躺下入睡，但正当他们酣睡打呼时，“一群大象闯了进来，嗅了嗅其中一个人，然后杀死了他”。

正如人们所猜想的那样，白图泰在旅程中尝遍了各种肉类、蔬菜、豆类与水果，不胜枚举。但无论是在开罗、德里、摩洛哥还是中国，他的用餐方式都离不开三个特征：一、他很少单独吃饭；二、他与其他人共享饭桌上的菜肴；三、目前尚未发现他有任何付账的记录。

关于第三点，也许是因为他把买个椰子或者买块面包当作金钱易手、不值一提的小事，所以决定不做记录。但也很可能是因为他身为远道而来的旅者，所以无须买单——苏丹会为子民提供食物，古罗马人会为过路旅者开放自家小院，那么也许伊本·白图泰也得以沿途依赖陌生人的善意而生存。这也是古今人类好客程度的明显区别。

换到现代，倘若你敲开某人的门，请求留宿一夜或是喝一碗汤，应门之人更有可能打电话报警，而不是邀请你进门并在饭桌前给你腾个位置。数字通信时代定然乐趣无穷，只不过我们更愿意将陌生人的接近视为潜在的利益交换罢了。

如今，“好客”一词（第一章中那个既合情合理又有着神圣意义的术语）已然失去了最原始的含义，人们只会根据收益来决定自己所提供的服务质量。不过，地球上的某些角落仍然存在着陌生人被邀请进门用餐的情况——例如，在少数希腊岛屿上，游客起初可能会因原住民的出现而受到惊吓，但随后又会淹没于他们的热情招待之中。

但令人惊讶的是，作家帕特里克·利·费莫尔于20世纪30

年代从鹿特丹去到伊斯坦布尔时，经常能够享受到陌生人提供的便利。与白图泰不同的是，他沿途有一些不错的朋友可以拜访；与白图泰相同的是，他也被劫走了财物与记事本。不过，他们俩的用餐过程都可谓一帆风顺——费莫尔向来能说会道，舌灿莲花，而白图泰的头脑也很灵光。虽然有人认为是白图泰的非凡经历使他成了大众喜爱的故事讲述者，但其实他的叙述方式本身也不乏幽默感。例如，他说自己到访贝鲁特（位于黎巴嫩）的一处果园时，有一位当地的农工带他参观果树林，还给他试吃了几只石榴。然而在他剥开果实品尝后才发现所有石榴籽都很酸。

“你在果园里待了那么久，还无法分辨石榴是酸是甜吗？”他向这个农工抱怨道。

男子则做出了简短的回答：“我的工作是看护果园，不是吃石榴。”

白图泰还分享了自己遇到过的怪人怪事，尤其是在苏丹与国王的宫殿中——曾有一位波斯国王，只要他在场，其他人就必须挺直站立并抓住自己的耳垂；还有一位安纳托利亚国王，在生病后向作为访客的白图泰授予了最高荣誉——食物与金钱；他在苏门答腊拜见国王时，一位忠臣向他鞠了个躬，发表了长篇大论（对此他表示“我一个字都没听懂”），然后用刀砍下了自己的脑袋。白图泰吓了一跳，但表面维持着镇定（“刚才发生的一切着实令我摸不着头脑。”——一个相当低调的陈述）。此时此刻，一具尸体横在血泊之中，而国王正看着他。

“侍从自尽以表忠心，”国王一边说道，一边命令属下把尸体抬走并焚烧，“你们的族人会这么做吗？”

白图泰思考了一番后回答：“我从未见过有人这么做。”

女性对费莫尔与白图泰都很感兴趣。费莫尔在十几岁时就因长相英俊而大出风头。也许白图泰的情况也相似，毕竟他肯定不会避而不谈自己所取得的成就。他记得马尔代夫的代表性食物是椰汁与鱼肉，但当地人还会喝“棕榈酒”，并食用大量蜂蜜、甜食与干果。他说这些食物加在一起能够“令人产生强烈的欲望”，因此，“在当地生活期间，我曾拥有数名女奴与四位妻子”。他还写到当地传统令人困扰之处：“岛上的女子从不与男子一同就餐。”他认为这十分可惜，因为“她们之间的谈话相当有意思，并且她们也十分美丽动人”。白图泰甚至试图改变这样的习俗：“我尽量让妻子与我一同用餐，但还是失败了。”

白图泰似乎曾在这几十年中与不同国家的女子生过小孩，但目前尚无证据表明几个世纪后其英国“同行”费莫尔曾令每一位招待过他的女子怀孕。不过很显然，在现代社会历经世界战争与文化变革后失去从前的温情之前，这两人都已切切实实体验过了“好客”一词的概念。

当今的餐厅将“共同进餐”视为一种社会发展趋势，以及吸引顾客上门的手段。而对白图泰来说，这只是一种惯例。他只会在极端情况下单独进食。例如，在躲避匪徒时他不得不匆忙抓起食物塞进嘴巴；他曾在中国被四十名骑着马的人抓捕，又被窃贼夺走了所有随身物并拘禁，但他还是成功逃脱，“我藏在树木茂密、荆棘遍布的森林里……以水果与树叶为食”。在印度，他又遭到“异教徒”的袭击，被迫逃匿至竹林中。饥不可堪的他在灌木丛中艰难前行，“荆棘扎破了我的前臂，某些伤痕一直留存至今”，也正是在这些灌木丛中，他发现了浆果。此时，庭院里的白图泰可能已停止说话并卷起袖子，向朱扎伊露出手臂上的伤痕。

白图泰还记得一次令人闻风丧胆的“不好客”事件——他拜访一位苏丹时，苏丹让他警惕某一部落的举动。这位苏丹事先就听说过这个部落里都是一些危险的人，但还是大胆决定邀请他们共进晚餐。他派遣了一名黑奴前去正式邀请这个部落的人与自己同桌（或者与他一同坐在地毯或坐垫上）进餐。不幸的是，这名送信黑奴的下场十分惨烈：部落的人不仅把他杀了，还把他吃了。但苏丹又说，这事也可以换个角度看：白图泰也不用太担心这个部落，因为“虽然异教徒吃人，但他们只吃黑人。因为他们将白人视为发育不良、有害健康的食物”。

不过这种有惊无险的情况并不多。白图泰在波斯山区的经历才是他旅程的常态：“我在旅途的每一段都发现了供旅者与其他到访者借宿的寺院小室，里面还放着面包、肉类与甜食。”

当然，“寺院小室”一词还为白图泰能够免费吃遍已知大陆的原因提供了线索——他既是个宗教旅者，也是一名有信仰的法官，自然会被教会与附属机构接待，他吃的食物来自于他人的分享。正如伊斯兰教创始人——先知穆罕默德的旨意所述：“分享的食物是最好的。”

所以在修道院里，白图泰吃到了面包、肉汤与甜点；而在斋戒时，住在偏远岩山上的圣人会向他提供饼干。埃及尼罗河三角洲附近的一位圣人曾让白图泰留宿了一夜，并在他离开时给了他“一小袋蛋糕与银币”；一位住在也门寺院小室里的隐士，也曾给过白图泰几块用盐和百里香调味的大麦干面包。

白图泰曾得到过善良的陌生人的帮助：一位埃及圣人曾让他留宿家中，并在他离去时给了他一小袋蛋糕与银币

他还记录了叙利亚一所令他印象深刻的大型基督教修道院：“在那里歇脚的每位穆斯林都会得到基督徒的招待；他们的

叙利亚一所偏远的基督教修道院会向包括穆斯林教徒在内的到访者提供面包、食醋与刺山柑

食物包括面包、奶酪、橄榄、食醋和刺山柑。”如果是表面上放有佐料的圆盘形面包，那应该就是比萨了。

白图泰在到访巴士拉（位于伊拉克）后，对当地人赞赏有加，认为他们能给异乡人宾至如归的感觉。他记得城里有许多棕榈树，还有最高宗教法官给他送来的一篮沉甸甸的枣子——搬运工将这篮枣子托在头顶送来时，差点由于篮子太重而摔倒。

在伊朗中部的伊斯法罕，白图泰尝到了酥油炸鸡饭，以及用肉桂与乳香树脂（当今的埃及、土耳其、希腊与黎巴嫩仍使用这种树脂来给饮料、冰淇淋、奶酪与汤羹调味）调味的鹰嘴豆泥拌饭。在中亚地区的花剌子模，他吃过一种特别的西瓜。根据他的描述，其外皮为绿色，果肉为红色，非常甜——这看起来很熟悉。不寻常之处在于，它们通常是干的，犹如自己家乡的枣子。尽管这是他所吃过最可口的西瓜，但这种水果似乎提出了抗议——当天晚上他的肠胃便翻江倒海，折腾了数日后，他才得以重新踏上旅程。

在摩加迪沙则有很多肥胖的食客。当地的食物特别精致，人们也颇为好客。白图泰说，船只抵达港口时，年轻人会成群前来迎接，十分热情并作为东道主招待访客。他被安置到一处学生宿舍，室内“铺着地毯，即将开启盛宴”。他们坐下后，招待员会用大木盘端上堆成小山状的酥油饭。他将木盘旁边的食物称作 kushan——“用鸡肉、红肉、鱼肉与蔬菜制成的调味品”。另一个碟子装着鲜牛奶煮制的生香蕉，还有一个碟子则装着凝乳，其中含有“腌柠檬片、在醋里腌制的胡椒、咸的青姜和芒果”。

当地人还教白图泰如何将一口米饭与腌菜混着吃。桌上堆满了食物，并且一天内就换了三桌菜，这对白图泰来说实在是太多了，但却是当地人的一贯食量。这就是为何他评论说“他们极度肥胖”。

摩加迪沙人的慷慨赠予令他十分舒心，因此在他去到塞拉（今东非索马里兰）后，感到待遇一落千丈——当地人只吃鱼和骆驼。“这个国家臭气熏天，”他叙述道，“鱼类和骆驼被屠宰后弥留的血腥味充斥于肮脏的街道。”

采法尔（位于当今的也门）也是一副人间地狱的景象。他将当地描述为“苍蝇飞舞的脏乱之地”——随处可见黏糊的枣子和鱼类一同大量出售，并且当地居民除了自己吃这些东西外，“还拿鱼来喂羊群和其他牲畜，我从未见过这种做法。”他评论道。不过，白图泰是在也门第一次见到椰子。他说，这种水果采自树上，这种树在当地“十分稀有且珍贵，很像棕榈树，其果实形似人的头，因为它有两只眼睛和一张嘴；里面绿色的果肉好比大脑，顶端的一撮纤维则好比头发。人们会用这撮纤维来制作绳索，用它把船只绑在一起，而非使用铁钉来固定。他们还会用这种纤维来制作大的锚绳”。

在安纳托利亚，白图泰喝到了浓汤，但他抱怨当地从来不提供面包——很多汤羹都是混有炖肉的乳白色混合物（也许是一种早期的奶酪火锅），可“他们从不吃任何面包或固体食物”。不过这似乎并未影响当地人的身体发育，“他们都是身材魁梧的壮汉”。

在印度，白图泰吃到了当地盛产的大米——他在德里吃的每道菜，包括咸椒、柠檬、芒果、家禽、蔬菜或牛奶，均配以米饭。在德里生活了大约七年后，他才启程前往马尔代夫与当今的斯里兰卡。但他说情况变糟了，他在当地“三年来吃的全是米饭”，从麻木吃到抗拒，最终“只能依靠喝水来下咽这些米饭”。

伊本·白图泰于 1354 年回国。但他回到的是菲斯，而非家乡丹吉尔。没人知道他的情形，也没人知道多年前他忍痛离开的父母是否还活着。不过苏丹阿布·伊南已听闻有关这位旅行家的事迹，因此他们很快取得了联系。他要求白图泰留在首都记录旅程的编年史——这种可能只是皇室为了解闷而委派的写作。

伊本·朱扎伊作为当时颇有名气的诗人兼书法家而被选中承担这项写作任务。历史学家们认为他满腔热忱地承接了这份工作，圣地亚哥州立大学历史学教授罗斯·邓恩写道，也许朱扎伊与这位旅行家发展出了良好的友谊。大约两年间，这两人似乎定期见面，他们的谈话则发生在不同的地点——白图泰故居的荫凉庭院、朱扎伊

记录白图泰游记的手稿完成于 1356 年，但 500 年后欧洲才有了第一版副本

的简朴住所、菲斯宏伟的公共建筑和清真寺拱门，这些人们经常与朋友聚会或谈生意的地方。

这份手稿于1356年完成，而这位年轻的作家则于1357年因疾病或意外而去世，享年37岁。人们对他的其他事迹并不了解，但他在这本《游记》的简介中，表达了自己对写作过程十分满意。他写道，听白图泰口述是一种“心灵、耳朵与眼睛的享受”。

手稿完成（并且毫无疑问呈交给了苏丹）后，白图泰似乎在首都附近的城镇担任了卡迪。邓恩教授还写道：“鉴于旅行结束时他还不到五十岁，因此他很可能已经再婚并生下了更多小孩——他们同父异母的兄弟姐妹在东半球各地长大。”

然而这本书当时似乎没有得到宫廷成员的关注，而是被搁置于书架的某处积灰，毕竟在14—19世纪学者们并未发现它的存在。相比之下，人们对马可·波罗的关注度就高多了。

500年后，白图泰的游记终于在欧洲——这片他从未涉足的大陆出版。译本出版后，它并不像那些需要考古学家在意大利阳光下拨开尘土后才闪闪发光的瓷砖碎片，而是以惊人的、丰富多彩的细节向读者揭示了古老的人类世界，以及他们的生活起居、传统习俗与日常饮食。

1369年，伊本·白图泰逝世，但他已经知道自己是同时代最伟大的旅行家。《游记》里还有一段题外话，其中描述了他曾遇到的一位虔诚之人：“游走于世界各地，但从未去过中国、锡兰岛、马格里布、安达卢斯或黑人地区。所以我超越了他，因为我走遍了这些地方。”

没错，他就这样周游世界，在不知不觉中代表我们品尝了各地的风味。

4

Medieval England

中世纪的英格兰

中世纪的伦敦仍然混乱无序、脏污狼藉，大街小巷里弥漫着食物与垃圾的味道。但正是这样一座城市孕育出了精致的餐馆，而其中升华了用餐体验的一件东西就是：桌布。

当我们徜徉于历史的长河中，探索比萨的起源、思考是哪些机灵鬼最先想出了共享菜肴的用餐形式、研究“好客”一词的含义时，不妨放慢脚步，发掘一些小细节，例如：餐厅是何时开始使用桌布的呢？现在，哪怕是头脑最机敏的小作家们也无法抛开这个疑问，至少当外出用餐史的神秘面纱缓缓揭开时，他们的内心充满了好奇。

桌布象征着一种文化与文明。无论是在木桌、古老的石桌，还是现代的塑料折叠桌上，它都能保护用餐者不被粗糙的用材剐蹭或磕碰。同时，灰泥、颜料与墙纸覆盖于建筑物原始的砌砖上，把功能性的房间变得时髦起来，配合桌布，给人以视觉上的享受。然后再放上餐具和器皿，原本朴实无华的一顿饭，就升级成了一顿颇具社交意味的美餐。

但要探究在并非私人领域的公共餐馆里，前人摊开桌布，唰地一下将其铺在餐桌上的具体情境，就需要些侦探的识别技巧、不可或缺的一点儿小运气，外加读者对某些艺术形式的理解与接纳程度了。

关于这一点，我们可能要追溯到 1410 年，或者说，从尘封已

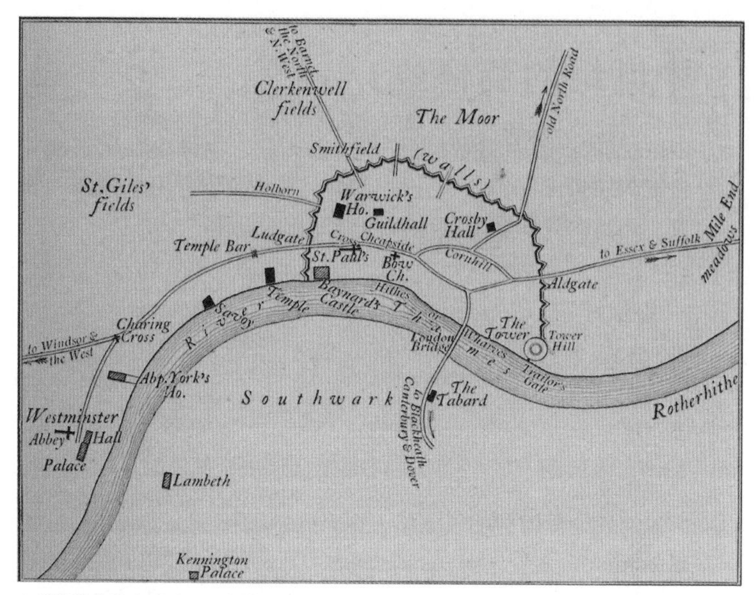

中世纪的伦敦贪腐成风、冷漠无情。意外的是，1410 年的一名到访者在威斯敏斯特区发现了一家温馨别致的酒馆，店里有面包、麦芽酒、葡萄酒、肋排、牛肉，餐桌上还铺着桌布

久的历史片段中挖掘拼凑。

一首名为《物欲横流的伦敦》的诗发表于 1410 年，但作者的身份无法求证。有人认为作者是来自萨福克[1]的僧侣兼诗人——约翰·利德盖特。

这首诗讲述了一个来自肯特郡的男人，因身陷骗局而损失惨重（诗的原文为“上当受骗，血本无归”），要去伦敦市各区寻求正义，其中的威斯敏斯特——当时的政府所在地则是他的首要目的地。然而，他伸张正义与索取赔偿的希望还是破灭了，因为他发现过程中的每个节骨眼都离不开律师、法官与教士，而行贿是唯一的途径。于是，他垂头丧气地返回了肯特。法律似乎就跟那些诈骗他的混蛋一样无耻——没有钱，就别想解决问题。“法律如此，我亦无须再

1 位于英格兰东部。

折腾。”他沮丧地说。

也许中世纪的伦敦贪腐成风、冷漠无情，但在他对寻求正义的过程的叙述中，我们也发现15世纪初这座城市形形色色的细枝末节，在散发着不易察觉的魅力，尤其是餐饮业。他偶然邂逅了伦敦东市街的几家食坊——锅碗瓢盆铿铿作响，管道里水声哗哗，竖琴奏出美妙的旋律，人们和着乐声轻歌曼舞，而厨师向路人吆喝着餐馆出售的菜式：牛肋排与馅饼。他穿过康希尔大街时，沿街餐馆的老板都会戳戳他、拉拉他，以品脱[1]为单位向他推销红酒。但他去了威斯敏斯特后，却看到了完全不同的景象，并且这种风格与氛围从未在当时的英格兰历史记载中出现过，直至这首诗的叙述——

清晨的太阳高挂在天上，他在威斯敏斯特的大门附近发现了这样一家旅店：既没有人催促他，也没有人拉扯他；厨师们以“诚挚的好意”礼貌地接待他，并向他介绍了面包、麦芽酒、葡萄酒，以及一道牛肋排。他对这块牛肋排的评价是看起来“很肥美”。更关键的来了——就像土耳其地毯商贩可能会为了吸引顾客而展示精美的羊毛与丝绸编织，并提供漂亮瓷杯装着的茶水那样，根据这位作者的叙述，他进入旅店后，“店员便开始铺上一块美丽的桌布”。

遗憾的是，我们这位心灰意懒的主人公环顾一番后就匆匆逃离了。看来，他既没有买通律师为他效劳的经济实力，也没有足够的现金来感受新鲜面包的松软、葡萄酒的香醇，或是牛肋排的韧性，“一贫如洗的我无法拥有这些”。他可不想吃了霸王餐后被店家扣押而洗碗到天黑，所以只好离去。

但我们还是通过他了解到，在15世纪初的威斯敏斯特肯定存在一些体面的餐馆。由于尚无证据表明伦敦其他地区存在任何精致的餐厅，更别说周边其他城镇或乡村了，因此当时威斯敏斯特的餐饮业发展应是处于领先地位。

1　1品脱约等于0.568升。

实际上，目前亦无证据表明在 13—14 世纪存在任何可被描述为“餐厅”的场所。然而在遥远的公元 79 年，古罗马人将帝国势力扩张至当今的苏格兰边界时，就建起了时髦的别墅、地下供暖设施、笔直的街道，甚至还带来了威武雄壮的角斗士。1400 年后的伦敦竟反而没有像庞贝城的普里姆斯酒馆那样的场所，这不免令人感到失望。

这一时期，欧洲餐饮业的发展势头在英格兰停滞不前，毕竟在 15 世纪前的英格兰，外出就餐算不上一项活动，这种说法也不存在；伦敦人都只会在自己家或朋友家里吃饭，而像白图泰那样漫游小亚细亚的旅行家，则更经常投靠愿意施善的宗教机构或寺院。

当然，英格兰还是有食坊与小旅店的（后者为旅者而开设，通常备有马匹；前者则通常是本地贸易洽谈的场所），但历史学教授玛莎·卡林说：“这些场所均不面向大众提供餐厅式的丰盛食物与座位。食坊会供应热食，偶尔还有麦芽酒，但不会提供葡萄酒，也没有座位或餐桌。”卡林说，麦芽酒馆 (alehouses) 有座位，但不供应食物。虽然旅馆 (taverns) 提供食物，但它并不向公众开放。

这些食坊的前身是摊铺——商贩需要在闹市区内寻找空地，售卖可即食的炸鱼、水煮家禽、热馅饼与蛋糕等。公共罚款记录表明，以 13 世纪 50 年代的牛津为例，厨师们会在自家房屋外为过路食客烤制或水煮肉食。还有人曾记录了这样一则细节：“没有厨师胆敢在自家门外烹饪任何食物，除非他事先缴纳了两三先令[1]的‘罚金’。”

很显然，当时的许多人无视了相关法规，原因是他们家中没有厨房，不得不在户外烹饪。倘若连厨师都没有厨房，就更别说贫民了。与许多古罗马人一样，当时大多数英国人既没有烹饪设施，也买不起圆锅、煎锅、燃料或配料，那么想要吃上热食的普通劳工就会光顾这些摊铺。贫民及其子女又该如何解决吃饭问题呢？卡

1 先令（shilling），英国 1971 年以前的货币单位。

林教授补充道："对于家境贫寒与无家可归的人来说，速食摊铺也往往是他们唯一的热食来源。"

当大家都意识到这一点后，1379 年，包括伦敦市政府在内的一些行政机关允许某些摊铺在当地交易时间结束后继续营业到晚上，于是大街小巷变得越来越繁忙。为了不影响交通运行与行人流动，一些摊铺开始搬到建筑物中营业，由此便发展成了食坊。关于这些场所的具体样貌，我们可以参考杰弗里·乔叟的作品——《坎特伯雷故事集》，其中有一篇他于 14 世纪 80 年代创作的《厨师的故事》，提到了再加热的食物（一块"加热了两次又冷却了两次"的馅饼）与不卫生的环境（"您的食坊里飞着许多苍蝇"）。

乔叟在《厨师的故事》中批评了那些不卫生的食坊

威廉·菲茨斯蒂芬于 1170 年创作的《伦敦风貌》也描述了较早的一些公共餐饮环境，但其内容与卡林口中"没有一处公共场所可以坐下用餐"的断言相左。菲茨斯蒂芬与托马斯·贝克特是同时代的人，他们也是朋友。贝克特原为英格兰国王亨利二世的大法官，而后突然被推上坎特伯雷大主教之位，最终又被谋杀于坎特伯雷大教堂。菲茨斯蒂芬见证了这一切。

他在记叙贝克特的生活时，描绘了 12 世纪末的伦敦——一座美得令人心碎的城市，"富丽堂皇，气势磅礴"，并且气候"温和"。关于当地的女士们，他的评价是"如少女一般纯洁"。

在许多人的想象中，当时的伦敦市只是一片被乡村包围的小城区。在城墙外的泰晤士河西岸屹立着威斯敏斯特宫，河内生存着大量鱼类，宫殿附近则是“城郊居民的花园，树木茂密，宽广而美丽”。威斯敏斯特以北有“玉米地、牧场和生机勃勃的草坪，与淙淙溪流相互交织，中间还有许多磨坊……后方更远处则是一片广袤无垠的森林，郁郁葱葱，其中遍布雄鹿、野牛等猎物的巢穴与藏身处——城中野味的来源”。菲茨斯蒂芬说，这片肥沃的土地“能够产出最丰盛的农作物”，并将这里种出的小麦比作罗马神话中农业与丰收女神刻瑞斯手中的金色麦束。河流分布于整片城区，其中的“河水甘甜、有益健康又清澈”。当地的人们也富有魅力，“伦敦各处乃至整个王国的公民均被其他民族视为最优雅的群体，无论是他们温文尔雅的举止、精心搭配的穿着，还是餐桌上优雅华丽的艺术。”夜幕降临后，来自竞争对手学校的男孩们会来到街上，“用诗文相互争辩”（当今街头说唱对决的一种文明先驱）。到了冬季，他们会在冰冻的湖面上滑冰。

夏季的时候，泰晤士河畔除了停泊着装有从法国进口的葡萄酒的货船外，还有一处伦敦市民可以获取食物的地方，“那是一家公共餐馆，它的存在对这座城市来说方便又实在，同时，它也是该地当代文明的写照。”

菲茨斯蒂芬这部作品于1772年有了拉丁文译本，译员们发现作者提到了“整座城市唯一的餐馆”，于是加了一个脚注：“这个地方非同寻常。我们目前还没有这样的场所，那肯定是一幢大型建筑。”

菲茨斯蒂芬还说，在那里，“随着季节的更替，你能尝到各种烤制、烘焙、油炸与水煮的食物。体型大小不一的鱼类与较为下等的食材面向贫民提供，而野味、家禽与小鸟这类较为可口的食材则面向富人提供。”菲茨斯蒂芬解释道，倘若有旅客到访朋友家中时已经饿得七荤八素而等不及厨师做饭，那么他会前往那家公共餐馆，“即可立即吃到来自于上述河畔的食物”。

显然，这个地方已处于稳定的经营状态，无论白天黑夜，也无论顾客是骑士贵族还是外乡平民。因此，没人“有机会断食太久，也不会有人没吃晚餐就离开城市”。

很可惜，这家传说中的餐馆没有被任何文学作品再次提及，不过还是在菲茨斯蒂芬的心中烙下了一块完美的印记。作为一个在教堂祭坛上目睹朋友被杀的人，他的处世态度算是十分乐观了。在他对伦敦生活的叙述中，唯一消极的内容是他称之为“蠢人过度饮酒而造成的麻烦”（其作品 1772 年版本的编辑指责丹麦人带来了“酗酒的风俗”）与频发的火灾（令人惊奇的是，500 年后的一场火灾才造成了伦敦大面积木屋与街道被烧毁的悲剧，即 1666 年持续了 5 天的伦敦大火）。

如果说坐下吃饭的习俗已然在河畔这家餐馆悄然萌芽，那么直到 15 世纪初，即我们这位来自肯特郡的伙计，或是叙述其故事的诗文作者在威斯敏斯特体验过使用桌布的某些用餐形式之后，这项习俗才真正开始普及与发展。

有趣的是，威斯敏斯特正是我们可以精确追踪到正规餐饮业最早新兴源头的地方，这也意味着，是素有“议会之母”称号的英国孕育出了伦敦的餐厅。拉丁词语“parliamentum”可译为“议论”，而英国古代的议会，就是在人们集会讨论王室需要提高税收来资助军备的时候正式成立的。最初只有男爵参加集会，后来各城镇的领导人物与神职人员也作为代表加入进来，并很快组成了“下议院”。他们集会的地点也十分多变。例如，其中一次于 1290 年爱德华一世统治期间在北安普敦郡一个皇家狩猎屋进行。随着战争接二连三地爆发，并逐渐成为中世纪生活中不可避免的一部分，王室开始更频繁地召集议会，一再要求各代表提高税收。

不过最终，威斯敏斯特成了常规集会地点，特别是从 11 世纪末“征服者”威廉一世的儿子——威廉二世建造了一所宏伟的大厅（即威斯敏斯特宫，当今的“议会大厦”）后。这栋建筑物之宏伟

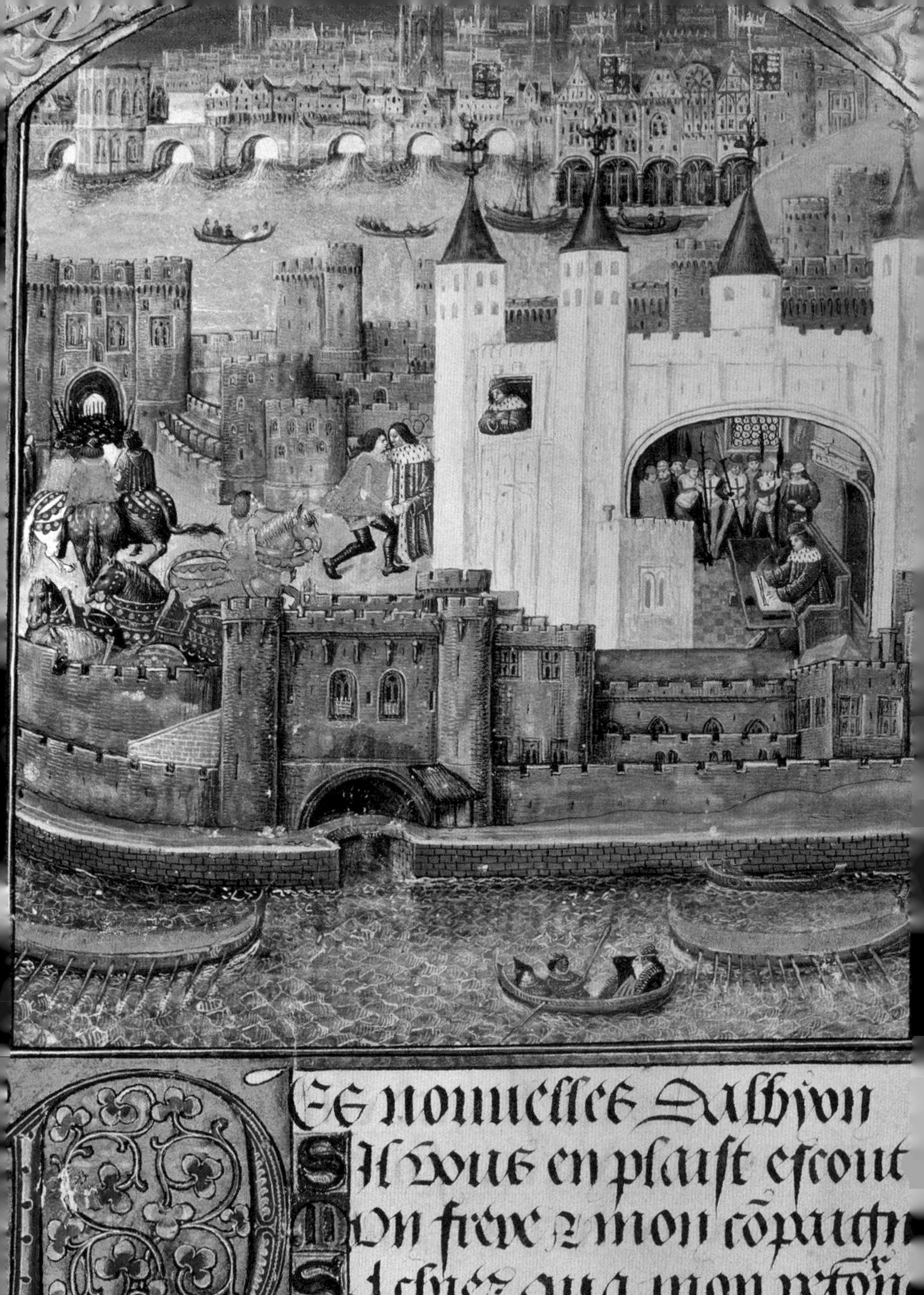

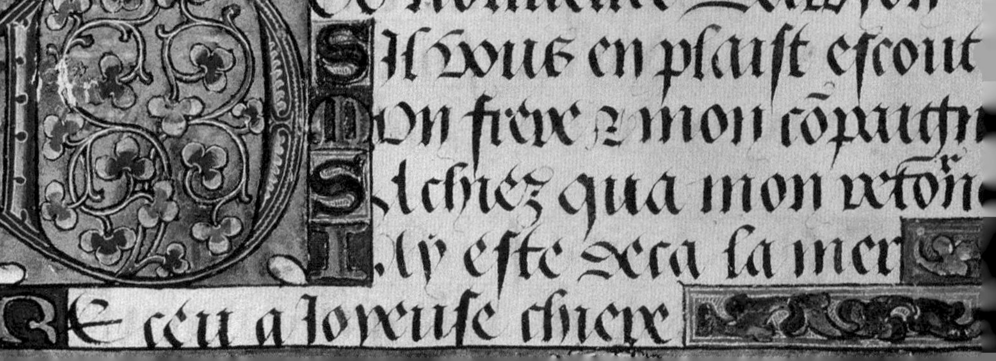
Des nouvelles dalbyon
Sil vous en plaist escout
Mon frere & mon cōpaign
Sachiez qua mon retou
Jay este deca la mer
E ceu a joyeuse chiere

左页图 1170 年，威廉·菲茨斯蒂芬叙述了美得令人心碎的伦敦。他在“游鱼繁多”的泰晤士河畔发现了一家罕见的餐馆

就算排不上欧洲第一，也是英格兰之最，不管是出于什么实际用途，它（1834 年的火灾后已重建）的面积都太大了。

渐渐地，骑士、地主阶层，以及包括商人与律师在内的“议员”开始受雇为议会效劳——就这样，行政人员诞生了。与会人员中职级最高的是大法官；他需要代表国王发表讲话，解释召开会议的目的，并回应各代表向国王提出的请愿。此外便是公仆了。时至 1400 年，议会已针对贸易、商业、国防等多方面制定了律法，其正式公文也记录了数不胜数的会议。他们在国民的生活中变得举足轻重，一套正规的职级体系也围绕其逐渐完善。那么，这些议会人员总要吃饭吧，他们会去哪里用餐呢？肯定不是苍蝇飞舞、反复加热馅饼的无座餐馆了。

正如卡林教授所写的那样：“这个突破性的开端将首都的公共餐饮业带上了发展的正轨。”就这样，提供椅子、餐桌与亚麻桌布的餐馆得到了议员们的光顾，其中包括律师、公务员、临近修道院的工人、宫廷官员、到访当地的商人与其他旅客。

这些餐馆之所以能兴起，是因为城墙之外的生活不在伦敦市政的管控范围内，并且不会被城内势力强大的行会所监管、垄断与治理。虽然行会小心翼翼地监视并规范着商店与食坊的所有经营事宜，但他们并未阻碍餐饮业的发展，这些店铺开始向食客提供座位。据说，在那位肯特郡的伙计造访伦敦的同一年，东市区的食坊发生了一桩丑闻。

想要推断这桩丑闻的详情，不妨分析一下《伦敦纪事》——一份整理于 15 世纪的文献，其中包含王室书信细节、公共事件记录，以及 1089—1483 年某些犯罪与不端行为的记录。这份文献的梗概中有这样一条细节：“今年［1410 年］[1] 东市区的群众骚乱中也有国王的儿子托马斯与约翰参与。”当时在位的君主是亨利四世，他是自诺曼征服以来第一位英格兰国王，母语是英语而非法语。他有六个孩子，其中的两个儿子二十来岁，分别名叫托马斯与约翰。1410 年 6 月下旬，俩人决定和一群伙伴去东市区的一家食坊吃饭。他们在仲夏节当晚到达了当地，而这个节日在 14 世纪末已然背负了许多不好的传闻——

传统上，这是一个纪念基督教施洗者圣约翰殉道的节日，人们会先到教堂祷告、冥想，并点上蜡烛。但正如同时代某些节日一样，一位名叫约翰·米尔克的教士说，“起初，无论男士女士都会带着蜡烛与其他发光物来到教堂，彻夜祷告。然而时过境迁，人们渐渐抛弃了这种形式，转而用歌舞取代了信念，任自己堕入淫乱与暴食的漩涡，生生把美好、神圣的奉献变成了罪孽。”

似乎两位王子与他们的伙伴也是如此。《伦敦纪事》中附加说明“骚乱”（fray）一词意为“凶恶地叫喊”（hurlyng），中世纪英语则将其译为“骚动”“吵闹”或“暴乱”。因此不难推测，人们把仲夏节的晚餐变成了一场派对，在酒池肉林里纵情纵欲。而结果就是文献里所记载的：“晚上九点后旅店与食坊均不得营业，亦不得开展娱乐项目。”一些小伙子的不良行为致使市政当局勒令食坊、旅店与酒馆在晚上九点停止营业。

你可能会好奇，这些年少的王子们除了要忍受宿醉过后的头疼外，是否还会受到严厉的训斥。这也可能是两位王子最后一次与他们时髦的朋友光顾食坊这样简陋的场所了，毕竟他们穿着不凡，倘若举止不当，肯定比其他常客更引人注目。

由于这些食坊直至 15 世纪末才开始为旅者以外的顾客提供食物，所以王子们抱着娱乐的心态选择了其中一家。而实际上，最早

1 引文中括号的部分为本书作者所加。全书同。

的相关记载出现于1461年，萨瑟克某教区的教会委员们记录了当地一家旅店三顿晚餐的花销。大约同一时期，威斯敏斯特圣玛格丽特教堂（位于当今的国会广场）的教会委员也记录了一顿“评估晚餐”的类似账目。我们可以假设这并非一场“骚乱”，不过根据费用单，他们不单喝了葡萄酒，还吃了面包与羊肉馅饼。在某些场合，这类不起眼的商品可有着另一番意味。1480年，一群官员在仲裁伦敦市与坎特伯雷市圣奥古斯丁修道院之间的一场纠纷期间，到主祷文大街用了一顿餐，其账单中记录了面包、鸡肉、兔肉、猪肉，以及啤酒与麦芽酒。

随着越来越多的场所开始售卖食物，为了维护贫民与士兵这类百姓的基本利益，价格管控措施也得以实施。例如，在16世纪中叶，约克郡规定旅店老板向士兵与陌生旅客售卖的“普通水煮与烘烤牛肉或羊肉”价格不得超过4便士。

当时，“普通”（ordinary）一词已用来形容廉价套餐，后来进而被英国出售廉价麦芽酒与食物的简易餐馆当成口头用语。1609年，作家托马斯·德克记录道，他于上午11点半到访一家“普通”餐馆时，店家先是向他提供了一点鼻烟，然后才邀请他进店与其他年轻男士共桌，一同享用炖羊肉、鹅肉、丘鹬肉，以及餐后水果与奶酪。酒水要额外收取12便士的费用，因此较为贫穷的人群只能坐在角落吃3便士的简餐。

事实上，“普通”一词后来也常见于美洲殖民地，因为当地普通级别的旅店占绝大多数。再说回英格兰——1562年一位到访当地的威尼斯商人亚利桑德罗·马格诺记录了一顿4便士的“普通晚餐”的食物清单：浓汤、一块烤肉、一块水煮肉、面包，以及麦芽酒或啤酒二选一。他还说，英格兰人是“肉食者”，他们吃的肉分量惊人且质量上乘。他于同年的夏天再次来访时，兴奋地发现了一家名为“舞会”(The Ball)的酒馆，其经营者是意大利人马斯特·克劳迪奥。这家酒馆会提供“两到三种烤肉供食客选择，可供替代的食物还包括肉馅饼、开胃小吃、水果挞、奶酪以及上等的葡萄酒。顾客想要点什么，只需开口，然后他们就会提供什么”。

城市周边的餐馆则通常提供鸡肉与其他家禽，以及野味、兔肉、鹿肉与天鹅肉。马格诺写道，他特别喜欢伦敦海量供应的牡蛎：“他们会以烧烤、慢炖、用黄油煎炸等任何可能的方式烹饪牡蛎，但他们更喜欢将牡蛎与大麦面包一起生吃——这确实很美味。”

可惜当地没有新鲜的维蒙蒂诺白葡萄酒（Vermentino），更别说一杯爽口的香槟了。为了更好地享受眼前的美食，他点了英国啤酒，但这种口味令他厌恶。他说：“虽然很健康，但味道恶心，口感像马尿一样，上面还飘着谷皮。”

1599年，伊丽莎白一世统治时期，瑞士访客托马斯·普拉特记录道，伦敦的旅店大多会向顾客提供一份拼餐，这对他来说是一个新奇的概念。他认为，一群人共同购买并分享菜肴与酒水会比单人点菜划算很多。根据他的记录：“店家不会提供包含全部费用在内的套餐价，所以食客必须核对菜品并计算分量。的确，倘若顾客想要单独享用丰盛的菜肴与美酒，那么价格会十分高昂。”

这样的场所在16世纪初就已经颇具规模，并且，似乎亨利八世因镇压他眼中腐朽的天主教会势力，而意外推动了麦芽酒馆与旅店的发展与盛行。

亨利八世脱离罗马教廷的部分原因是教皇不批准他与阿拉贡的凯瑟琳离婚，导致他无法迎娶安妮·博林。他成为英格兰教会首领，颁布了史上著名的《修道院解散法令》。1536—1541年，亨利通过多项法案与法律程序取缔了形态与规模各异的综合修道院、小型修道院、女修道院与男修道院。到了1540年，已有800所修道院被解散，从而，英格兰不再拥有这块多个世纪以来令欧洲乃至全世界旅者感到安心并期待的基础。正如我们在小亚细亚看到的那样，像伊本·白图泰这样的旅者需沿路依靠宗教机构的施善行为来探索世界，并且倘若到访者与该教会信仰一致，他们还能够留宿并获得食物。

短短几年间，这些传统的待客场所被接二连三地废弃、拆除、烧毁，最终成了过眼云烟。而类似的情况是，在其他教会持续举办盛宴时，似乎又受到了新教改革者的抨击。每逢圣徒纪念日或宗教节日，人们会聚集到教堂的礼拜堂或院落，享用圣餐与接受洗礼。此类场合当然也会有大量事先酿好的啤酒，不过，人们在墓碑间大口吃喝、纵情狂欢的场景似乎也不太光彩。

新教改革者在宗教秩序的恢复方面相当成功，然而这也意味着，人们再也无法使用教堂作为场地、以上述节日为理由而狂欢饮酒了。

这像是一场完美的“风暴”——未被处以火刑的前修道院工作者需要另谋出路，旅客需要住宿之地，而每个人都需要放松与社交。就这样，原本在修道院施善的人经营起了旅店，当地居民与过路旅客均蜂拥而至；与此同时，国家通过价格管控进行维稳。

那么，麦芽酒馆于 16 世纪大量涌现就不足为奇了。根据 1577

随着修道院的取缔，令欧洲旅者长期感到安心与舒适并依赖的基础也不复存在

年英格兰的一项调查记载，当地有 24000 家麦芽酒馆，与总人口的比例达到 1∶142。在此后的 50 年中，这个数量翻了一倍，甚至超过了人口的增长速度（从 1540 年的 270 万人增长至 1650 年的 520 万人）。

16 世纪末期，麦芽酒馆已然成为中世纪英格兰风貌的一部分。换句话说，我们可以从饮酒的蔚然成风来了解当时的中世纪。没错，时至 17 世纪，代表甚至定义英格兰的六大支柱是：私宅、教堂、法院、王室、议会以及酒馆。

酒馆的重要性不容小觑，因为这些场所（演变成了提供餐饮服务的酒馆）为世人提供了日常消遣的地点。人们不再谦卑地从施善的僧侣教士那儿拿取面包与酒水，而是自己付钱购买，虽然得到的食品分量没有以前多。对于那些受压迫的仆人来说，能在公共场所买得起一品脱的酒，简直如获自由，毕竟这提供了社交机会，包括求偶机遇。毫无疑问，人们总会从天气问题谈到政治形势，从而有了更强的阶级意识，认识到客观存在的不平等，并意识到必然发酵而成的两极分化。

而乡镇麦芽酒馆里那些更贫穷的常客，在几杯酒下肚后就会变得更加愤世嫉俗、咬牙切齿，因此英格兰城镇中的暴发户与时髦阶层不会光顾这类场所，避免卷入这些已被教会与国家管理者盯上了的酗酒行为。不过，大家很快就会发现外出就餐要更有乐趣，尤其是如果有了一个新的、令人兴奋的理由外出，也就是能尝到一种既有异国风味又不含酒精的饮品时。

这款“黑马”般的神秘饮品内含一种迷人的成分，刺激你喝它的欲望，但又不会把你灌醉。正是它掀起了餐馆发展史上的一场革命，而它的名称就是：咖啡。

5

The Coffee House Revolution

咖啡馆革命

咖啡对人类的生存来说并非必需品，但当这款令人身心愉悦的兴奋剂出现在欧洲时，迅速获得了人们的青睐，而咖啡馆也成了社交、时尚与政治集会的中心。

早至 11 世纪初，埃塞俄比亚人就已经在喝咖啡了，只不过当时他们并不知道自己咽下去的液体（你可以想象一下那种浑厚、粗质又苦涩的口感）之中，有一种能够刺激人体神经元并导致肾上腺素分泌的物质——咖啡因，但过后他们的确感到提神。当地人还开发出了某种工艺，将咖啡果做成咖啡豆，然后再制成饮料。就这样，人们喜爱的咖啡诞生了。它仿佛有一种魔力，令人兴奋又着迷。我们人类与动物之间有着许多区别，其中之一就是，我们不仅在口渴或饥饿时进食，还会从吃喝中获得乐趣，例如令人满意的食物口味、质地与其他感官享受。没错，关于外出就餐的许多故事都基于这个板上钉钉的事实：一种压根儿没必要的消遣。也许会有人反驳这一点，但无论如何，我们确实没必要为了生存而去餐厅吃饭，只不过，餐厅让生存这件事变得更加愉快。咖啡的故事就能很好地将人类与动物区别开来：当这种非必需的豆子发展并形成了一个庞大的产业，人们对咖啡的明显“需求”也就变得无可非议。

如果说，同样身为非必需品的桌布标志着 1410 年左右中世纪人类文明的进步，那么 18 世纪初伦敦咖啡馆的盛行，就代表了血腥内战向不流血的光荣革命的转变。

曾经，宫廷职位才是正统身份的象征，现在，咖啡馆顾客也是。在1689年颁布的《权利法案》以及“光荣革命”的共同作用下，贵族阶级逐渐从国王统治下独立出来。并且，倘若咖啡馆文化是公民自由权发展的主要驱动力，那么也许咖啡豆的潜在价值就远高于“非必需的豆子”这个标签所指代的那点分量了。

根据莱昂哈德·劳沃夫的记载，虽然史上第一家咖啡馆于1652年才在牛津开设，但咖啡豆早已在100年前传入叙利亚，并盛行于阿勒颇。在当时，咖啡在苏莱曼大帝的宫廷（位于今土耳其）已经很盛行。显然是也门的统治者向苏莱曼大帝介绍了咖啡。不过还有更早期的相关叙述——英勇无畏的威廉·比达尔夫曾在其标题冗长的作品《1600—1608年间某些英国人在非洲、亚洲等地的见闻》中提到了咖啡。他在土耳其的咖啡馆见识到了当地人的饮用方式：

> 他们最常喝的饮料是咖啡，一种由类似豌豆的荚果煮成的黑色液体。这种荚果名叫“考瓦”；人们在磨坊中将其研磨后，用水煮沸，然后在自己能承受的最高温度喝下它；他们认为这样能够更好地消化自己吃下的未熟食物，比如草药与生肉。

不过咖啡对诗人乔治·桑迪斯爵士来说就没那么有吸引力了。他于1610年在土耳其发现了这种饮料，并表示在该国很少有机会能喝到酒，这与美好而古老的英格兰相反。“虽然当地酒馆稀缺，但他们有类似的场所——咖啡馆。”他在自己命名的作品《桑迪斯游记》中写道：“一天中的大部分时间里，当地人都坐在那里闲聊，时不时抿一口陶瓷器皿里名为咖啡（由上述荚果烹煮而成）的饮料，并且是以他们能承受的最高温度喝下去：饮料看起来黑如煤炭，而尝起来也没什么不同。”他还指出，当地人喝咖啡是为了“帮助消化，并获得充沛的精力”。但桑迪斯从他到访过的咖啡馆中发现，似乎这种舒缓肠胃、提神醒脑的作用还不足以推动顾客的消费，于是店家们想出了一条吸引当地男性的策略："许多咖啡馆老板都曾雇佣年轻俊美的男侍，以此作为吸引顾客的筹码。"

显然，在苏莱曼大帝派遣的总督前往也门并称自己发现了咖啡前，这种饮品就已然存在，但苏丹、当地文化及其咖啡师又使这种饮料的调制与饮用变成了一种潮流。不久之后，普通百姓也开始在自己家里煮起了咖啡，越来越多的公共咖啡馆也应运而生。

渐渐地，咖啡传入了欧洲。之后的几十年中，人们在维也纳、威尼斯、马赛与巴黎都发现了有关咖啡的书面记载。

在希腊神父纳撒尼尔·科诺皮奥斯带着咖啡豆跋山涉水抵达英格兰后，当地也首次出现了相关记载。他出生于希腊克里特岛，而后在君士坦丁堡担任大主教西里尔·卢卡里斯的得力助手。可惜卢卡里斯与穆拉德四世发生了冲突，于 1638 年被这位苏丹杀害，确切地说，他是被勒死的。科诺皮奥斯担心自己也命不久矣，便赶紧收拾行囊，带着他珍爱的咖啡豆逃到了欧洲。幸亏他拥有英国教会的人脉（竟然是坎伯雷特大主教威廉·劳德），才得以在牛津大学贝列尔学院安顿下来，而英国作家约翰·伊夫林正是在那里与他相遇，"他是我遇到过的第一位咖啡饮用者。"

另一位注意到科诺皮奥斯的人，是牛津大学墨顿学院的古物痴迷者安东尼·伍德。"他在贝列尔学院生活期间，自制了一种名叫咖啡的饮料，"伍德后来谈到对这位希腊神父的回忆，"他通常在早晨喝咖啡。当地的老人也说，牛津从未有人喝过这种饮料。"1645 年 1 月 10 日，为科诺皮奥斯提供庇护所的劳德大主教被国王查理一世斩首——也许那天早晨，希腊神父为自己烹煮了一杯比往常更浓郁的咖啡吧……

牛津大学里另一位与咖啡相关的人，是当时担任墨顿学院院长的英国医生威廉·哈维。"他习惯于喝咖啡，"传记作家约翰·奥布里写道，"但在伦敦盛行咖啡前，他的弟弟埃里亚就已经在喝这种饮料了。”鉴于17世纪牛津校园里出现了咖啡的踪迹，那么也许1650年英国第一家咖啡馆在该郡开设就不足为奇了。

伍德写道：“今年［1650年］犹太人雅各布在牛津郡东部圣彼得教区的天使旅店（**Angel**）之中开设了一家咖啡馆，并且这种新奇的饮品吸引到了一些顾客。”当时“天使旅店”已经是一家历史悠久的驿站，既然雅各布没有把整个旅店改建为咖啡馆，那么他应该是租借了其中一块场地。天使旅店距离那位喝咖啡的希腊神父所在地——贝列尔学院只有半英里。

距离牛津不算远的伦敦于1652年也有了第一家咖啡馆，位于康希尔大街圣迈克尔教堂对面的巷子里。传记作家威廉·奥尔迪斯在18世纪初写道，这家咖啡馆起源于一位名叫丹尼尔·爱德华兹的商人。他在到访士麦那（今土耳其港口城市伊兹密尔）时爱上了咖啡，于是他从当地请了一位名叫帕斯夸·罗塞的男子为他在家煮咖啡，并处理其他内务。由于罗塞做的咖啡太好喝了，爱德华兹的朋友们纷纷开始把他家当成了咖啡馆。奥尔迪斯叙述道：“鉴于这种新奇的饮料为他招来了那么多伙伴，他便随即让那位仆人与他的其中一位女婿在康希尔大街圣迈克尔巷开设了伦敦第一家咖啡馆。”

似乎这间咖啡馆最初开设在圣迈克尔教堂院落边缘的一个棚屋里，之后才搬入邻近小巷的一幢建筑。在17世纪50年代初，这类街巷仍较为狭窄、阴暗且肮脏。附近几家旅店的老板应该是对这家新潮的竞争对手感到担忧了，而罗塞应该也感受到了来自这些经营者的威胁，因此于1654年找了一位合作伙伴——一位名叫克里斯托弗·鲍曼的男子。鲍曼是伦敦市杂货商，同时也是荣誉市民；有了他的加入，对手们就无法质疑这家咖啡馆的经营权了。

令人惊讶的是，这家咖啡馆的一份宣传页被完好地保存了下来，如今展出于伦敦布卢姆斯伯里区的大英博物馆。罗塞在这则广告中讲述了咖啡的起源、烹调方法与优点：“它能非常好地帮助消化，因此每天早晨或下午3—4点都是最佳饮用时间。”它“使人精神振奋”并“胜任工作”。不过他也提醒道：“由于咖啡能够使人提神三四个小时，因此切勿在晚餐后饮用，以免影响睡眠。”此外，他还在这则宣传中竭力吹捧了咖啡的保健功效，不过广告张贴出来的当时，甚至之后的310年内，并不存在广告监管部门，因此他也无须担心这些内容是否能通过审查。例如，将热气腾腾的咖啡杯放在脸部下方，“可以缓解眼睛酸痛”；它能预防“肺痨”，缓解严重的咳嗽，“防治水肿、痛风与坏血病”，“抵御……风寒”，使老人延年益寿，又能改善儿童淋巴结核的症状；此外，土耳其人也因饮用咖啡而变得“皮肤白净”，并且它还能“有效地预防孕妇流产”……

The Vertue of the COFFEE Drink.

First publiquely made and sold in England, by Pasqua Rosee.

THE Grain or Berry called Coffee, groweth upon little Trees, only in the Deserts of Arabia.

It is brought from thence, and drunk generally throughout all the Grand Seigniors Dominions.

It is a simple innocent thing, composed into a Drink, by being dryed in an Oven, and ground to Powder, and boiled up with Spring water, and about half a pint of it to be drunk, fasting an hour before, and not Eating an hour after, and to be taken as hot as possibly can be endured; the which will never fetch the skin off the mouth, or raise any Blisters, by re son of that Heat.

The Turks drink at meals and other times, is usually Water, and their Dyet consists much of Fruit, the Crudities whereof are very much corrected by this Drink.

The quality of this Drink is cold and Dry; and though it be a Dryer, yet it neither heats, nor inflames more then hot Posset.

It forcloseth the Orifice of the Stomack, and fortifies the heat with-it's very good to help digestion, and therefore of great use to be bout 3 or 4 a Clock afternoon, as well as in the morning.

uch quickens the Spirits, and makes the Heart Lightsome.

is good against sore Eys, and the better if you hold your Head over it, and take in the Steem that way.

It suppresseth Fumes exceedingly, and therefore good against the Head-ach, and will very much stop any Defluxion of Rheums, that distil from the Head upon the Stomack, and so prevent and help Consumptions, and the Cough of the Lungs.

It is excellent to prevent and cure the Dropsy, Gout, and Scurvy.

It is known by experience to be better then any other Drying Drink for People in years, or Children that have any running humors upon them, as the Kings Evil. &c.

It is very good to prevent Mis-carryings in Child-bearing Women.

It is a most excellent Remedy against the Spleen, Hypocondriack Winds, or the like.

It will prevent Drowsiness, and make one fit for busines, if one have occasion to Watch, and therefore you are not to Drink of it after Supper, unless you intend to be watchful, for it will hinder sleep for 3 or 4 hours.

It is observed that in Turkey, where this is generally drunk, that they are not trobled with the Stone, Gout, Dropsie, or Scurvey, and that their Skins are exceeding cleer and white.

It is neither Laxative nor Restringent.

Made and Sold in St. Michaels Alley in Cornhill, by Pasqua Rosee, at the Signe of his own Head.

帕斯夸·罗塞在其咖啡馆宣传页中详细说明了这款“帮助人们胜任工作”的饮料的优点

这就难怪那些除了售卖令人昏沉的麦芽酒以外再无其他的竞争对手们会如此忧虑了。舰队街一家原本经营麦芽酒与剪发服务的老板名叫詹姆斯·法尔。1656年，他拧上了麦芽酒龙头，收起了剪刀，将自己的商店改建成了“彩虹咖啡馆”（Rainbow Coffee House），这一举动着实令附近的其他酒馆老板惊慌失措。于是在1657年12月21日，他们根据一则法律条文，共同起草了一份居民监管审查控诉状，“大义凛然”地将其命名为《混乱与烦恼》。从内容可看出他们的愤慨：

我们检举理发师詹姆斯·法尔，他在制作并售卖“咖啡”

这种饮料的时候，均散发出恶臭的气味。一天中无论白天黑夜，大多数时间里他都在明火烹煮，烟囱与房间都冒着浓烟，像着了火一样，给邻里造成了极大的危险与恐慌。

然而，法尔的反对者未能关闭彩虹咖啡馆，并且很讽刺的是，

17 世纪，一位希腊神父从君士坦丁堡逃到牛津郡，然后安顿在牛津大学的学院，从而为该国带来了最早期的咖啡饮用文化

尽管他很可能在烘焙咖啡豆时不小心让建筑物失火，但他与这家咖啡馆均在史上闻名的“伦敦大火”中幸存了下来。

至于帕斯夸·罗塞开在康希尔的咖啡馆，日记作者塞缪尔·佩皮斯于1660年提到了这个地方——开张8年来生意始终蒸蒸日上。12月的一个晚上，佩皮斯与一位友人拜访了这家咖啡馆。关于他的首次光顾，他评论道："在别具一格的陪伴与谈话中，我感到很愉快。"然而后来，帕斯夸·罗塞的咖啡馆意外成了佩皮斯笔下最惨烈的历史事件之一的受害者，这次事件就是1666年的伦敦大火。圣迈克尔巷与周围许多街道一样都密密麻麻地建满了木质结构的房屋，因而被大火无情地吞噬。在康希尔地区幸存下来的，只有圣迈克尔教堂的塔楼。

让我们再说回牛津——当地第二家咖啡馆于1664年开设，经营者名叫瑟克斯·乔布森。据伍德所述，乔布森是"犹太人，也是个詹姆斯党人"，其经营场址是"圣埃德蒙学院与皇后大学园区之间的一所房子"，就在雅各布的经营场所对面；而非常了不起的是，这个地方至今仍是咖啡馆，但已更名为"皇后巷咖啡屋"（Queen's Lane Coffee House）。雅各布的公司至今也仍是一家咖啡馆，如今名叫"大咖啡馆"（The Grand Café），自17世纪以来已换过许多次装潢与经营项目，包括酒店、杂货店与泰迪熊专卖店。（雅各布本人于1671年再次出山，在伦敦市最繁忙的霍尔本地区经营一家咖啡馆。也许他是根据经济水平来选择经营场址的吧。）

一年后的1655年[1]，伍德记录了第三家咖啡馆的开业，经营者是药剂师亚瑟· 蒂尔亚德，而他似乎是在自己家中布置了一处咖啡馆，又或者正如伍德所述，"他在牛津大学万灵学院对面的住所中公开售卖咖啡"。

伍德还解释道，蒂尔亚德是在牛津大学保皇派的鼓励下开始经营的，并且这些人有可能是学生。英国内战爆发后的1649年，国王查理一世被处决，于是奥利弗·克伦威尔掌握了国家政权，建立了英吉利共和国，并于1653年驱散议会发言人与各成员，宣布出

1 上一段伍德记录的时间为1664年，一年后应为1665年，此处应为作者笔误。

任护国公。

也许拥护君主制的牛津学者们认为，在这种情况下相约至乔布森或雅各布的店里喝咖啡过于危险；那么既然蒂尔亚德有制药的本事，烹煮咖啡应该也难不倒他，并且在他的私人住所里议政也没那么张扬。这些“自视德才兼备”的常客包括建筑师克里斯托弗·雷恩。

伍德写道：“这家咖啡馆持续营业至国王回归［君主制复辟］，然后生意越来越火热，以至于国家开始征收起了咖啡税。”的确，这种火爆程度不仅引起了税务员的关注（经营咖啡馆需要先获取许可证，也就是说，当局肯定知晓经营者的全部信息），也象征着一个时代的巨大变革——全国各城镇的咖啡馆如雨后春笋一般涌现，其中最为明显的要数首都伦敦。咖啡馆是男人（且仅仅是男人）们自由地汇聚并彰显力量的地方，而所谓的（男性）自由就是《权利法案》赋予他们的公民权。该法案解决了威廉与玛丽的继位问题，维护了公民的个人权利，强调了公民自由的重要性，并禁止了“违法和残酷的惩罚手段”。

咖啡馆成为了自由精神的一种表达，摆脱了几千年来君主专制的学者们可以尽情享受其中。21 世纪德国哲学家尤尔根·哈贝马斯在其作品《公共领域的结构转型》中将这类场所描述为“受过教育的中产市民先锋学习基于理性批判的公开辩论艺术”的地方——咖啡馆成了人们进行热烈讨论的俱乐部。因为这类场所拥有微妙的社会地位与健全的管制制度，所以男人们可以光明正大地频繁光顾，消除妻子们（或当地教区牧师们）的疑虑。

随着咖啡馆数量的增长，许多店家发展出了自己独有的特色与名气，这在很大程度上要归功于他们的顾客。正如《咖啡社交》的作者布莱恩·考恩所述：“在众多咖啡馆之中，伦敦人会根据自己最认可的社交环境与政治基调来做选择。”某些咖啡馆还拥有来自其他地区甚至其他国家的常客——德国人扎卡里亚斯·康拉德·冯·乌芬巴赫于1710年到访伦敦；他说，找遍了整个伦敦后，他找到了符合自己口味的咖啡馆——那里坐满了德国同胞，经营者是法国人。某些咖啡馆则较常吸引商人、医生等特定职业人员的光顾。当然，人们也会因政治党派而做出不同选择。17世纪90年代，辉格党喜欢光顾“理查德咖啡馆”（Richard’s），而托利党则会选择“奥津达咖啡馆”（Ozinda’s）。

很快地，咖啡馆又成了人们可以随时获取新鲜见闻的地方，因为记者们会聚集在那里闲谈杂志与报纸内容，这又使得当时的新闻业获得了迅猛的发展；某些咖啡馆老板甚至开始印刷起自家的刊物。于是，店里的桌上开始出现了小册子，不过更多的则是以手稿形式散布的淫秽读物。伦敦面包街一家咖啡馆的老板每天都会与下议院的一名办事员会面，然后（非法）转录前一天的议会记录。在牛津，由于人们可以从咖啡馆获取有价值的信息，因此许多老板开始收取1便士的入场费（这些场所因而得名“便士大学”）。在伦敦，人们可以从咖啡馆兑换代币，这也减轻了当时货币紧缺而导致的流通压力。常客们也开始在自己喜欢的咖啡馆写作与收信。1680年，伦敦启用了便士邮政系统；1682年，政府接管了这个项目。这是一项十分成功的运作机制——对邮递员来说，到访一家咖啡馆远比搜寻一间深藏巷尾的小公寓轻松得多。

虽然咖啡馆的招牌受到政府管控，但这些场所的知名度还是使它们成了临近一带的地标。当时地图的发行量（若有的话也）很少，当地人或游客会通过咖啡馆辨认方位。

当然，随着咖啡馆成为地标，其作为邮局、学习中心、人们聚集讨论新闻与传闻的场所以及货币供应商的功能日益凸显，咖啡馆自然也会被税务官盯上，但没想到的是，这还引起了国家内部的矛盾。一方面，王室得益于咖啡税：1660年，咖啡馆老板要为每加仑所制与所售咖啡支付4便士的税金，而税收是君主制复辟关键的财政收入；另一方面，下议院认为咖啡应该与其他“奇异饮料”

归为一类，而统治期为 1660—1685 年的查理二世也一直对售卖咖啡的场所心存疑虑。鉴于君主制刚刚复辟，国王理所当然会对异议的存在及其传播途径感到担忧，这些传播途径则主要是出版物与聚会。在《权利法案》颁布前的几年，咖啡馆已然是人们进行热烈讨论的场所，并且在 1666 年的伦敦大火后，这些场所竟然没有全数化为灰烬，这也令国王十分烦恼。

于是查理二世有了一个大胆的想法：与鼎力拥护他的高级大法官克拉伦登伯爵一同封禁这些场所。克拉伦登曾怒斥咖啡馆“把最恶劣的罪名扣在政府头上”。他建议派间谍前往咖啡馆监视人们的谈话，同时，极端保皇党罗杰·埃斯特兰奇被任命为报社检查官，开始热心地带队搜查整片城区，取缔非法出版商。哪怕他只察觉到一丝存异的嫌疑，他也会直接进入书店或印刷厂，并宣称搜查理由是“咖啡馆酿造了煽动性的言论与行为”。

在往后的几年中，国王尝试以各种手段来遏制报刊与咖啡馆对新闻的传播。终于在 1672 年，他发表了一项宣言来“禁止传播（可能）引起国王良好子民内心猜忌与不满的虚假新闻”。1675 年，查理二世尝试取缔所有的咖啡馆，并于 12 月 29 日发布了《咖啡馆封禁公告》，内容如下：

极端保皇党罗杰·埃斯特兰奇称“咖啡馆酿造了煽动性的言论与行为”

很显然，本国近年出现了许多咖啡馆，并且还在持续经营……这产生了非常恶劣与危险的影响。人们以聚会为由在这些场所里设计并散播各种虚假、恶意与诽谤性的报道，以此中伤国王的政府，扰乱国家的和平与安宁。现国王认为必须镇压并取缔这些咖啡馆。

自此，先前颁发的所有咖啡经营许可证都被宣布作废，人们甚至不得在自己家里煮制咖啡。其间，国王还封禁了茶水、巧克力与冰冻果子露的制作与销售。不遵守新律法的人等同于“将自己置于最危险的境地”，还会面临“最严厉的责罚”。

“上帝，帮帮国王吧”，公告由此结尾。官方读物《伦敦宪报》与手写新闻稿件均刊登了这则公告，并且毫无悬念地分发到了各个咖啡馆，引起了轰动。海报纷纷张贴起来，保皇派的教区牧师们也开始引用新法令的内容，向会众们宣讲咖啡馆的罪恶。

也许国王为自己在上个年末熄灭了这颗长期潜伏的暴动火种而睡了几天好觉，然而，这部法令十分不受欢迎。拉尔夫·弗尼爵士表示：

作为英国人，咖啡馆的常客与偶尔光顾的国会议员无法长期忍受禁止聚会的日子。我认为只要他们没有触犯法律，聚会就应该很好地持续进行。并且……相比起茶类或咖啡，人们更愿意喝鼠尾草、水苏与迷迭香制成的饮料，因为本土商品无须承担消费税或关税。施行无谓的新禁令反而会让国王失去民心。

尽管人们还能享用其他饮品、在其他地方会面，但咖啡馆老板可就苦不堪言了——许多经营者一同向国王发出了请愿，于1月6日，即该公告发布后的第七天，组成代表团来到了白厅[1]。他们解释说自己在建筑、库存与员工方面做出了巨大投资，并且许多咖啡

1 白厅（WhiteHall）原为英国伦敦市内的一条街道，现一般用作英国行政部门的代称。

业务相关人士的生计将因这条禁令遭受灭顶之灾。

国王再次与枢密院召开会议后，宣布将禁令的执行延期六个月。也就是说，该公告才发布了十一天就被有效地驳回了。然而，查理二世从未放弃，仍不时发布各项公告，但咖啡馆也并未停止营业。下一任国王詹姆斯二世也对这些场所采取了行动，例如，要求经营者保证禁止非法出版物在店内流通，否则就拒绝向其颁发许可证。在他的统治被推翻后，继任者威廉与玛丽却并未刁难这些咖啡馆（尽管他们确实针对煽动性的虚假新闻发布了禁令）。那个时期，在《权利法案》与不流血的“光荣革命”共同加持下，尤其是伦敦大火后新建的规模更大的咖啡馆，已经牢牢扎根于英国的城镇之中。

不过在17世纪60年代，因咖啡馆盛行而引起的各类经济问题也引发了群众的抱怨。正如同时代一位经济学家所述：“咖啡馆数量的增长阻碍了燕麦、麦芽、小麦等本土产物的销售，从而破坏了农民的生计。他们卖不出谷物，就无法向地主支付租金，地主也失去了收入来源。”

虽然那些把咖啡馆当成第二个家的男人们将农民与国王的抵制（以及街头巷尾的尘土与喧闹）一同拒之门外，视而不见、充耳不闻，但他们还要面对一个令许多人都感到十分棘手的问题：妇女。

也许男士们以为自己可以说服妻子觉得喝咖啡是一项十分得体的社交活动——他们坐在一起对国家的前景进行既有深度又有价值的探讨，咖啡只是让他们的头脑更清晰、更灵敏而已。可惜，伦敦的妇女们对此并不知晓。或许已经度过了无数个没有爱人相伴的寂寞夜晚，她们终于在1674年，联合制作了一本小册子。这些小册子出现在伦敦皇家交易所附近“苏丹王妃”（Sultaness Head）咖啡馆等场所（塞缪尔·佩皮斯也会偶尔光顾）的桌上时，也许跟国王宣布封禁这些“俱乐部”一样，引起了哗然。

这些小册子封面上用黑体的全大写字母赫然写着“妇女对咖啡

伦敦劳埃德保险公司始于“劳埃德咖啡馆”。当时的店内放置了讲台，以便向顾客宣布拍卖价格与运输新闻

的控诉状”。

其内容是“向公众指出过度饮用这种令人口干舌燥、身体衰弱的饮料给男性带来的巨大副作用”。因咖啡而守活寡的妇女们在几页的花哨散文中描述道，这种饮料把她们丈夫变成了“同性恋”；咖啡显然会使男人性无能：当女人想亲近她的丈夫时，却只能“拥抱一具瘦弱无用的尸体”，并且荒谬的是，“他们就像泥潭的青蛙，喝着浑水，发出毫无意义的蛙鸣声；渐渐地，他们里面超过半数的人都比女人更善于嚼舌根。”妇女们还指责丈夫们把所有的钱都花在了咖啡馆里，使得家庭如此拮据，只能给孩子吃面包。关于他们口中对国家大事的探讨，小册子如是写道：“他们经常展开激烈的辩论，来探讨自认为最重要的主题，例如红海是什么颜色。”咖啡馆也许曾经是一个让人头脑清醒的地方，但实际上它却让男人喝了更多的酒。妇女们写道，这是一种“逆向运动”——他们喝醉后就会“摇摇晃晃走进咖啡馆给自己醒醒脑”，然后重新回到酒馆继续喝酒。那些整日保持清醒、看似风度翩翩的男人也会在回家路上拐进酒馆，而“可怜的我们只能百无聊赖地打发孤独的时光，直至零点……他们终于回到床上，像威斯特伐利亚的猪一样打鼾”。

男士们阅读并理解了一番这本小册子后，印制了一张“机敏的答卷”——《关于妇女对咖啡的控诉，男人回应如是》，但没有妇女们写得那么富有文采与幽默感。妇女们制作的小册子被反驳为“诽谤”，因为咖啡在“预防与治愈大多数疾病方面具有无与伦比的效果”。

某些历史学家怀疑，这些女性新颖的攻击性言论是否实际出自男士之笔；如此煽动群众对这类经营场所的不满，又是否为国王的旨意；又或者，这是否更可能是咖啡馆常客用于消遣的讽刺性文学。的确，在佩皮斯到访咖啡馆时，看到了店内流传着一些关于此类场所滑稽作态的讽刺性文学与漫画，例如：演化成斗殴的辩论；饮用咖啡时往其中加入一些更浓烈的东西。不过，对小册子出处真实性的质疑，并非暗指女性不具备这样的智慧，而是猜测她们可能没有受到上述的困扰。

尽管有这些小册子的存在，但咖啡馆的数量仍在持续增长。时至1700年，伦敦咖啡馆与人口的比例为1∶1000（某位作家已指出，这是当今纽约咖啡馆比例的四十倍）。伦敦劳埃德保险公司的前身——“劳埃德咖啡馆”就位于伦敦。它于1691年迁址后，在店内放置了讲台，以便宣布拍卖价格与运输新闻。

成功从食坊演变而来的咖啡馆也在不断地发展壮大。不仅让身份地位与它们不相符的贵族乐于光顾，想要简单吃喝的潮流人士也成了其中的常客。法国作家弗朗西斯·马克西米利安·米森于1698年发表了作品《英国游记》，其中叙述了这样一个地方：

> 他们通常将食物分成四口下咽，每一口吃五到六片牛肉、羊肉、小牛肉、猪肉或羔羊肉，一口接着一口地吃；食客可以根据自己想要的分量、肥瘦与生熟选择肉块；盘子边上放着一些食盐与芥末，加上一瓶啤酒与一块面包卷，便是精美的一餐了。

每个潮流在发展至巅峰后，都要面对不可避免的下坡路——18世纪末咖啡馆开始减少，这与茶叶有着密切关系。然而，那些把咖啡馆当成俱乐部的绅士们决定更进一步——他们集资创建了高大的建筑、庄严的场所，其房间格局模仿了伦敦与英国各郡的豪宅。在这里，绅士们可以和志趣相投的友人相聚，品尝咖啡、葡萄酒与美食，享受没有妇女打扰的“清净”——那些小册子再也无法妨碍他们认真追求自己的爱好了。当今英国圣詹姆斯大街的梅菲尔上流住宅区仍有许多这样的俱乐部，并且其中某些仍禁止女性入场，不过偶尔还是会有妇女试图闯入。

6 The French Revolution
法国大革命

罗伯斯庇尔对贵族统治与他们纸醉金迷的生活恨之入骨，于是他高效地使用了断头台，砍掉了无数法国上层精英的脑袋。但他万万没有想到，自己的所作所为意外成就了高级餐饮业的持续发展。

在18世纪的英国，咖啡馆是新兴中产阶级的聚集地，为男士们提供了集社交与休闲于一体的公共沙龙，其顾客包括学者、暴发户以及履历丰富的游客，尤其是那些到访过类似黎凡特这类地方后大开眼界的商人。在当时，就算身为党派人士，没有土地所有权，就没有投票权（直至1832年《大改革法案》的颁布）；于是他们交谈着，辩论着，传阅着各种宣传册，并维系着他们与君主和家中女眷的感情。

但咖啡馆并非公职人员、成功商人与新贵的专属地，有头衔的英国人以及有抱负的工人阶级（至少包括能够借到礼服大衣与假发来使自己看起来体面的那些人）都会光顾。

一般来说，咖啡馆里进行的都是热情友好的社交活动，但威廉·霍加斯描述了一次例外——伦敦考文特花园里简陋的“汤姆·金咖啡馆”（Tom King's Coffee House）发生过一场争论：一次考验智商又颇具讽刺意味的口头交流，而非拳脚相加；毕竟连用词最犀利的小册子写作也都离不开智慧。

然而，在英吉利海峡另一侧的法国各城镇里，中产阶级的做派则有所不同。他们也叫做资产阶级（bourgeoisie），有些字典将这个词解释为“中产阶级”，但实际上资产阶级是一个具有政治意味的术语，词源是市民（burgher）——从中世纪开始摸爬滚打了几百年后，终于在18世纪末混出了一点儿名堂的商人阶级。因此，当对岸的英国朋友们优哉游哉地从咖啡馆出来，不忘在回家路上拐进小饭店吃饱喝足，并幽默地嘲笑、攻击投降的法国时，这边的法国伙计们可生气了，而且怒不可遏。

那些占领了贵族与农民土地的激进人士想要的可不止是咖啡、茶水、巧克力、冰冻果子露与一场愉快的谈话——他们点燃了暴力又血腥的“法国大革命”，终结了老旧的秩序，并颠覆了贵族的统治。不过革命的领导者们从未意识到，尽管资产阶级终将打倒贵族势力，但他们也将迎来精致餐饮的时代，虽然这并非出于他们的期望。既然高效地使用断头台解决问题的时代已然过去200多年，那么对于这个意外的结果，我们也可以深感欣慰了。

罗伯斯庇尔不知不觉地迎来了精致餐饮的时代

其中一位不愿意浪费时间在咖啡馆里议政的法国人，就是马克西米连·罗伯斯庇尔。作为坚定的资产阶级权威成员、律师、政治家、革命家以及断头台狂热使用者的他，于1794年2月5日向国民公会[1]发表了一次演讲。法国大革命的这次集会地点是一所庞大到几乎无法尽其用的宏伟建筑场地——一个

1　法国大革命时期的最高立法机构，在法兰西第一共和国的初期拥有行政权和立法权。

可容纳 8000 人的剧场，其规模之庞大代表了新政权的开放性。身着丝绸礼服大衣、马裤与银扣鞋的罗伯斯庇尔站起身来，一如既往地光彩照人。他的银灰色假发紧跟时代的潮流，又代表了其尊贵的政治地位。他用嘹亮的声音发表演讲，希望旁听席那些经常来观看他演说（以及那些诘问与奚落他）的人能够听清他说的每一个字。

1789 年 7 月 14 日，大约 1000 人攻占了中世纪监狱与军械库——巴士底狱，由此，知识分子的思想彻底激化成暴民的袭击行为，拉开了法国大革命的序幕。罗伯斯庇尔则是其中至关重要的角色之一。大约 7 年后，他向确立已久的政府替代组织——国民公会发表讲话，然后开始了史称“恐怖统治”的时期。在他的倡导下，高效的处决工具——断头台陆陆续续砍下了大约 17000 人的脑袋。

罗伯斯庇尔演讲的部分目的是为其治下的大屠杀进行辩护。“在我发言的这一刻，我们必须达成共识：在风雨如磐的局势下，我们依然秉持善意的爱国之情以及对国家需求的认知，而非某些精确的理论或行为准则。我们也并未浪费时间去规划与布置这种东西。”他谴责道。这就是他的“正当理由”，并且实话说，在革命进程中，这些斗争者都是这么说服自己与他人的。

罗伯斯庇尔还说，革命的目的是“和平地享受自由与平等”。他谈及了这样一片“净土”：“用道德取代自私……用理性的统治取代专横的制度……用对荣耀的崇尚取代对金钱的渴望……用天赋取代机智，用真相取代诱惑……也就是说，用共和政体的美德与奇迹取代君主政体的所有弊端。”

他十分厌恶贪婪、自私又轻浮的贵族阶层，将之谴责为“少数家庭的畸形富裕”，并主张由“一小部分人……主导整个社会的命运”是错误的，贵族及其拥护者必须被除掉；他们的头颅、衣服、房屋、家具、讲究的生活与饮食都应该被政治武器断头台切成碎片。

贵族们招摇的生活方式——私人厨师、精美的餐盘，以及装在天价的陶瓷与玻璃器皿内饮用的昂贵葡萄酒，都使他尤为反感。据某位历史学家所说，罗伯斯庇尔在喝着咖啡或者想吃水果时，“看起来也根本不在意嘴巴里咀嚼的是什么东西”。晚餐时，他“只喝一杯掺了很多水的葡萄酒”——一个平等主义的美好社会不该强调无谓的奢华享受。他宣称：“反对共和政体的所有暴君及其党羽都会被铲除。”

18 世纪末，法国的贵族阶级尤为高调，毕竟自中世纪开始，土地就是唯一的财富形式：谁拥有土地，谁就对依靠它生计的劳苦人民享有全部权力。

然而自中世纪以来，新的技术与贸易线路逐渐发展与完善，新的机遇相继出现——手推车换成了马车，小船换成了大帆船，商贸机遇也打通了更多的物资交换渠道。敢于背井离乡到海外冒险的人开始经商，其他人则成了船东与制造商。他们都有了更远大的抱负，也积攒了更雄厚的资本。可是在法国，他们处于一种与自己已觉醒的意志背道而驰，却已深深扎根于此的社会结构。

封建贵族阶级与农民之间不存在折中的社会地位，因而这个新形成的资产阶级群体难以融入二者，同时，阶级制度又阻碍了他们的资本主义事业发展。更糟糕的是，贵族阶级利用着他们制造与出口的衣服、食物与机械，却从未对这些商品的生产做出任何贡献。

但贵族们的地位依旧不可动摇，他们必须保证自己对土地与工人所享有的权利，以此维护主仆秩序。新资产阶级批发商与贸易商均意识到，贵族们实际上抑制了这项事业的进步，推迟了新工业时代的来临。法国历史学家阿尔伯特· 索布尔表示：“革命爆发的根本原因是资产阶级的实力走向成熟，而享有特权的贵族一边对劳动者进行长期的压迫与剥削，一边过着奢靡而颓废的生活。”

然而，单凭资产阶级的实力还无法推翻贵族统治，他们需要团结城乡的农民与工人。18 世纪 70 年代初，运输网络效率仍然低下，而小麦的收成也连年不佳，导致农民做不出面包，只能挨饿。这更是加剧了阶级间的矛盾，成了罗伯斯庇尔点燃法国大革命的导火索。

1792 年，法国国王路易十六被逮捕并斩首，他的妻子——玛丽·安托瓦内特也在九个月后迎来了同样的结局。由此，贵族统治被推翻，其经济基础也被颠覆。然而，“恐怖统治”的触须伸进城堡与宫殿的大门后，不仅扼住了贵族的咽喉，还拽上了其他衣着光鲜的仆人，共将 40000 人送到了断头台之下。

以玛丽·安托瓦内特的私人厨师——加布里埃尔·查理·杜瓦杨为例：女王被送上断头台后，杜瓦杨意识到自己失业了。六个月后，他找上了罗伯斯庇尔，提出抗议，并索要工作甚至薪资补偿。然而，杜瓦杨不但没有得到理想的答复，还被指控“鼓动削弱已建立的政权、破坏共和政体与复辟封建专制”。鉴于革命不需要他的烹饪技能，因此他也被处决了。

同样地，厨师欧仁·埃莱奥诺·热尔维召集了因贵族雇主的垮台而失业的佣人，一同游说政府并索要工作。结果，他们被立即逮捕，并被判处九年的厨房劳役。

一时间，整个法国的大厨、管家、女佣等类似工作者纷纷失业。但就罗伯斯庇尔而言，这是公正的结果。然而，没人能做到毫无过失地掌控市场——无论他的个人喜好如何，厨师与管家仍然具备一技之长，而法国人不仅很爱吃，还追求餐饮体验。

据估计，在攻克巴士底狱（许多人将之视为法国大革命的开端）的当天，法国大约有 200 万名仆人，而人口总数是 2300 万，也就是说，每 12 人里面就有一名家庭服务者。

他们被剥夺了公民权后，只能到公共领域寻求就业机会——许多来自乡村城堡的失业厨员选择前往巴黎寻找工作，从而掀起了一场餐饮业的变革，这也是政治冲突与社会动荡的意外结果。这些原本的私厨到达首都后，许多新的餐厅也陆续开设起来。

举个详细的例子：身为法国高级贵族之一的孔代亲王（Prince of Condé）路易·约瑟夫·德·波旁曾拥有一名厨师长，名叫罗伯特（史上未记载其姓氏）。无论是雇主家族的巴黎宅邸还是位于尚蒂伊（位于法国北部）的城堡，其中的烹饪事宜都由他负责。

巴黎的大型建筑——“孔代大酒店”（Hotel de Condé）几乎占据了整个第六行政区。宅邸的各个侧翼、庭院与精心修整的花园中，均安排了仆人。花园里优雅的栅篱、玫瑰花丛与小面积的草本植物，共同在这座喧嚣的大都市中营造出了一片安静怡人的世外桃源。

身为高级员工的罗伯特身着颜色与纽扣均代表该家族盾徽的制服，而他已对这种气派宏伟、富丽堂皇的环境习以为常。他在厨房与食品储藏室之外的一间装修豪华的房间内工作，室内有高高的油漆天花板，墙上挂着精美的织锦与古老的大师画作，还有一个放满珍稀典籍甚至手绘地图的藏书阁。

他还会被派往该家族的乡村宅邸——尚蒂伊城堡，为即将到来的访客安排好相关事宜。这幢宅邸位于巴黎以北大约 30 英里处，

来自废弃豪宅（例如巴黎北部的尚蒂伊城堡）的工作人员在法国巴黎的精致餐厅与酒店找到了工作

原是一栋三层高的庞大方形建筑物，毗邻一栋两层高的附属建筑，均有蓝灰色的铅材屋顶；这座房子在大革命期间被遗弃，大部分被摧毁了。

二十年后，亲王结束流放生活回到这处旧址，看到的是尘土覆盖下一幢残破不堪的废宅，脚步声在四壁萧然的房间内发出悲凉的回音。没想到的是，有少数家臣仍生活在这里，因而见证了亲王的归来。19 世纪中叶一位作家写道："他重新走进城堡时，落下了眼泪。"亲王再次见到了他以前的马夫和他以前樵夫的儿子；樵夫的儿子略显尴尬地说，亲王小时候和父亲一起偷猎野兔的树林现在归他所有了，但随时欢迎亲王前来"像父亲那样尽情地狩猎野兔"。路易·约瑟夫·德·波旁在得知土地所有权易手的消息后心情难以平复，回答道："谢谢你的好意，朋友，但我向来只在自己的地盘上打猎。"——财产与地位的双失与长达二十年的流放均未能磨灭他敏感的贵族自尊。

罗伯特监管的家务十分复杂，整个家族从饮食与洗衣事宜到薪水与生活开销，都像公司一样井井有条地运作，所包含的职位有秘书和会计；负责访客招待、到访途径与进入权限的主管；应对非家族访客与送货的看门人；内务管家；负责食物制备与供应的厨师长；酒水、织物与银器的看管员。

1789 年 7 月 19 日，孔代亲王断定自己在新政权中生存机会渺茫后，匆匆逃往了英国。同年，罗伯特凭借自己对食品供应与相关业务的了解，在巴黎市黎塞留街开设了一家餐厅——厨房里有厨师、烘烤师、调味师与糕点师，前厅则尽可能多地安排了管家与仆人。也许是为了避免冒犯欺善怕恶的暴徒，他们都选择不穿制服。

在大革命的惊涛骇浪中，他的餐厅仿佛一艘井然有序的小船，吸引了面带稚气的学生等年轻人前来打工。他们在这家餐厅工作了几年后，又进而开设了自己的餐馆。并不意外的是，19 世纪的新型豪华餐厅均有序地经营着，各店长多年来也一直秉持着高标准来服务顾客。

这些顾客除了革命者外，还有另一类人——餐厅服务员十分熟悉且曾服务过的非常奢侈的雇主。在“恐怖统治”的鼎盛时期，断头台每天都忙得不可开交；成百上千被剥夺财产而在监狱中苟延残喘的贵族们，看着身上磨破且肮脏的丝绸马甲与白色长衬衫，非常明白自己即将迎来命运的审判。但他们仍会感到饥饿，所以从餐厅点了外卖。

同时代的法国戏剧家路易·塞巴斯蒂安·梅西埃叙述道：“最精致的餐点穿过狭窄的牢门，来到渴望着美食的牢犯们面前，成为他们的最后一餐。”也许守卫们从某些牢犯手中收下了几枚金纽扣，因此作为交换，他们并未阻止食物的通过。梅西埃还提到：“地牢的深处布置了一处餐厅，并且双方还签署了契约，其中包含相关时令蔬菜与新鲜水果的具体条款。”显然，每位探监的访客都会带来一瓶波尔多葡萄酒、某些异国风味的利口酒或是可口的馅饼。

当地糕点师的行动也十分迅速——梅西埃记载道：“糕点师完全清楚人们对甜食的向往，因此将价目表送入了狱中。”

就这样，法国大革命向餐饮市场注入了大量工作者，并形成了一套餐饮秩序。在资产阶级开始处决贵族前，一些餐厅已然存在。

例如，一位名叫布朗热的人于 1765 年开设了一家经营场所，并称之为“餐厅”；而“餐厅”一词正是来源于他出售的滋补肉汤（restorative，拉丁语为 restaurant），以此说明他的招牌菜是汤羹与肉汁。除了这类滋补肉汤外，他也供应固体餐点，例如白汁羊蹄。这令当时处于垄断地位的巴黎熟食店（traiteurs）行会感到不安，熟食店店主们拥有肉类熟食的专有经营权；虽然布朗热的肉汤不在熟食店行会的控制范围内，但行会仍然心怀警惕。当他在门前挂起标语“布朗热专供众神享用的滋补汤”时，行会感受到了他的嘲弄。倘若他们能看懂拉丁语，便会更难以容忍另一则标语：“饥饿的人们，来我这儿觅食方能重拾精力。”

同年，在他将羊蹄加入菜单后，熟食店行会将他告上了法庭。在他们眼中，羊蹄属于烩肉，也就是炖肉，而这是他们的专营领域。但法院判定布朗热的这道菜不算烩肉，因此巴黎熟食店行会败诉，而布朗热的菜品则得以进一步扩充。

有些学者认为这次案件标志着餐厅的演变、小商贩势力的衰退，以及肉类、蛋糕、面包等食物专有经营权的瓦解，有些则持怀疑态度。伦敦历史学家丽贝卡·斯潘称自己查阅当时的历史资料后，只发现一本出版于1782年，名为《不为人知的法国私生活》的书中稍微提及了关于布朗热的传奇。她说："这些故事经过不断的传播，已然面目全非。"故事的细节确实变得很有意思。有报道称布朗热说服法院相信，他是将蛋黄酱单独制备后才将其倒在已熟的羊肉上，也就是说他并未涉足食品行会的经营范围——多种食材同时慢炖，并因此胜诉。

无论是不是一位名叫布朗热的人在法国大革命时期打破了熟食

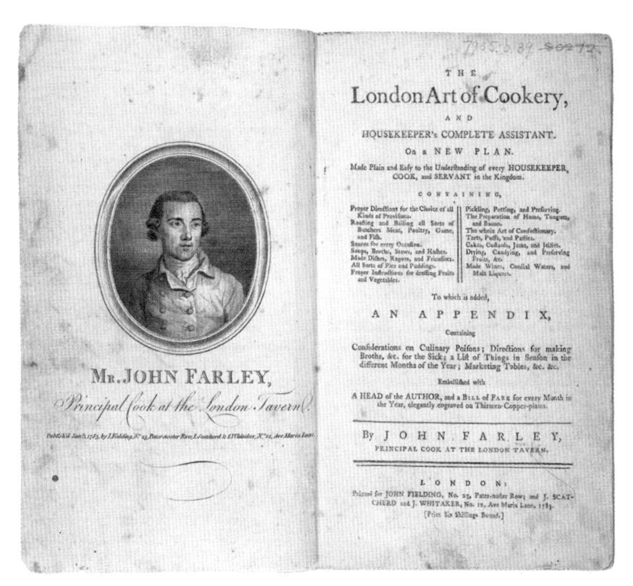

THE

London Art of Cookery,

AND

HOUSEKEEPER's COMPLETE ASSISTANT.

On a NEW PLAN.

Made Plain and Easy to the Understanding of every HOUSEKEEPER, COOK, and SERVANT in the Kingdom.

CONTAINING,

Proper Directions for the Choice of all Kinds of Provisions.
Roasting and Boiling all Sorts of Butchers Meat, Poultry, Game, and Fish.
Sauces for every Occasion.
Soups, Broths, Stews, and Hashes.
Made Dishes, Ragoos, and Fricassees.
All Sorts of Pies and Puddings.
Proper Instructions for dressing Fruits and Vegetables.
Pickling, Potting, and Preserving.
The Preparation of Hams, Tongues, and Bacon.
The whole Art of Confectionary.
Tarts, Puffs, and Patties.
Cakes, Custards, Jams, and Jellies.
Drying, Candying, and Preserving Fruits, &c.
Made Wines, Cordial Waters, and Malt Liquors.

To which is added,

AN APPENDIX,

Containing

Considerations on Culinary Poisons; Directions for making Broths, &c. for the Sick; a List of Things in Season in the different Months of the Year; Marketing Tables, &c. &c.

Embellished with

A HEAD of the AUTHOR, and a BILL of FARE for every Month in the Year, elegantly engraved on Thirteen Copper-plates.

By JOHN FARLEY,
PRINCIPAL COOK AT THE LONDON TAVERN.

LONDON:
Printed for JOHN FIELDING, No. 23, Pater-noster Row; and J. SCATCHERD and J. WHITAKER, No. 12, Ave Maria Lane, 1783.
[Price Six Shillings Bound.]

厨师约翰·法利的作品《伦敦烹饪艺术》详述了位于主教门的"伦敦饭店"的食谱

店行会的垄断，当时确实还存在其他一些餐厅，经营者是其他当地传奇人物。博维利埃、罗伯特、班瑟林、梅欧与普罗旺斯三兄弟，他们均以“餐厅老板”的身份取代了熟食店行会的地位。并且还有一点无疑会让当代的法国美食家异常恼火，餐厅的灵感来源于英国。

立场的冲突与思想的碰撞在法国酝酿出了一场政治革命，而长期以来，这里还刮着另一种流行风潮：英国时尚。法国贵族不仅效仿着英国上层阶级的着装风格，还注意到他们经常在酒馆用餐。相较之下，尽管法国的餐饮业在此后的 200 年中处于领先地位，但当时伦敦的餐饮业实际上要领先于巴黎。

英国供应葡萄酒的酒馆更为精致且适合社交，这点与供应啤酒的麦芽酒馆截然相反。18 世纪中叶，与小食坊不同的是，酒馆已发展出了餐饮服务，伦敦的各类场所也开始提供更多选择。（小食坊在未来的许多年仍然提供简单的食物；顾客自己拴好马，厨房提供什么就只能吃什么。）

主教门的“伦敦饭店”（London Tavern）享有很高的声誉，并拥有一位名叫约翰·法利的名厨；斯特兰德区的“皇冠与锚饭店”（Crown & Anchor Tavern）拥有两名主厨，分别是弗朗西斯·科灵伍德与约翰·伍兰姆斯；一位名叫理查德·布里格斯的大厨则同时为舰队街的“环球酒馆”（Globe Tavern）、霍尔本的“白鹿酒馆”（White Hart Tavern）与“坦普尔咖啡屋”（Temple Coffee House）掌厨。我们之所以知道这些，是因为他们都制作了食谱。法利的巨著《伦敦烹饪艺术》于 1787 年出版，罗列的菜品包括炖菜、碎食、杂烩、重汁肉菜、酱汁、汤羹、肉汁、蔬菜、布丁、馅饼、煎饼与炸饼，并讨论了水煮、烘烤、烘焙、炙烤、煎炸、盐卤、腌制、串煮、焖煮、糖煮等烹饪技术，以及葡萄酒、甜香酒与烈性酒的做法。他希望自己的书能成为全国每位管家、厨师与仆人的必备指南。目前这部作品仍在销售。

英国作家塞缪尔·约翰逊对这类场所赞誉有加，并于 1791 年写道：“私人住所无法提供像首都的酒馆里那样愉快的用餐体验。”回到家后，他又写道：

> 房屋的主人迫切想要招待好客人，同时客人又渴望得到主人的认可。确实，没人会像一条无礼的狗那样，在他人的地盘上把自己当成主人且肆意妄为。而在酒馆里就不会存在这些焦虑，因为顾客肯定是受欢迎的……从来没有一种人类创造的东西能如酒馆或小酒店这般能给人带来这么多快乐。

此外，一位到访伦敦的法国作家惊愕地发现，英国人在外用餐的质量比在家更好。“他们经常会带来访的朋友一起去那里 [酒馆]，”路易·安托万·卡拉乔利补充写道，“这就是绅士的生活方式吧？”当然，不久后他的法国同胞也会过上如出一辙的生活。

安托万·博维利埃于 18 世纪 80 年代在黎塞留街开设了法国规模最大、最精致的餐厅之一，并向其灵感来源致以非常明确的敬意——桃花心木餐桌、精美的亚麻桌布、水晶吊灯、牛油纸包裹的烤小牛排菜品，以及引人注目的葡萄酒窖。而这家餐厅则名为“伦敦大饭店”（La Grande Taverne de Londres）。

经营初期，博维利埃本人似乎也是同时照料饭厅与厨房的主厨之一。同时代的英国作家达德利·科斯特洛记录了自己与一位法国人的谈话，后者如是描述了这位厨师：“你看，他有魁梧的身型，三层下巴，宽大而欢快的面容，灰白的眼珠子里闪烁着光芒。”他原为王室御厨房里的小厨员，后晋升为“玛丽·安托瓦内特宫廷的崇拜对象”，科斯特洛的一位朋友描述道，“他的才华曾在‘恐怖统治’期间被短暂埋没，但当人民的爱国精神重燃、餐饮业复兴后，他的才华再度焕发出了新的光彩。”

实际上在法国大革命期间，博维利埃发现与贵族相关的其他

安托万·博维利埃的“伦敦大饭店”位于黎塞留街，店内特色包括精美的亚麻桌布、水晶吊灯与引人注目的葡萄酒窖

人士被逮捕后，立马逃到了英国，在风波平息后才返回法国，并于1814年撰写了著作《烹饪艺术》，其中详述道：“他们［主厨］应该对厨房的所有必要知识有透彻的了解，例如肉类的质感、老嫩程度、健康的外观与最佳的保存方式。”该作品还建议主厨们善用业余时间，通过协助其他厨房来熟悉自己的工作，例如：“倘若厨师需要一直翻阅食谱，那么工作量会很大，所耗费的时间也难以估算。”博维利埃还写了应该如何对待下级员工：在采取措施防止他们利用余暇赌博与酗酒的同时，也要记得员工应该得到良好的饮食与待遇。

在整个法国，餐厅的数量持续增长，并且需求量相当大；尤其是首都巴黎，常有来自各地区的革命代表到访。由于他们会在留宿期间外出就餐，因此皇家宫殿与黎塞留街周围出现了越来越多的餐厅。店家可能会迎合他们的口味来推荐菜肴，例如普罗旺斯特色菜——奶油焗鳕鱼（brandade de morue，一种口感温和的鳕鱼与脆皮焗菜）与马赛鱼汤（bouillabaisse，一种鱼羹）。

但似乎巴黎最宏伟的餐厅是瓦鲁瓦街角的“梅欧餐厅”(Méot)，其经营者是罗伯特的学徒。1793年，它展现了法国食品历史学家让·保罗·阿隆所描绘的“非凡宴景”（之所以非凡，是因为当年粮食短缺，激进的国民公会通过了一项禁止贮藏食物的法律，并派人搜查各仓库与地窖）。1854年，一位历史学家对梅欧餐厅的景象如是描述：“倘若卢库勒斯[罗马执政官，其名字成为奢华宴会的代名词]本人能够亲临这家如阿波罗神殿般宏伟的餐厅，必然会感到亲切无比！无论是最上等的葡萄酒，还是新奇而高雅的环境，都充满了令美食家着迷的魅力！”餐厅会给顾客提供洗手的小钵，并且在特殊场合“天花板会突然打开，放出一群画眉鸟”。

这些为享乐而打造、并非生存之需的巴黎餐厅及其丰盛的菜肴，又孕育出了一种非革命现象：资产阶级美食家——精于食物品味与餐饮艺术的时尚专家，并非厨师，却游走于顶级餐厅之间。有些人将这种行业视为艺术，有些人则将之视为贪念。作家兼业余竖琴师让利斯夫人是位贵妇，在“恐怖统治”期间一直保持着低调。她在其作品中说：“雅各宾派摒弃了法国的文化习俗、优良品格与骑士精神，带领起了贪食的风潮，正如人们预料的那样卑劣不堪。”

罗伯斯庇尔的初衷与革命的目的绝非味蕾的享受，然而1795年，《共和国食谱》出版了，这本书将蔬菜的优点排在开头中间的位置，土豆则为重中之重。“它是蔬菜王国里最健康、最便捷也最实惠的一员。”作者们写道。

历史并未记载罗伯斯庇尔就人们对其政治工作与梦想的嘲弄有何看法。在他对国民公会发表演讲后才过去五个月，“恐怖统治”政策就已然失宠，其本人也面对了残酷的处决——他被带到绞刑架上，不同的是，刽子手将他面朝上固定住，让他在最后一刻看着自己心爱的锋利刀刃落向脖颈。

革命的缔造者就此陨落。这也是历史上较常发生的情况——革新者走向衰落并最终（在道义上或财政上）失败，其他人重新执政并获得褒奖。用历史学家阿尔伯特·索布尔的话来说："历史是一项辩证运动。掀起革命的资产阶级与从中获利的资产阶级不同。"让·保罗·阿隆也写道，革命者为了于1795年规划并制定出新的宪法，在梅欧餐厅找了一间私密房间。可想而知，他们看到其中华丽的天花板与壁画、精致的食物与葡萄酒后，应更是火冒三丈，猛烈批评贵族的骄奢淫逸。

因此，当罗伯斯庇尔的梦想化为齑粉并最终随风飘散，巴黎越来越多的精致餐厅里的食客们的确有充分的理由举杯庆祝啊……

7

The British Industrial Revolution

英国工业革命

英国工业革命的爆发（大约 1760—1840）催生出了新的机遇——许多劳动者不得不早出晚归，在外解决温饱问题，从而为餐饮业铺就了更长远的发展道路。其间，全国各城镇涌现出大批形形色色的餐厅。众多需要沿途食宿的旅者包括苏格兰地质学家约翰·麦卡洛克，在他考究并绘制高地与西岛区地图的旅程中，却感到人们的盛情款待已如同石器时代一般遥远。于是身为地质学家的他，怀着心理的落差，在写作中偶然当起了美食评论家。

苏格兰佩思郡的泰斯河边坐落着卡伦德村，村庄以北不远处是卡兰德峭壁，地质学家约翰·麦卡洛克正是在那里度过了漫长的一天。他一边辛勤地收集、分析、记录与描述该地区的地质与矿物，一边爬到了距离地面1000英尺[1]高的山路顶端。

在春天，研究地质就比较有难度了——在低云、薄雾与

19 世纪偶然出现的美食评论家——约翰·麦卡洛克

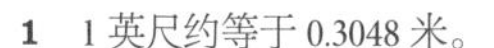

1　1英尺约等于0.3048米。

细雨的笼罩下，麦卡洛克走在欧洲蕨以及桦树与松树交织的林间，双眼难以辨别出真正的路径，只能谨慎前行。在某个缓坡上，他才发现自己正走在小溪间，而非通常的走道。他偶尔停下脚步，透过雾气观望山下的地貌，直至抵达山顶。此时，下方的视野里已无清晰可见的东西。

他在原路返回的途中折腾了数小时后，到达了卡伦德。他听说有两家旅店可以提供歇脚之处，这里便有其中一家。

地质学家的工作使麦卡洛克保持着健康。多年来，热爱户外探险的他踏遍偏远的苏格兰丘陵与山脉，甚至更远的岛屿；但如今他已经五十一岁了，只觉得这片潮湿的气候、阴沉的天空与昏暗的山路十分麻烦。“阴云密布的天空下，四处灰蒙蒙一片，寒意侵袭而来，令人愁眉不展。”他如是形容道。终于，他看到了前方的旅馆，并开始想象自己很快就能脱下湿透的衣服，坐下来喝上一杯、饱餐一顿，感受温暖重回身体的美好了。

麦卡洛克随后的住宿情况，包括他咽下的食物与酒水、度过的夜晚及次日的早餐，他的书中都做了详细的记录。麦卡洛克的挑剔不只体现在石头上（一位维多利亚时代的作家弗德雷里克·法戈形容他为“云母、暗色岩与花岗岩大师”）——他在穿越苏格兰高地与西部群岛区的旅途中，对诸多所见所闻进行了深入的批评。本质上，他是将自己的经历写成一封长信，寄给了朋友沃尔特·斯科特，但后来这些内容以收藏集的形式出版，并成为一本细致入微又恢弘大气的地理指南。他从式样与颜色方面对食物、酒水与服务的深思，都体现出他是一名掌握珍贵资源的出色旅行家兼美食家。

这家旅店的老板名叫麦克拉迪夫人。麦卡洛克走进去后，这位女士让他先等着，并喊了一个女孩的名字：“佩吉——”她一次又一次地呼喊，对方才终于以同样敷衍的态度回答道：“马上就来——”

“作为这里的顾客，你必须要耐心。”麦卡洛克得出结论。这家旅馆确实时时刻刻考验着顾客的忍耐度。

“如果你现在周身湿透，那么直到你的衣服干了的时候，他们才会把火生起来，”他补充道，“如果泥炭不太湿的话。”麦卡洛克穿着湿透的衣服坐在燃尽了的煤堆旁等待晚餐时，想再翻起一些余烬，所以四处搜寻着拨火棍。搜寻无果后，他用雨伞取而代之。

这时佩吉过来了，用裙摆扇起了火苗，房间里瞬间充满着浓烟。

麦卡洛克被呛得咳嗽，佩吉便将他带到一张桌子旁。他望眼欲穿地等待，直至女孩把食物送上来。“她先是端上了被称为羊排的羊肉与芥末，”他写道，“许久之后，才送来刀叉，然后才是盘子、一根蜡烛与食盐。”他向店家要了些胡椒，但“直至羊肉变冷后”他们才送上，外加些许面包与一杯威士忌。麦卡洛克还写道，店里所有物件杂乱地摆放在桌上是有特定作用的：“它们掩盖了麦克拉迪夫人的桌布的瑕疵。”

晚餐后，麦卡洛克又等待了许久，店家才准备好客房——里面也同样湿气弥漫，厚厚的毯子“徒有重量却不保暖”。半夜他被冻醒，才发现所有的被褥都已经滑到了地上。他试图将被褥拉回身上，但在一片伸手不见五指的漆黑中，“手脚并用踢扯了一番”反而使所有东西都“乱七八糟地纠缠成一团，无论是床单还是其他物件”。

他在清晨 5 点起床，打算洗个手却找不到肥皂。镜子因为过于老旧而成像扭曲，他只能狼狈地刮起胡子，还不小心划伤了脸。唯一能找到的一块毛巾又湿又脏，所以他选择用窗帘把脸擦干。

然后在等待早餐时，他不耐烦地走进了厨房，想找个水壶来烧点东西——最终他告诫读者们，进入厨房“并不会加快上菜速度”，因为他在烟气之中看到一只笨重的大水壶“并未放在火炉上，天知道何年何月才能把水烧开”。

他环视厨房，又看到了一些已经被火烧成灰烬的燕麦饼，并从这片狼藉中辨认出了一条鲱鱼、地上成堆的床单、几只死鸡、几块猪肉，以及一只打瞌睡的猫，一个装满土豆的罐子旁边放着一支风笛与一桶水。然后，在一个“莫名其妙的凹处”，他发现“两三个没穿衣服的孩子”正窥视着他。

于是他又得出结论：早餐“可能会在两个小时内准备好”。他认为读者可能“对这样的早餐不感兴趣”，所以匆匆地离开了。

然而，麦卡洛克在朝着斯托诺维与斯凯岛向北进发的途中，体验到了比麦克拉迪夫人的旅馆更恶劣的留宿环境——那是一片人烟稀少的苏格兰地区，方圆100英里内“人人都对邻里情况了若指掌，无论是牛犊或是小孩的出生、自家的生意，还是妻子的下午茶”。

在偏远的苏格兰大陆最北端，即愤怒角以北44英里处，是位于北大西洋的罗纳岛。那里的所有事物古老而陈旧，还令人感到一种巨大的幽闭恐惧。

于17世纪末在欧洲爆发的鼠疫造成了大量人类的死亡，当地的人口就是充分的证明。五个家庭居住在地下洞穴中——这意味着再剧烈的海风也刮不走他们的屋墙，而屋顶则由泥炭和稻草混合搭成。

麦卡洛克发现这里的每个家庭均有六个孩子。无论父母是谁，“孩子均在家庭之间平均分配，”他写道，“如果孩子人数超过30，他们便会把多余的孩子送往[附近的]刘易斯岛。”

罗纳岛的岛民会种植大麦、燕麦与土豆，吃的食物包括燕麦粥、土豆、牛奶（产自哺乳期就被带到岛上的一头奶牛）与咸鱼干——用从礁岩上捡来的鱼制成。他们从未吃过新鲜的鱼肉。

麦卡洛克受到了氏族首领肯尼斯·麦凯吉（一位生性幽默的伙计）的用餐邀请，这位首领的大多数家庭成员都“很胖”（至少男人与小孩如此）。麦卡洛克说，他们吃得非常好，或者说，以一种类似古人的方式生活，算是过得很富足。尽管他们很多人都没有衣服穿，但食物可谓应有尽有，因此他们对自己的生活感到舒适而满足。

不过女性除外。麦卡洛克写道，他的“妻子与母亲看起来悲惨且忧郁，高地的其他妇女也通常如此”。

开朗的肯尼斯·麦凯吉将作为访客的他引进洞口——眼前是“一条悠长曲折的通道，有点像矿井的地道，但没有门，前方则通向洞穴的最深处”。在其中，他能分辨出用作床榻的区域，上面覆盖的并非稻草，而是积灰。中间坐着一位“年迈的婆婆”，她正在静静燃烧的泥炭旁照料一名婴儿。

这一幕场景有些悲凉。他感慨而委婉地评述道：“人类生活的多样性值得研究。”洞外是“永冬一般的气候”与从不停歇的“暴风雨”，地底下“一个烟味呛人的隐蔽洞穴”里，住着“一名八九十岁的失聪老妇人；妻子与孩子都衣不蔽体；这样的隐居生活漫溢着无形的孤独，仿佛一所无法逃脱的监狱”。

作为访客的麦卡洛克得到了质感粗糙且黏稠的大麦饼，跟他先前在圣基尔达吃到过的一样“又难嚼又难吃”——他曾描述道。他看着面前倒胃口的大麦饼，听着洞外呼啸的海风，咕哝道：“这烦人的风越刮越大，仿佛海潮都能被它刮退。”后来他写道：“一不留神可能会在这里耽搁了整个冬天的时间，是该考虑离开了。”于是他找借口拒绝了当地的“美味佳肴”，摆脱了这场困境。

一段时间后，麦卡洛克到达了伦敦的时尚地带——波特曼广场。他身处一间高雅的会客厅里，“周围排着二十来位女士，她们身上白色的薄纱、羽毛以及所有配饰，都像温室内的花朵一样摇曳生姿。”他看着这番景象，又回想起那些昏暗且肮脏的地下穴居，心中不由产生了强烈的对比，于是写道：“你大概只能想象这种感官彻底混乱的情境……从漆黑的煤坑走到阳光下的瞬间，都无法比拟这般让人眩晕的视觉冲击力。”

几年后的19世纪30年代，罗纳岛的部族再次消散。也许是麦凯吉的祖母去世了，而他自己也受够了那样的生活。此后，那里便成了无人居住的荒岛。也许麦凯吉移居到了附近的刘易斯岛，然后地主为了让他去放羊和种庄稼，每年要为他花费相当于2英镑的成本提供衣着。又或许，他听说全国各城镇爆发了工业革命，因此像很多人一样跃跃欲试，想要寻求新的机遇，追求新的梦想。

这一时期是西方文化史上的重大转折点。例如，在工业革命的推动下，纺织品生产从住宅转移到了工厂，从而创造了一批就业机会，而工人们也就不得不离开原来居住的村镇。他们不再局限于当地的农耕生活，同时，也不可能长途跋涉回家吃午饭了。

从历史观点来看，他们的生活原本与农业（耕种、收割与播种的不断循环）息息相关，生存则受天气与雇主的支配。温饱一直是人们关注的问题，这也是罗纳岛岛民腌存鱼肉的原因：他们永远无法确定明天是否还能捡到鱼。

但工业革命带来了巨大的转变。英国历史学家艾玛·格里芬写道，自 20 万年前智人作为一个亚物种出现以来，在工业时代前，人类社会的任何群体都无法“绝对、永久地保护每个成员免受饥荒的威胁。英国工业革命开辟了一条与人们以往经验的既定参照大相径庭的道路”。这种转变强烈地反映在人们的在外就餐与外出就餐的体验中——时至 1840 年，英格兰与威尔士已有大约 15500 名大饭店与小食坊经营者、将近 38000 名酒馆老板与 5500 名啤酒馆经营者。

确实，19 世纪英国人的生活方式发生了翻天覆地的变化，特别是家的功能。简而言之，在工业化以前的时代，家是家庭主要成员与亲戚的居所，人们通常只会在附近活动。并且在传统的乡村环境里，工作机会通常都是在村庄或附近。经济史学家乔尔·莫克将当时的家形容为“基本生产单位”。那个时代的社会结构与当今完全不同，人们不只是烹饪食物，还需要种植与收割。虽然人们很少直接购买食物，但有可能用它们来交换其他物品。人们在家中以盐卤、腌制与晒干等方式保存食物；村庄里，村民在能同时容纳面包烤箱与酿造室的大房子里酿制啤酒。

但工业革命导致了这种家庭经济模式的消亡，将传统住宅中的生产活动迁至了他处。人们离家工作的同时，在其他地方展开了各类社交活动，包括饮酒等消遣项目。根据莫克的叙述："英国的家庭受到了巨大的冲击。最显著的是，它们从生产单位变成了主要消费实体。"

人们在家外开展的另一项活动是教育，北安普敦郡南部相连的韦斯顿村与洛伊斯·韦登村则是很好的例子。原先，父母可以自愿带孩子到教区长的管区或家中上课，或者在夏季带孩子到圣玛丽与圣彼得教堂，坐在门廊的长椅上上课。不过在 1848 年，尊敬的塞缪尔·史密斯牧师与当地乡绅亨利·赫利·哈钦森上校创立了圣洛伊斯学校，接受所有的孩子入学，无论贫富贵贱。这一项变革举措提高了全国人民的文化程度，当然，也提高了人们对生活的期望。

生产效率的提高缩短了原本漫长的工作时间，国家进而强制施行了公共假期制度。余暇不再是劳动者迫切需要的休息时间，而是一项独立的活动；同时，从中世纪到现代，休闲活动也发生了变化。这其中有新兴道德主义团体的功劳，他们包括福音派、基督教社会主义者、卫理公会派教徒，以及禁酒运动人士。他们开展的活动促成了饮酒时间的限制与某些娱乐项目的终结，这些项目包括公开处决（最终废除于 1868 年）与狩猎游戏。他们鼓励礼拜、运动与阅读。但很显然，不是每个人都认为一本好书比一次血淋淋的公开绞刑更有意思，但这些团体对社会的改变还是显著的，尤其是在伦敦这样的城市。

新闻出版业迅猛发展的同时，成千上万的工作缺口也随之出现。同期壮大的行业还包括 19 世纪的概念：酒店、音乐厅以及非常关键的场所——餐厅。然而，经济史学家迈克尔·鲍尔表示："耗费人们最多时间的活动不是工作，也不是宗教仪式，而是饮酒。"在他们看来，饮酒虽然没有观看绞刑来得刺激，但也比阅读有趣多了。

尽管在 18 世纪后期，酗酒与暴行的情况已得到改善，但到了

19世纪，杜松子酒仍然是热门饮品，同时，啤酒也加入了备选行列。在19世纪初期的英格兰与威尔士，每人每年平均喝下34加仑啤酒。工人阶级把三分之一的收入花在了啤酒上——他们认为喝酒比喝水更安全，而且酒吧比家里更温暖、更舒服。

在19世纪初期，市区酒馆的作用变得包罗万象——有些被用作工会与社团的聚会场所，有些被用作歌舞厅，还有少数被用作马车旅行售票处和马厩，例如柏罗商业街与皮卡迪利大街的酒吧。

首都马车站附近的酒店数量也在成倍增加，并且还存在大量民

19 世纪英国禁酒运动力图终结公开处决，并鼓励人们进行礼拜与阅读。然而，饮酒仍旧是最受欢迎的业余节目

宿。当代地图显示伦敦西区的牛津街与考文特花园附近有许多酒店；关于他们提供的食物质量，约翰·费尔特姆在其 1818 年发表的书作《伦敦一览》(其中生动描述了首都的娱乐场所、邮局、教堂、监狱、美术馆与医院等) 中给出了积极的评价："也许在这个世界上，只有这座都市能给予劳动者与中产阶级如此多必要与次等 [琐碎] 的生活享受。"

他们经常食用的肉类是牛肉、羊肉与猪肉。费尔特姆指出："除了在富人的餐桌上，家禽肉类很少出现；农业状况导致了家禽供不应求而价格过高。"

英国首都伦敦与巴黎一样受益于法国大革命——许多法国大厨来到了伦敦餐厅的厨房。与巴黎的同行一样，在贵族家庭数量骤减之前，他们大多数人还是其中的私厨。英国富人在品尝过法国贵族的美食后便成了这些餐厅的常客。来自法国庄园的一名原管家、原主厨为英国人带来了品质诱人且新奇的法国美食。

亚历山大·格里隆逃离法国后，在英国的一个家庭找到了工作，并于 1802 年在伦敦梅菲尔区的阿尔伯玛勒街开设了"格里隆酒店"。流亡的国王路易十八于 1814 年返回法国前曾以这家酒店作为在伦敦的据点；鉴于经营者的来历，这也就不足为奇了。数十年过去后，它仍在经营，并且《布莱克指南》在"适合贵族与外宾的一流家庭酒店"部分也介绍了这家酒店。

工业革命席卷而来的同时，富人一直吃得很讲究。但也许费尔特姆对伦敦的看法过于乐观了，因为社会的进步还未普及。哪怕是那些并非来自偏远落后的罗纳岛的居民，也应能看到整个社会的涓滴效应[1]并未生效的状态。经济史学家查尔斯·费恩斯坦在其论文《悲观主义永存》中不太乐观地推测道：

> 历史角度的现实是，绝大多数工人阶级在真正开始从自己努力创造的经济转型中受益前，忍受了将近一个世纪的辛劳，从而使自己的地位获得一点提升，又或是毫无改变。

在 1770—1830 年期间的几十年中，学者们确实就英国工人阶级的生活水平进行了大量探讨。某些记录表明，许多工人阶级的薪

1 指优先发展起来的群体或地区通过消费、就业等方面惠及贫困阶层或地区，带动其发展和富裕。

资都有所提高，甚至翻了一倍；他们的平均身高也有所上升，这就表明饮食得到了改善，每餐有了更多的蛋白质；婴儿死亡率也降低了。但是，他们的身份从农民工变为时髦的城市人后，生活质量真的就提高了吗？

小麦脱粒机的发明等技术创新导致了农场工人过剩，这些工人很快就到城市与工厂中就业，当然，还有后来的铁路。先进的城市生活与有序的人力分配提高了社会对教育的认可——人们的认知逐渐提升，并意识到受过教育的人能成为更优秀的劳动者。

不过，出于各种因素的影响，英国各地的生活水平有所不同——19 世纪初的天气异常导致了几次农作物收成不佳，战争与国际贸易的中断又引起了通货膨胀与信贷紧缩。18 世纪末与 19 世纪初，战争爆发的频率几乎高达和平时期的两倍。

城市里许多所谓的“新”居只不过是贫民窟。也许工人阶级的薪水是上涨了，但家庭成员也增加了；受抚养者越多，实际上意味着更少的人均社会资源。所有这些繁重的工作也理所当然会使工人们更加饥饿！一位农妇曾对维多利亚时期初的作家亨利・菲尔普斯表达过自己的观点：“田间的工作使人们吃得更多。”

弗里德里希・恩格斯在其 1845 年的书作《英国工人阶级状况》中也做了相关记录。他走访了城镇的家家户户后，记叙道：“各处工人住所的规划与建造都很拙劣，并且是处于最坏的状况——通风不良、潮湿且不卫生。”恩格斯还提到“许多人衣衫褴褛”；关于工人们的饮食，他说：“劳动者所吃的食物本身就难以消化，完全不适合儿童。”他还写道，酒醉的父母会给孩子喝酒，甚至吸食鸦片。一天下来，“辛劳的男人从工作中解脱，筋疲力尽地回到家，看到难受、潮湿、肮脏而糟心的环境……喝酒便算是他们唯一的乐趣了，所有事情都让他们渴望麻醉自己。”

似乎每项研究都提及了工业革命时期大多数新工厂中工人生活的艰难之处。

当然，富裕阶层则享受着越来越优质的美味佳肴与款待服务；随着赛马、舞会等娱乐项目发展得更为精致且时髦，他们的社交活动也变得更为活跃，于是他们就需要准备适合相应场合的服装——大量的服装。恩格斯写道："资产阶级贵妇花哨的配饰与制衣厂工人悲惨的健康状况有着密切关系。"19世纪中期伦敦服装业相关记录显示，大约有15000名年轻妇女离开了农村，并就业于制衣厂。她们的饮食起居都在厂里进行，连续轮班数天后才步行回家一次，也就是说，她们每周要来回行走60英里。她们每天工作大约18小时，有时每晚只能睡2小时，几乎没有休息时间。甚至在某些时候，她们连续9天没有脱换过衣服——"近代'奴隶监工'无良地压榨着这些可怜的女孩。"关于女工们的饮食，恩格斯发现"雇主为了节省她们吞咽的时间，提供给她们的食物都会事先切好"。

根据1833年的国会文件记录，这些服装厂——

> 内部有独立的房间，可供工人进行洗涤、清洁与就餐……晚上作为儿童讲堂的房间，偶尔在白天会用作她们的更衣室与食堂。但仍有许多工厂并没有清洗、更衣与做饭的场地。

未受监管的厂主经常为工人提供最低标准的食物量，无论对男工、女工还是童工。恩格斯还提到自己遇到过的一些孩子，他们在英国中部斯托克镇的陶器行业打工。其中一个孩子说自己"每天都吃不饱，最常吃的是加了点盐的土豆，从来没有吃到过肉和面包；不去上学；没有衣服穿"。另一个孩子还说："我今晚什么都没得吃，我也从来没有回家吃过晚饭……"

根据恩格斯的叙述，斯塔福德郡的伍尔弗汉普顿等炼铁厂密集之地所提供的食物"几乎全都来自患病或已死的动物、被污染的牲畜或鱼、过早屠宰的小牛，或是运输过程中被闷死的猪"。这样的饮食使得工人们频繁地腹泻与患病。

制衣厂的年轻女工每天工作 18 小时，“为了节省她们吞咽的时间，提供给她们的食物都会事先切好”

理查德·阿克赖特爵士于 1771 年在德比郡的克罗姆福德建造了一座水力棉花纺织厂，雇佣了大量童工，还有女工和一些男工。（工业革命初期，男工经常不守纪律且酗酒成性，已不再是国内生产的主要劳动力；雇主通常认为女工与童工更好使唤，手脚更灵活，脾气更温顺。）在 19 世纪的第二个十年里，阿克赖特的儿子——小理查德继承了父亲的衣钵，并赚到了更多的钱。他记录了这家纺织厂工人的饮食起居。

一天工作 12 个小时，夏季早晨 7 点开工，冬季早晨 8 点开工。厂里的机器只有晚餐时间才会停止运转。“他们的早餐很不规律”，阿克赖特写道。钟声会在八点半敲响，除了正在操控机器的工人外，其他人可以得到半个小时的用餐时间。他还说：

> 厂里有一间名为“食堂”的房间，其中放着各种各样的电炉与火炉，与绅士们［原文如此］的厨房很像；在厂里工作的母亲或妹妹（通常整个家庭就业于同一家工厂）会把早餐拿进这间房。钟声一响，会有一群男孩过来把早餐取走并拿去其他

房间。

厂里施行了先到先得的制度。阿克赖特说，许多工人无暇离开自己的岗位，“可能只有不足五分之一的工人有机会得到足够的食物”。他们是如何空腹工作的呢？我们仍无从得知。但鉴于阿克赖特的成功运作，也许这些工人以某种最基本的标准填饱了肚子。

工业革命时期，随着越来越多的人为了打工而远离居所，企业看到了新的商机。实际上在18世纪中叶，英国已发展出了纵横交错的长途马车线路。1667年已出现第一批马车驿站的广告——来往伦敦与巴斯之间的“飞行线”。这两个城市的两家旅馆墙上均张贴了如下广告：

> 若您希望来往伦敦与巴斯或途中的任何地方，请到伦敦卢德盖特山的“敲钟野人旅馆”（Bell Savage）或巴斯的“白狮旅馆”（White Lion）。每个礼拜一、礼拜三与礼拜五可能会有一辆公共马车到达这两处；马车于早晨5点启程，整趟行程大约需要三天时间（若上帝允许的话）。

这样的旅途存在较多风险——临时路线上布满了树枝与坑洞，同样危险的还包括跟踪马车的拦路劫匪（男女都有）。1784年邮政马车启用后，为了提供旅途的便利，旅馆便沿路开设起来，既能提供换马与休息之处，又能为疲倦的旅者提供食物与酒水。时至18世纪中叶，每7—10英里路就会有一家旅馆。当时最热门的路线是由伦敦至达勒姆郡的大北路，即当今的A1公路。

最繁忙的旅馆是林肯郡斯坦福德镇的“乔治”（The George）旅馆。从那里启程的旅客在拿到车票后，可在两个候车室的其中一间等候对应方向的马车：一间写着“伦敦”，另一间写着“约克”。

这样的旅馆当然只会提供简单的食物，并无其他选项。旅馆的数量增长在苏格兰也尤为迅猛，特别是在1790—1840年的高地与群岛地区——许多人在阅读了同时代英国作家詹姆斯·鲍斯韦尔的小说或苏格兰诗人詹姆斯·麦克弗森的诗作后，前往当地一睹苏格兰大自然的野性之美。同时代英国诗人威廉·华兹华斯的妹妹多萝西与这两位文人一样，为这片风景中无边无际的海洋、辽阔而阴沉的天空，以及巨大宏伟的山脉增添了浪漫主义色彩；她穿越高地，写下了怪诞的薄雾、下着暴风雨的海角、孤零零的小房屋、诡异的废墟，以及延伸至无限黑暗的土地。游客们想追随这些文豪的脚步，又或是想尽可能远离战火纷飞的内陆，而新开的旅馆正好满足了他们的需求。

根据加拿大学者特蕾莎·麦凯的叙述，大部分这些旅馆的经营

19世纪初富有浪漫主义色彩的苏格兰高地向旅客们展现了辽阔而阴郁的地貌、气势磅礴的山脉、永远恶劣的天气，以及令人提不起兴趣的食物

者是女性。麦凯发现了大约 60 位女性旅馆经营者的相关证据，她们中许多人为单身或丧偶，其中一位就是麦克拉迪夫人。在她那家乱七八糟的旅馆里，约翰·麦卡洛克度过了凄凉的一夜。

关于麦卡洛克对沿途各种生活与风景的独到见解，他是如何加以利用的呢？——他写下了一页又一页绘声绘色的散文信件寄给了朋友沃尔特爵士。这位地质学家已目睹并经历了新机器时代似乎长期存在的贫困与严重不平等现象，但他并未因愤慨而对社会的进步嗤之以鼻。

倘若他从伦敦向南继续这趟冒险之旅，那么他可能会对巴黎厨房中发生的事情感到震惊——尤其是马里·安托万·卡雷姆的故事……

8 Carême and the *New Paris Guide*

卡雷姆与《新巴黎指南》

法国大革命已成为一段遥远的回忆，贵族也陆续回到城中，新贵们等待着挥霍他们的钱财。再一次，巴黎精品餐饮业迎来了前所未有的发展热潮。

我们已了解到，18 世纪在外用餐的人数迅猛增长，但这在很大程度上是工人阶级的基本需求，一种功能性的活动，因此有人将之描述为“工作餐”。尽管这其中偶尔也不乏一些愉悦感，但温饱才是主要目的，在外面与家中吃下的食物也没有很大的区别——喝下一碗汤，吃下一块配以胡椒、芥末与面包的羊肉，再用啤酒、葡萄酒或威士忌冲刷嘴巴与肠胃里的油腻感，增加一些饱腹感，如此模式，日复一日。

当时的餐饮场所并不会提供食物选择。法国政府管控小食坊的一种措施是颁发许可证，规定店家向特定的食物商购买特定的农产品。其中，糕点店与肉铺均受到行会的全权管控。

汤羹店老板布朗热成功挑战并颠覆了这一权力，不经意间为近现代的餐饮服务商铺平了道路。在法国大革命期间失业的私厨进入公共领域后，为餐饮场所注入了自己的创意与技巧。尽管那场革命并未构建出“餐馆”的概念，但也确实为它铆足了劲。1789 年，巴黎约有 50 家餐厅；十年后，数量已增长至 500 家。

时至 19 世纪 20 年代，法国已摆脱革命的牵制，贵族陆续返回巴黎，并试图再创财富与地位，整座城市也开始变得时髦起来。

巴黎人马里·安托万·卡雷姆将传统烹饪艺术从中世纪带到了现代

拿破仑战败后，波旁王朝复辟，开创了一个更加和平的时代。革命扫荡过后的法国社会更提倡平等主义：中产阶级壮大了，成功的商人买下了曾经只属于贵族的豪宅，平民也有了更多可支配的金钱。奢华商店与有顶拱廊纷纷落成，在危险、肮脏且尚无人行道的大街上，显得尊贵而神圣。在这些售卖珠宝、皮草与画作的商店与发廊之间，当然还有餐馆。

许多餐厅的灵感来自一名原私厨；他将法国菜编纂成册，将其变成了一种烹饪手法，多年来直至今天，这本食谱仍为各地餐饮业做着巨大贡献。

他名叫马里·安托万·卡雷姆，出生于1784年，是19世纪初最举足轻重的烹饪大师之一。卡雷姆的杰出之处并非在于他为贵族婚宴掌厨，也并非在于他用造型非凡的糖雕与冰雕展现了食物的艺术，而是在于他缔造了家庭烹饪与专业烹饪的区别。1999年，美国大厨、教师兼美食作家韦恩·吉斯伦评论道："正是由于卡雷姆付出了实践与理论相结合的努力，当起了作家兼食谱创造者……中世纪传统烹饪艺术才得以踏入近代。"

18世纪后期发明的炉灶让厨师得以控制明火的热量，商用厨房也发展出了新的分工模式。根据吉斯伦的解释，厨房分为三个部门：肉类厨师负责烤肉架，糕点厨师负责烤箱，还有一名厨师负责灶台。

但卡雷姆还为上述模式增加了步骤与顺序，以及味觉上的轻逸感。自中世纪以来，贵族餐桌上的豪华都是从菜肴的复杂性与规模性中体现出来的，也就是说，种类越丰富、分量越大，就代表质量就越好。但无论卡雷姆的幕后工作多么复杂，他都以简为美。他用酱汁来丰富食材的口味，而非掩盖它们的缺陷。

尽管他从不曾真正为餐厅掌厨，但我们从他发明的厨师帽、酱汁的分类与调制等方面仍可看到他的影响力。人们认为是他优化了上菜的顺序——从同时端上（传统上称为“法式餐饮服务”）改为按菜单所示依次端上（“俄式餐饮服务”）。他还撰写了一系列图书；150 多年来，这些作品一直被誉为餐饮服务的宝典。

卡雷姆对自己的才能充满信心，对法式厨艺的优势深信不疑，并由此开启了法餐的光明前景。他编纂了影响深远的巨著《巴黎皇室甜点制作》，并撰写了《法式烹饪艺术》，其中详述了他眼中完美的法式厨艺。在他去世后，人们又为这本开创性与历史性的成果之作扩充了更多内容。

“这本书中的内容都是全新的，”他自豪地写道，“它将为我国的餐饮业开创更辉煌的未来，名扬四海，经久不衰。”他还说，当地的饮食“一直受到法国贵族的重视与鼓励，味蕾的享受使他们真正懂得鉴赏什么才算美味且优质的菜肴。法国的现代烹饪手法也已成为绝佳厨艺的典范”。这些非凡的技艺都源自卡雷姆自己的厨房。他满怀信心地总结道：“19 世纪的法国烹饪艺术将是未来餐饮业的模板。”

卡雷姆之所以这么自信，是因为这些图书的受众是精益求精的专业人士，作品题目均强调了“艺术性”，其中甚至详述了摆盘的“结构设计”。他对现代烹饪的想法非常复杂且颇具挑战性，这些手艺需要大量的精力、时间，以及勤恳认真的态度，因此只适合于敢于挑战的人。但对食客来说，这样的美食充满了惊喜、奇迹与愉悦。

与卡雷姆同一时代的厨师还包括英国的伊丽莎·阿克顿，她的作品《当代烹调术》则十分适用于家厨。但阿克顿夫人讲授板油的制备时，卡雷姆已经在制作奶油蛋卷；阿克顿拿出“水煮鸽肉”的菜谱时，卡雷姆已经端上了“松露香烤鸽肉”——在精品餐饮的战场上，英国仍落后于法国。

卡雷姆与过去以及未来许多厨师的区别在于，他并非单纯地遵循传统，而是开发出了能实现食物最佳口感的流程。这就是为什么他可以由衷地宣称自己的成果是全新的。他坚信的唯一传统是：法国人对美食的领悟力与鉴赏力无可匹敌。他服务的是最富裕、最高尚的食客，他并不以此为耻；当他的事业达到顶峰时，法国大革命已然成为过去，这也着实令他感到欣慰。

他是家里十六个孩子中的一个，父亲是个酗酒的工人，母亲的情况不详。父亲在他八岁那年把他带到了巴黎的大街上，也许父亲认为儿子只有离开肮脏简陋的家才能有更好的机会，事实证明了父亲的直觉非常准确。

他在巴黎其中一个城门附近一家简陋的餐馆（旅者经常光顾的那类）找到了工作并住了下来，以学徒的身份待了六年。他在十五岁时，来到了当时的顶级糕点师西尔万·巴伊的面包店打工。这家店位于巴黎更时尚、更繁华的地区，这份工作也为卡雷姆日后的大展宏图奠定了基础。卡雷姆在那里茁壮成长，他在糕点方面的创意令巴伊刮目相看，作为奖励，巴伊鼓励他到当地一所图书馆阅读与写作。要知道，那可是宏伟气派的法国国立图书馆。（革命党从贵族家中抄走的书籍正是保存于国立图书馆，其书库也因此扩充。）

也许卡雷姆因使用琳琅满目的糖果描绘了古希腊废墟或最著名的法国建筑，而引起了拿破仑的注意，以至这位法国皇帝在1810年与奥地利的玛丽·路易丝大婚时，邀请卡雷姆设计了结婚蛋糕。

随后卡雷姆便声名大噪，当上了摄政王乔治四世以及沙皇亚历

卡雷姆的书作毫无疑问是为专业人士编纂的；他的食谱与想法只适合敢于挑战的人

山大一世的厨师。1817 年 1 月 18 日，摄政王在布莱顿行宫举行庆典欢迎俄罗斯大公尼古拉的到访，由卡雷姆掌厨设计的 120 道佳肴组成了豪华盛宴。

卡雷姆由此发了大财，并在许多书籍中记录了自己最出名的设计作品。他认为在菜肴的展现方面，除了固定不变的四种基础调味料——贝夏梅酱（béchamel）、丝绒酱（velouté）、褐酱（espagnole）与德国酱（allemande）以外，他也强烈地确信菜肴展示的重要性。他曾写道：“我要规矩和口感，在我看来，精心展示的饭菜才能得到百分之百的提升。”

几个世纪以来，饮食都只不过是人类的基本需求，哪怕他们一度追求绝佳的食物风味与质感，也从未有任何厨师在食材的外表上投入过如此多的精力，是卡雷姆永久改变了这种状况。他从不畏惧让自己成为众人的焦点——他的书作中除了烹饪作品的插图，还有他本人的素描肖像画，而他在画中的着装直至今天都一直是顶级豪华餐厅大厨的制服参照：白色双排扣厨师外套与白色无檐高帽。

不幸的是，卡雷姆因长期在不通风的厨房工作而患上了肺病，于 1834 年去世，享年 50 岁。在后来的我们眼中，他无疑是第一位现代名厨。20 世纪之交的法国诗人洛朗・泰哈写道：“天资的烈焰与烤肉架的炭火共同将他的生命烧尽。”

不过，卡雷姆并非孤立的存在，他也并非巴黎唯一的名厨。他的私人作品在大门紧闭的欧洲宫殿与豪宅内得到赏识的同时，巴黎市其他餐馆的生意也是如火如荼。

1827 年十分关键——加里尼涅书店发行了第十五版《新巴黎指南》（下文简称指南），其中介绍了首都大批的优质餐厅。这本指南的目标受众是手头宽裕且有足够资金游览法国首都的旅者（当时，人们可在旅行前提前一周致电伦敦波特兰街 50 号的法国大使馆进行护照申请，并于次日到大使馆领取经大使亲笔签名的护照），副书名是“与异乡客一同穿越法国大都会”，出版方是意大利的两兄弟。他们的这家书店至今仍开在巴黎的里沃利街上。

《指南》宣称，在巴黎，“美食家以同样的费用，享受到比伦敦餐饮场所更豪华的待遇”。咖啡馆的数量也令其作者十分震惊——它们“大量遍布整个城区”。他写道：“其他城市均尚无类似的场所。”他估算当地大约有 2000 家咖啡馆，并评述道：“巴黎人以及许多异乡客几乎一整天都在咖啡馆里消磨时光。”正是在这些咖啡馆中，英国人与法国人之间存在另一个明显的区别：“在巴黎，所有阶级相互融合，陌生人之间也会相互交谈；有些人玩着多米诺骨牌，有些人阅读着报纸与定期刊物。”

大多数咖啡馆会聘用一名衣着考究的女士，在店内门口附近的便利位置进行管理与经营，礼貌的顾客会在进店或离店时脱帽向她鞠躬行礼。“她们身着最高雅的服饰，通常佩戴着珠宝，坐在高椅上，”《指南》叙述道，“在花花公子们虚情假意的恭维与低俗粗

右页图 卡雷姆为摄政王与俄国沙皇掌厨设计了 120 道佳肴组成的豪华盛宴，食物种类之繁多与搭配之精细可谓一项名垂青史的成就

Dinner SERVED AT The Royal Pavilion AT Brighton

To HIS ROYAL HIGHNESS THE PRINCE REGENT and GRAND DUKE NICOLAS OF RUSSIA
By Chef Antonin Carême on 18th January 1817

Eight Soups

Chicken and mixed vegetables
Clear consommé
Soup of mutton with capers
Rice soup with carrot
Curried chicken soup
Consommé with chicken quenelles
Celery soup – fowl consommé

Eight Removes of Fish

Perch in hollandaise sauce
Salmon trout served with sponges
Cod in mornay sauce
Pike garnished with its roes
Breaded sole with truffle garnish
Turbot in shrimp sauce
Fried whiting with diced vegetables
The head of a great sturgeon in Champagne

Forty Entrées served around the Fish

Spring chickens
Glazed veal with chicory
Tart of thrushes au gratin
Chicken à la Chevry
Young rabbit cutlet
Quenelles of young fowl in cockscomb and mushroom sauce
Quail with diced vegetables
Jellied partridge with mayonnaise
Sliced tongue with cabbage and chestnuts
Diced chicken in ham and mushroom sauce
Fillets of game fowl in white sauce
Sliced duck in bitter orange sauce
Salmon steaks in Montpelier butter
Mousse of game fowl with cream and truffles
Fillet of lamb garnished with kidneys and sweetbreads
Rabbit pie on a bed of laurel
Spring chicken in creamed mushroom sauce
Rice casserole with truffle and foie gras
Braised ducklings with lettuce
Sautéed pheasant in foie gras sauce
Supremes of pheasant in white sauce
A crown fashioned of chicken on tomato sauce
Timbale of pasta with boiled egg and asparagus
Escalope of venison with fried onions and tomatoes
Stuffed partridges in tomato sauce
Spit-roasted woodcock
Chicken in aspic
Fillets of sole in warmed aspic
Fried veal brains with a parmesan crust
Escalopes of grouse in game sauce
Pheasant sausage with braised lettuce and mushrooms
Glazed small fowl with cucumbers
Chicken salad with onions
Cushion of ham on a bed of spinach
Risotto of chicken wings and white truffle
Pigeons in crayfish butter
Chicken in a gypsy style
Pastry nests in white sauce
Mutton chops with creamed potatoes
Poached chicken in aspic glaze

Platters after the Fish

Chicken vol-au-vent
Terrine of larks
Custard rissoles
Ducklings Luxembourg
Battered fried fish in tomato sauce

Eight Great Pieces

Marinaded haunch of boar
Pullets with diced vegetables
Fillets of beef with horseradish, ham and Madeira
Pheasant in truffle and wine sauce
A turkey, garnished with kidney, sweetbreads and vegetables
Loin of veal with truffle, foie gras and pickled tongue
Partridges encased in pastry with glazed roots
Roast beef and sliced mutton

Eight Centrepieces Patisserie

ARCHITECTURES IN SPUN SUGAR, FONDANT AND MARZIPAN

An Italian pavilion
A Swiss hermitage
Great Parisian meringue
Tower of caramelised profiteroles with pistachios
A Welsh hermitage
The Royal Pavilion, rendered in pastry
A great nougat in the French style
Tower of profiteroles with aniseed

Eight Roasts

Woodcock larded with bacon
Turkey
Spiced pheasants
Chicken with watercress
Teal dressed with lemons
Chicken with truffle tartlets
Grouse
Quails larded with bacon

Thirty two Desserts and Savoury Entrements

Stuffed cucumber in white sauce
Conserve of gooseberries
Greek raisin waffles
Buttered spinach
A pyramid of lobsters with fried parsley
Apricot and almond tartlets
Upside-down lemon jelly
Scrambled egg with truffle shavings
Turnips in tarragon sauce
Apple and rum pudding
Spun sugar diadems
Choux pastry flowers
Truffles in warm linen
Chicken, chicory and hazelnut salad
Maraschino jelly with whipped cream

Mushroom tart
Sardines with tomato and onions
Conserve of strawberries
Pyramid of shrimp
Upside-down cakes with caramel glaze
Salsify salad
Dauphine cream cake
Apricot blancmange
Lettuce in ham liquor
Grilled mushrooms with sherry
Pancakes with Chantilly cream
Almond loaf
Sautéed potatoes with parsley
Almond cakes
Rose ice cream
Orange liqueur jelly
Braised celery

Twelve Great Rounds

Four apple soufflés
Four vanilla soufflés
Four fondues

Afterword

The Prince Regent gave this extraordinary dinner to symbolise British supremacy in Europe, regarding the defeat of Napoleon as a personal triumph. He ascended to the throne as King George IV in 1820, but his lavish dining habits and excessive drinking led to morbid obesity, and he was crippled by gout. Having once remarked to Carême, "You will kill me with a surfeit of food", he died in 1830 of 'fat on the heart'.

Chef Antonin Carême, 'King of Cooks and Cook of Kings' was the greatest chef of his, and some would say all, time. He left the Prince's service later in 1817. Though he was to work for the Tsar and the fabulously wealthy Rothschilds, this dinner at the Royal Pavilion was the service of his career. He died in 1833, it is thought of carbon-monoxide poisoning – from years of cooking over charcoal in the great kitchens of Europe.

In 1825 Grand Duke Nicolas, the Prince Regent's honoured guest, became Tsar Nicolas I. A reactionary and autocrat, he was dedicated to the maintenance of a Russian Empire under the Tsars. He died, possibly by his own hand, of poisoning in 1855 – as Russia slipped towards defeat in the Crimean War.

鄙的目光中指引与结账。”

伦敦的餐厅与咖啡馆通常将座位分成几个独立的隔间，而巴黎的餐厅则是开放式布置——随意摆放着桌子、灯具、雕像、顶着花瓶的柱台与大量的镜饰，整间饭厅里也会有许多嘈杂，其中交汇着谈话声与笑声。也许《指南》顾虑到，尽管法国大革命已然远去，但它仍是一段不可磨灭的真实记忆，于是警示顾客们：“若想经常光顾这类场所，最好不要谈论政治。”

我们可以推断出，伦敦的餐厅因菜肴选择较少而落后于巴黎。正如《指南》的解释，巴黎的新颖之处在于，“餐厅通常会提供一份叫做‘菜单’（la carte）的清单，上面标着每道菜品的价格，有些餐厅的菜单包含多达 300 道菜。”关于葡萄酒，书中推荐的则是廉价餐酒（vin ordinaire），因为它们似乎与价格较高的葡萄酒一样好喝。总的来说，人们认为“法国首都能够将奢华的享受与实惠的价格相结合”。

当时，在巴黎一家时髦餐厅吃饭仅需花费 2 法郎。较为简朴的餐馆则提供固定价格的菜品，一顿餐包括面包、汤羹、三选一的主食、甜点与葡萄酒，价格为 22 苏[1]。由此可见，巴黎确实很好地结合了奢华与经济的体验。

作家弗朗西斯·科格伦在 1830 年写作的《法国指南》中也提到了较为实惠的餐厅梯队，其中许多餐厅就位于首都各处，但他不建议读者去光顾：“巴黎有许多场所宣称仅以 30 苏的低价提供四道菜、半瓶酒、甜点与面包。但哪怕你对卫生只有最基本的讲究，都应该避免光顾这类看似光鲜实则肮脏的场所。”

加里尼涅在《指南》中提到巴黎的餐厅与咖啡馆一样多，但还是专门选出了他认为最好的十六家餐厅，其中一家名为“布瓦西耶”（Boissier），位于皇家宫殿。

1 法国旧时一种低面值的硬币单位，约折合为 1/20 法郎。

路易·布瓦西耶的餐厅开在原为皇宫的奢华建筑内，至今仍在经营，但已更名为“大维富餐厅”（Le Grand Véfour）。这家餐厅最初开设于1784年，于1823年被布瓦西耶收购，并成为《指南》所描述的“巴黎娱乐之汇”——时尚有顶拱廊的一部分。这片地带不仅有豪华商店，还有高档赌场与赌馆，那些新富商人可以在这里进行骰子、卡牌与轮盘等赌博游戏。不过皇宫也有别样的一面——正如这本关于美食的《指南》所述，那是“快乐与欢愉、罪恶与堕落的最顶点……在那里，人们可以只纵情于最原始的欲望，在充分的满足感中虚度年华”。

布瓦西耶的餐厅是富裕生活的写照——雅致的灰泥天花板、蔷薇簇拥中戴着花环的女人画像、挂在墙上的镀金镜饰，以及同样奢华的佳肴，例如上面放着松露的马伦哥香鸡（Marengo au poulet，1800年拿破仑胜利庆典上的一道香煎嫩鸡），或是较为简约而摆盘精美的羊排（cotelettes de mouton）或牙鳕（merlan）。

像卡雷姆展示的那类精美糕点仍然只会在私人宴会上出现，不过餐厅也开始提供小饼干、马卡龙、蛋白霜、异域蔬果，以及鹅梅、枫丹白露（位于巴黎南部）的葡萄与萨尔塞勒（位于巴黎北部）温室栽培的菠萝。

另一家高级餐厅名为“康卡尔礁石”（Au Rocher de Cancale），位于巴黎第二行政区蒙特吉尔街角，经营者是大厨博雷尔，主售牡蛎等海鲜，并且至今仍在营业。几十年后，伦敦《哈泼斯杂志》的编辑表示，博雷尔是“厨房里的伟人”，然而他“有一位貌美但不太明智的妻子……挥霍无度，令博雷尔入不敷出”。他最终破产后，妻子“跟一名俄国游民跑了”。

不过故事还没结束。几年后，一位俄国人来到巴黎寻找名厨博雷尔，想在他的餐厅吃一顿晚餐。但他听说这家餐厅已经停业，只好到市内的其他餐饮场所继续寻找博雷尔，直至“巴黎咖啡馆”（Café de Paris）的一名服务员给了他指引——一幢陋宅。俄国人在那里找到了博雷尔，给了他钱币与衣服，并说服他去了俄罗斯。就这样，俄国人将他带到了圣彼得堡一家餐厅的厨房。

再一次，博雷尔的事业起飞了，成了这座城市的烹饪明星。博雷尔对这位赞助人的背景一无所知，直至有一天拜访了他的住所，却发现主人不在家，于是和管家聊起天来。管家告诉博雷尔，主人曾去过巴黎，并带回了一名法国女子，而这名女子当时已嫁给一位名厨……

博雷尔听完后没有离开，并最终与这位俄国人和曾经的博雷尔夫人当面对峙。不过，这段婚外恋情已然告终。根据《哈泼斯杂志》编辑的描述，俄国人认为这名法国女子“最貌美的年华已经逝去”，于是抛弃了她而找了另一位情人。而博雷尔还是选择与前妻再婚了，她顾忌到自己名声已经败坏，便不再那么挥霍丈夫的钱。

大厨博雷尔的餐厅位于巴黎第二行政区，主售牡蛎等海鲜，是法国首都从 19 世纪至今仍在经营的餐饮场所之一

《指南》还推荐了一家餐饮场所，名为“格里尼翁餐厅”（Grignon’s），位于皇家宫殿对面的小场街。1860 年，一位笔名为“一个年过半百的男人”的作家，在《弗雷泽乡镇杂志》中写下了自己对 19 世纪 20 年代的追溯：“格里尼翁……曾是巴黎最拥挤的餐厅。”他表示，店里提供的晚餐十分丰盛，包含三四道菜与一瓶马孔葡萄酒（Macon），价格为 4 法郎。他甚至保留了以前的部分收据，其中记录着一顿松露馅红嘴鹧鸪、一顿烤丘鹬，以及三分之一的香槟汁鲻鱼外加一瓶伏旧园葡萄酒（Clos Vougeot）。这种酒产自 12 世纪僧侣在勃艮第搭建的一座葡萄园，其传统葡萄酒酿自黑皮诺葡萄（pinot noir），呈红色。若选择将葡萄酒与鱼肉一同食用，而非搭配私家的红肉主菜，那么也许勃艮第夏多内白葡萄酒（white Burgundian Chardonnay）更为合适。

当时的一流餐饮场所还包括位于黎塞留街 100 号的“勒玛迪莱”餐厅（Lemardelay）；19 世纪 20 年代后期，法国作曲家赫克托·柏辽兹成了它的常客。法国小说家奥诺雷·德·巴尔扎克则经常光顾沙特莱广场的“小乳牛餐厅”（Veau qui Tette），经营者是大厨马丁。

《指南》还提到了英国人经营的两家餐厅：薇薇安街的“邓恩餐厅”（Dunn’s），与勒佩勒捷街的“提尔布鲁克餐厅”（Tilbrook’s）。根据科格兰的描述，后者提供“英式菜肴”。目前几乎没有关于这家餐厅的记载，因此我们只能猜测它的样子，但它还是荣幸地入选了巴黎最佳餐厅之列。在整座城市昂贵又繁多的菜品选择中，这样的餐馆毫无疑问减轻了旅者的压力。由于某些菜肴显然令英国人感到不适，因此《指南》认为有必要捍卫某些法国习俗，包括食用青蛙：

> 英国人将青蛙视为贫穷与悲惨的标志，因此他们仍对法国人食用青蛙这件事抱有荒谬的偏见。事实上，法国人确实

会吃炖青蛙；这是一种以特殊方式肥育的青蛙，而一道小菜需要很多只青蛙腿。它们是公认的奢侈品，由于价格过高，人们很少能买到。

不过，巴黎的餐厅无须依靠英国作家的评价来证明自己的辉煌成就，也无须解释为何法国首都能在美食上傲视世界群雄。临近19世纪20年代末，年近30岁的美国女子卡罗琳·伊丽莎白·王尔德·库欣从美国马萨诸塞州的家中出发前往法国与西班牙，展开了一段非凡的旅程。她在寄给父亲的书信中记录了自己的旅行，这些信件后来被整理并出版。

尽管她喜爱冒险、性格独立，但她还是会想念远在家中的父母，因此在信中写下了“广阔的海洋将我们分隔两岸”。从旅程归来的她变得更为博学而明智，并越来越确定社会应重视妇女的地位，而不是在商业与公众活动中限制她们。库欣在巴黎遇到的女士们给了她特别多的激励，她描述道，她们“积极投身于大量商业场所或超大型酒店的经营业务中，有些甚至担任了总管”，并且“在丈夫生病、缺席或已故的情况下，她们完全有能力承担起丈夫管理的所有事务”。

库欣是在餐厅中遇到了这类女性，而她们似乎也在酒店中从事经营工作。她还注意到了较高级的餐饮场所中会有一位坐在高椅上的女士。她们一人“掌管着整家店的工作”，库欣写道，“负责在顾客用完餐后收钱；她们还会从身旁的大桌上端来精心摆放的水果。”库欣也确实承认：“老板为了吸引顾客，通常会选择一位美人来看店，这也对整间餐厅起到了装饰作用。”

在餐厅中，库欣除了注意到女性的特殊存在外，还发现绅士们通常独自进餐，并且许多情侣或夫妻会前来享用午餐与晚餐。她公开称赞巴黎餐馆实现了家乡美国闻所未闻的做法：功能与愉悦的结合。巴黎的餐饮场所不只在主厨或老板认为方便的时候开放，而且它们提供的食物比她以往去过的任何地方都要丰盛。

她曾光顾过的每家巴黎餐厅都会先上汤羹（“法式晚餐的必要开场”），然后，即便是较为简陋的餐馆，也会提供“三种菜肴，外加葡萄酒、水果、面包与一小杯未加奶的多糖咖啡，由此才算完整的一餐”。而皇家宫殿的餐厅则会“以最高水准的烹饪艺术为顾客提供全国最奢华的体验”。并且所有这些餐饮场所都座无虚席，所以她很快意识到“随时能吃上一顿好餐是多么难得的便利”。

巴黎的餐厅代表了一种现代化。在血腥革命过去后的十年，它们依然在这座城市里顽强地成长，开放、亲切且大众化，似乎也发展得很自在。库欣还说“人们可以轻松感受到巴黎的一切美好事物”。展览会、公共与私人机构“允许所有人入场，即使是异乡客……在其他城市，无论是学习还是娱乐场所，都不具备与巴黎同等的优势，也不像巴黎那么包容”。

库欣在回到家乡两年后，正值美好的三十年华，却不幸去世。几个月后，她的书信被出版。今天，我们通过阅读信件内容，能够更好地了解当年巴黎餐厅的蓬勃发展与人们外出就餐的愉悦感受。更关键的是，这些内容说明了餐厅很早就成了重要的文化，正如展览馆、博物馆、建筑物、画作与音乐的存在一样。

构建并营造宏伟华丽的用餐环境，不仅需要才华与天赋，还需要开放与自由的精神。正如贵族阶级无法单独掌控整个社会一样，任何事物都无法阻碍餐饮业的发展。其规模的再度壮大则需要更多的资金流入，在这方面上，时髦餐馆里挥金如土的粗俗商贩也做了不少贡献。

19 世纪 20 年代，巴黎餐饮业已久负盛名，并被公认为世界之最；100 多年来，从未有对手夺下这顶荣耀的“皇冠”。确实，英吉利海峡对岸的英国正沐浴在维多利亚时代工业革命的浪潮里，渴望在社会中谋求一席之地的年轻男女定然不会把注意力放在食物上，因此相较之下，英国的餐饮业几乎没有竞争力可言——连表达对布丁的喜爱都被视为一项罪名，那么餐饮场所更是无法逃脱狄更斯式的讽刺了。

不过，在这当中也存在一些卓尔不群的例外……

9

The Victorian Era

维多利亚时代

自维多利亚女王长达 64 年的统治开始，英国迎来了文化与工业方面的长期重大转型。虽然这个时代的精神并未体现在餐厅中，但另一些公共机构的出现又对餐饮业产生了巨大影响，它们就是贵族俱乐部与男工俱乐部。

维多利亚统治时期，整个英国发生着巨大变化，不过这场转型并非于 1837 年 6 月 20 日在维多利亚继位为女王后才开始，也并未于 1901 年 1 月 22 日因女王逝世而结束。

工业革命作用下的这场转型突如其来，且影响深远。在这个时代，大英帝国迎来了政治改革，步入了和平繁荣的黄金时代，当然，仍有不少人民生活在贫困中。餐厅与美食的发展背景变得更为复杂，19 世纪至 20 世纪之交发生的故事也可谓一言难尽。

橄榄球、板球与门球等体育运动有了系统的比赛规则；人们修起了铁路，发明了蒸汽船；麻醉剂列入了药品；摄影从一项艺术形式变成了新闻采集领域的一种职业，进而诞生了《每日电讯报》与《卫报》；《改革法案》扩大了民主制度下的公民权；马戏团、乐队与演奏团风靡一时；国内有了进口自美国与澳大利亚的肉罐头，进而有了开罐器的发明；奶酪厂纷纷落成；苏伊士运河开通后，来自印度与亚洲的船货得以更快捷、更安全地抵达英国；制冷技术更好地令货船上的食物保鲜；人们吃上了加那利群岛[1]的香蕉；城镇里出现了为贫民提供食物的公共施粥场；《食品、饮品与药品防伪法案》维护了人们的健康与安全；1902年，大都会水务局成立，确保了首都的河流水循环。

虽然英国从农业走向工业化的进程较为缓慢，但也是势在必行。英国食品历史学家科林·斯宾塞强调了一组惊奇的统计数据：1800年，英国80%的人口居住在乡村地区与小城镇；但到1900年，这一数字发生了逆转，80%的人口居住在了重点城镇，并且只有12%的男性从事农业劳作。

这一转变对饮食领域产生了深远的影响。在工业化之前的农业时代，即便很少有人拥有土地，但大多数人都能使用土地。正如本书第七章所述，通常以土地谋生的农民生活在家附近，进行种植与收割，并保存多余的食物。他们会养育猪等牲畜，并与家人和邻居分享香肠与火腿。此外，他们还会吃白菜、胡萝卜、芜菁、黄瓜和豌豆，但不吃鸡肉。无论富人或贫民，大多数人在家中的饮食相差不大——种类繁多，且富含蛋白质。根据《维多利亚时代英格兰的食物与烹饪》一书的作者安德烈·布鲁姆菲尔德的叙述：

> 大多数英国人，无论阶级或教养，都喜欢吃串烧的牛肉或羊肉，配以一碗棕色的调味肉汁与一份富含香料和干果的梅子布丁。他们还喜欢搭配饮用大杯的麦芽酒以冲刷肠胃的油腻感。

许多家庭不一定是自愿迁往城市的，而是意识到工厂决定了他们的生计——一旦机器能够以更高的效率、更低的成本进行生产，大批家庭纺织作坊就会被淘汰。然而就伯明翰来说，其人口在1800—1850年增长到了原来的五倍，因此即便在当地或曼彻斯特这样的城市找到了工作，他们也缺乏土地所能给予的生活保障：持

1 位于非洲大陆西北的大西洋，属于西班牙。

续的缝纫、收获与贮存。

此外，城市的空间资源较为宝贵，这也意味着每个家庭的住所更小，他们甚至没有多余的地方来放置烹饪与保存食物的用具，例如黄油搅拌器或腌肉的木桶，导致许多人的日常饮食受到影响，不得不以土豆与淡茶为食。

许多工人将就居住的贫民窟也十分压抑——当他们从一天的辛劳中解脱，返回住所后，共用的床铺以及小得可怜的休息空间，都无法成为他们最期盼的慰藉。

那么自然而然，许多男工在工作结束后宁愿去小酒馆，或者相聚于一种新式的公共场所：俱乐部。这是一个为男工们存在的地方，他们能结交志趣相投的朋友，使自尊心得到满足的同时，又培养起了幽默感。俱乐部与酒吧的不同之处在于，其经营目的并非盈利，而且不会有衣衫褴褛的孩子与絮絮叨叨的妻子在场。

已知的最早期男工俱乐部于 1850 年在斯托克波特的雷迪什（今属大曼彻斯特）创办。这片地区在工业革命期间发展迅猛；棉花厂的规模壮大创造了更多就业机会，连排房屋逐渐遍布城镇，为工人及其家庭提供住所。

“雷迪什男工俱乐部”为男人们提供了业余社交与放松的场地，而实际上其经营者是当地机械学会所有者罗伯特·海德·格雷格。父亲塞缪尔于 1834 年去世后，格雷格接手了他的生意。这是一项非常成功的事业，时至 1831 年，已发展到 5 家工厂，2000 名雇员，每年可将 400 万磅棉花纺织成布。在此后的二十年里，他将业务规模扩大了一倍。他反对立法限制对童工的使用。虽然有人说他极其令人讨厌且争强好辩，但值得称赞的是，他会确保自己的工人接受教育并到教堂礼拜。

他创办的俱乐部内设有图书馆，很快地，除了机械师以外的其他工人也成了常客。这个俱乐部位于格雷格的工厂内，为大多数工人提供了他们在家中无法享受到的舒适与温暖。

随后，全国各地也建起类似的俱乐部并陆续开业，其中的许多位于北部的工业革命发源城镇，但实际上，它们最早盛行于中部地区与伦敦周围各郡。

1849 年，一家俱乐部在切尔滕纳姆市开业；1855 年，又一家俱乐部在赫特福德郡开业；1860 年，沃尔瑟姆斯托与考文垂也有了男工俱乐部。许多城镇纷纷开设了俱乐部的同时，北安普敦郡也进入了繁荣时期。1875 年，一家俱乐部在柴郡开设；1872 年，大曼彻斯特的戈德利郊区出现了一家俱乐部，1877 年，洛奇代尔市也出现了一家俱乐部；然后是较北部地区——19 世纪 80 年代，诺森伯兰郡与苏格兰都出现了俱乐部。1868 年，英国共有 72 家男工俱乐部；时至 1901 年，这个数字已超过 1000。

虽然食物算不上重点，但许多俱乐部还是会提供餐点。然而，其中大多数尚无设施齐全的厨房，有些则会向流动饮食服务商购买食材。

在 19 世纪与 20 世纪之交，鲍勃・卢德拉姆的业务就是为伦敦提供上述饮食服务，并在男工俱乐部的刊物上做宣传。1911 年，卢德拉姆刊登了一则广告，承诺“以适合所有阶级的价格提供优质的晚餐、茶水与夜宵等”。数家俱乐部还鼓励男人们参与食物配给——这样他们便可以种植食物，并向俱乐部分享其中一部分。

不过，这些场所当然并非由加入的会员创办或资助。就像格雷格在雷迪什开设的俱乐部一样，许多这些场所都是由男人们所从事的行业的所有者创建的，并且与他们去过的那些出售酒类的酒吧不同，其中一个非常关键的区别在于：俱乐部不提供酒类。

那么这些干净、宽敞的环境实际上算是精心管理的社会工程吧？毕竟在相当长的一段时间里，工人阶级在行业中因酗酒而名声不佳。无论这种说法有无根据，也无论男人们是否真的把每周所有的薪水都花在饮酒上，然后又在周五晚上领到微薄的薪水时气得想发疯，维多利亚时代许多人都认为这种现象已成问题，于是采取了行动。其中一人是出生于伦敦的亨利·苏利。他在铁路业务上取得成功后，进入了唯一神论派管理层（Unitarian ministry），成为推进工人阶级进步的坚定执行者。但有一个问题成了他的绊脚石——他称之为“酒馆中恶劣、可耻的酒瘾”。

看到俱乐部在全国各地涌现后，苏利决定采取行动。1862 年，他成立了“男工俱乐部与学会联盟”，将办公室设立于伦敦斯特兰德，并招募同行与议会议员来提供支持，希望以此结合俱乐部的社交概念与学院的教育氛围。为了提起人们的兴趣并筹集资金，他甚至发布了简章，其中陈述了他的计划与理念。

这份简章的内容提要是：男工人“可摆脱醉人的酒水，在消遣与茶点中进行交谈，开展业务与提高修养”，其中陈述道：“尽管人们为改善国家工人阶级的道德品质与生活条件做出了许多努力，但仍有大量工人深陷严重的放纵、无知、浅见与宗教冷淡主义中。”

他还赞扬了禁酒运动。当时禁酒运动在帮助人们戒酒的进程上已卓有成效，但他发现“曾经酗酒的人往往无法坚持，因为他们没有任何其他事物来取代之前在酒馆里度过的余暇”。他还补充道，当男人们在酒馆开展工作会议时，即便不喝酒，也都倾向于聚往吧台，“尤其是年轻男子”。

苏利鼓励俱乐部将教育思想写入章程，这样一来，男人们可能会聚在一起玩纸牌、多米诺骨牌或克里比奇牌，或在另一间房里静静地阅读场所提供的报纸或杂志（他们可能买不起），甚至学习读写课程。通常来说，俱乐部有一间茶点室，可能还有桌球室、阅读室、主厅，而主厅的一端通常有一个舞台，以便将整间房用于辩论与演讲。

根据记载，在俱乐部开展过的合适演讲包括伦敦大学学院 J. T. A. 海恩斯的“改革”与牛津万灵学院 E. M. 沃克的牛津“农民合作关系”。

苏利在展开这项事业的第一年就创建了 13 家俱乐部，并合并了另外13家场所，包括格雷格的机械学会。在之后的几年中，全国各地大约有300家俱乐部在苏利的支持下相继开业。

然而，尽管他的章程建议男工人应占委员会成员的50%，但会员与赞助人都逐渐感到苏利的主张有些过于自我。苏格兰贵族罗斯伯里勋爵就是赞助人之一，他认为男工人“应自食其力，而非等着被赞助、抚育与纵容”。“斯卡勒伯男工俱乐部”的一名初期会员甚至煽动了对捐助者的反抗，从而新成立了一个仅由男工人组成的委员会。在新的委员会上，他谈到“工人阶级不需要那种予以恩赐便自认为高人一等的态度”，然后这种情绪在俱乐部之间传播开来。100年后的19世纪60年代末期，英国历史学家约翰·泰勒叙述道：“一场反对赞助的起义正在发生。”

俱乐部开始将非会员逐出委员会，然后通过投票共同决定黜免赞助人。在没有了工头或贵族顾客提供资金的情况下，他们当然就需要自己筹资了。于是会员们想出了两个办法：收取低廉的会员费与出售酒类。

较有经济头脑的人很快意识到，既然这是俱乐部，不妨以非营利的较低价格出售酒类，从而把旅店与酒馆的顾客吸引过来成为会员。这个想法得到了罗斯伯里勋爵的鼓励，他宣称俱乐部“应免除那些无理且幼稚的饮酒限制”。

苏利还受到了另一名贵族的攻击——斯坦利勋爵在《泰晤士报》上撰文抨击了苏利清高的中央集权干涉行为。他表示，男工人想要的是社交俱乐部，而非“变相的学校”。《星期六评论》还刊登了利特尔顿勋爵对苏利的贬低言论。由于苏利和他的同行们“过分干涉”了俱乐部与会员的事务，因此这位贵族写道，这些赞助人能做的最好的事，就是“彻底抽身，永远摆脱这些是非，让工匠们自己管理相关事宜”。

1868年7月，苏利坐下来写了一份长篇且愤怒的公开声明，驳斥那些在他心爱的俱乐部之间流传的造谣之词，标题为《与男工俱乐部及学会相关的事实及谬论》。在这篇声明中，他为自己与同行对会员的赞助行为做出辩护。“我们的首要目的是诱导男工人自主建立这些造福他们的俱乐部，”他陈述道，并愤怒地补充，“我们只是想鼓励男工人自助，而非代替他们处理事情。”他还怒斥了媒体的中伤：“《泰晤士报》、斯坦利勋爵以及《星期六评论》不具备持续分析与处理准确信息的高超能力。”

俱乐部的会员需要他的帮助，他争论道：“没有中产阶级的支持（不只是金钱而已，请记住），他们就无法建立或发展俱乐部。”这些会员中的许多人曾请求他的帮助，因为他们自己也受到过抵制——被同一阶级的其他人嘲笑在俱乐部聚会，而不选择酒吧，以及嘲笑想去俱乐部聚会的人：

> 总有很多男工人不喜欢俱乐部所能提供的理性娱乐与安静的社交活动，并打趣那些更有品味和更有秩序的人。虽然英国人向来无畏，但他们无法忍受嘲笑。

他们宁愿战死沙场，也不愿“在试图以更文明的方式领导同胞时遭受人身攻击”。

这就是为何像苏利这样具备“公益精神与良好社会地位”的人，有责任克服这些冷嘲热讽、财政焦虑与管理的复杂性来帮助会员。他还表示，当他来到男工人中间时，嘲笑停止了，并且大家都行为规范。他甚至引用了其中一人对他说的话：“不知怎么的，苏利先生，当我们中间存在一位绅士时，我们之间的相处要好得多。”

他表示，《星期六评论》中利特尔顿的攻击性言论是荒谬的。苏利斥责道：“您不如去指望一支军队在没有指挥官的情况下打场胜仗。”

苏利总结道，对于“为男工人提供街角或酒吧的取代场所”这件事，他感到无比自豪。但有人怀疑，使苏利真正感到烦恼的是中伤的氛围及其源头：并非与他类似的富裕中产阶级，而是贵族——

他明显鄙视的纨绔子弟。他猜想也许这些人一同在其他某处场所炮制了对他的诽谤，一类他也不受待见的场所：绅士俱乐部。

男工俱乐部的发展也反映出了绅士俱乐部的扩张，这是英国人特有的一类场所——18 世纪末从咖啡馆文化中演变而来的公共机构。与男工俱乐部相似，其中也有台球桌、书架与食物。而最毋庸置疑的是，其中供应酒类，大量的酒。

得益于赞助人的慷慨捐赠，许多男工俱乐部都开在相当体面的建筑中——当今我们归类为“维多利亚式”的新潮建筑，通常为红砖与哥特复兴式风格。不过相较之下，绅士俱乐部要大得多，并且其中许多实际上都模仿了其许多会员所拥有的乡村豪宅。

随着咖啡馆扩大了绅士俱乐部的客户群，绅士们开始警惕起那些影响他们聚会的不安定因素，有时还会进行监听，然后得出结论：某些群体太多管闲事、碍手碍脚了——虽然某些咖啡馆也有俱乐部的氛围，但从未施行入场限制。那么，出于商业或社交意图，绅士们越来越喜欢伦敦，因为他们想要一个符合自己格调与品位的地方，就像自家的藏书室、阅读室或饭厅那样，所以在绅士俱乐部的建造与布置中融入了类似的元素，其中男服务员的穿着类似私宅中的管家或男仆。此外，也许绅士们不希望自己在藏书室与阅读室内受到女性的打扰，因此伦敦的绅士俱乐部禁止女性入场。事实的确如此——曾经尝试进入俱乐部的妇女全被拦了下来。

17 世纪便已经有了一些绅士俱乐部；19 世纪后期，它们的数量迅速增长。1850 年，《英国年鉴》列出了 32 家俱乐部。其中 30 家位于伦敦西区，大多数沿着蓓尔美尔街与圣詹姆斯街分布。时至 1910 年，这个数字已增长至 81。

历史最为悠久的要数“怀特俱乐部”（White’s），至今仍在营业。根据伦敦俱乐部历史学家艾米・米尔恩・史密斯的叙述：“怀特俱乐部是所有俱乐部的原型。”它起初开在一家巧克力店（而非咖啡馆）中，这家店位于梅菲尔可胜街附近，开设于 1693 年，经

位于伦敦圣詹姆斯街的“怀特俱乐部”起初是开在梅菲尔的一家巧克力店。它为不喜欢男女混合咖啡馆的贵族提供了另一个选择

营者是意大利人弗朗西斯科·比安科。他认为，一个更亲切、更具英文内涵的店名能吸引更多顾客，于是将这家店命名为“怀特夫人巧克力屋”。

一群男士会定期相聚怀特俱乐部进行赌博。并且正如他们在咖啡馆中的做法一样，他们会将自己与其他顾客分隔开来，只和他们认为有能力偿还任何债务的同类人赌博。根据怀特俱乐部的记录，这些人于 1697 年开创了俱乐部的概念，将自己视为一个团体。用米尔恩·史密斯的话说：“怀特的这家俱乐部开在一家大型巧克力屋之中，以这种形式存在了许多年后，才接管了整家店铺的经营；其他几家咖啡馆与酒馆也重复了这个过程。”

大约 90 年后，俱乐部因成为不雅贵族的赌场而出名，并迁至了圣詹姆斯街，其建筑被整改成了帕拉第奥式风格，其中高顶的饭厅被称为“咖啡室”，深红色的墙面上挂着皇室成员的画像。

至此，这家俱乐部成为了托利党的非正式总部，并进而演变为朋友们的秘密聚集地。怀特俱乐部的会员资格管理委员会对试图加入组织的任何人或使用其场地的任何会员持有保守的态度，这也是这家俱乐部至今仍珍视的价值观。

随着男人们对隐私性与隐蔽性的追求，以及对这类特殊机构的认同，越来越多的俱乐部开设了起来，“俱乐部会员”也成了“绅士”的代名词。有些上层阶级会员在英国可能没有自己的豪宅，而俱乐部则让他们得以在伦敦住上一段时间。随着伦敦俱乐部［例如“布德尔俱乐部”（Boodle’s）与“布鲁克俱乐部”（Brook’s），以及19世纪的“改革俱乐部”（Reform Club）、“旅行家俱乐部”（Travellers Club）与“雅典娜”俱乐部（Athenaeum）的纷纷开设，全国各地也兴起了俱乐部的风潮。

在役军官从班加罗尔或孟买的热浪与尘土中回到城镇后，得以

“孟买游艇俱乐部”（Bombay Yacht Club）是绅士俱乐部之一，其概念起源于伦敦，然后在大英帝国传播开来，为海外军官提供了安心的休憩所

在俱乐部中寻求一份舒心的英式享受，其中许多俱乐部建于 19 世纪下半叶。他们可以在这里与同伴相聚并好好地喝上一杯，远离令人不适的当地居民。这项海外援军专享的优待是大英帝国统治体系的重要组成部分，而这种文化正是来自圣詹姆斯街的核心。这些俱乐部的主导体制象征着它们所屹立的伦敦，仅距离帝国财富与势力的中心——维多利亚女王所在的白金汉宫只有几百码[1]之遥。鉴于当时大英帝国之辽阔，你也可以说它实际上是全世界的经济中心。

但并非人人都为此折服。正如几十年后爱德华·卢卡斯在《伦敦漫游者》一书中的追溯：阴冷潮湿的一天，他发现自己正走在蓓尔美尔街上。他出生于肯特郡一个家境普通的贵格会教徒家庭，于 1905 年到访了这条街道，两侧高大威严的建筑遮天蔽日，把他包围在其中，甚至令他感到了幽闭恐惧。阳光明媚的另一天，他再次到访这里，也没有心生好感。“这些庞大、阴沉、物欲横流且被称为‘俱乐部’的修道院，形如最具阳刚之气的庄严庙宇，令人毛骨悚然。里面全是高贵的绅士与卑屈的男仆，”他写道，“这令我感到压抑。蓓尔美尔整条街的色调阴郁，毫无温馨感。”

后来，卢卡斯成了杰出作家兼出版商，似乎克服了这些看似戒备森严的堡垒最初给他造成的焦虑，因为在他于 1938 年去世后，一则讣文披露了他在四家这类场所享有会员资格，它们分别是：“雅典娜俱乐部”、“牛排俱乐部”（Beefsteak）、“巴克俱乐部”（Buck's）与“加里克俱乐部”（Garrick）。

不过，几十年前，在令卢卡斯感到慌乱的建筑物外墙内，使人沉迷的可不只有赌博、交谈与饮酒而已，还有美食。其中某些食物确实非常优质。

实际上，19 世纪伦敦最具传奇色彩的大厨都来自俱乐部，例如，亚历克西斯·索耶。而他的工作场所——改革俱乐部的厨房，

1　1 码约等于 0.9144 米。

亚历克西斯·索耶在“改革俱乐部”创造了欧洲最具影响力的厨房

在当时也许算是伦敦最好的厨房了。

索耶的故事与卡雷姆有几分相似。他属于法国工人阶级，后来成为杰出的大厨，从10英尺高的甜点到30道菜肴组成的盛宴，均体现了他高超的技艺。他既创作过畅销书，也发明过厨房实用小装置。然而在他逝世后，他所做的贡献并未得到享用过他的美食的俱乐部会员们的敬重。他的葬礼于1858年8月11日在伦敦肯萨格林举行，次日支持辉格党的《纪事晨报》报道称：“没有任何高贵人士来到他的墓碑前悼念。”

索耶于1810年在巴黎东北部的莫城出生，那是一座因布里干酪（Brie cheese）而闻名的城镇。他在青少年时期便移居至首都，并在薇薇安街的“里格农餐厅”（Rignon's）度过了成长岁月。在他被巴黎某些时髦家庭聘用为私厨后，又成了法国总理厨房的二把手。

但1830年7月发生的政治动乱[1]对他的事业造成了影响，于是他去了伦敦，并被剑桥公爵抢着雇佣了下来。在为改革俱乐部工作前，他还曾为许多贵族掌过厨。

他在改革俱乐部的职业生涯正好与一项为期三年的重大建造工程同时展开。该俱乐部文艺复兴风格的建筑之宏伟，令当时所有其他俱乐部都黯然失色。如果说其意大利风格的大厅与柱形装饰成排的走廊是为了震慑对手俱乐部，那么像“布德尔俱乐部”与“布鲁克俱乐部”这类场所里的员工，会几乎无法相信这片辉煌景象

1　即法国七月革命。

幕后的厨房有多么奇妙。1838 年，索耶在维多利亚女王的加冕典礼上为 2000 名贵族会员提供美食并博得赞誉，随后接受了全权委托——与查尔斯·巴里[1]共同设计一间厨房。

他的想法包括可控温度最先进的烤箱、用流动的冰水冷却鱼块、蒸汽驱动喷嘴，以及小型升降机，可将食物从厨房运到两层楼之上的饭厅。正如露丝·考恩在其传记《大厨索耶》中所述："在接下来的三年中，一位建筑师的天赋异禀与一位年轻厨师的心灵手巧，将共同打造出欧洲最著名、最具影响力的厨房。"

俱乐部于 1841 年 4 月 24 日开放，其会员参观后，均对这些华丽的新设施表现出了瞠目结舌之态。然后，他们做了当时其他会员从未做过的事：去地下室参观厨房——索耶的这间厨房由连续相通的无门隔间组成，因此向来戴着红色天鹅绒贝雷帽的他可灵活地穿梭其中；炙烤炉大到占据了两个炉灶，能放进一整只羊；其他隔间里则放着专门用来制作蛋奶酥的小烤炉、木炭炉架、烤盘、蒸汽炉与沸水锅炉；炉轮上的镀锡屏风可以保护厨师等附近人员免受火焰灼伤。"索耶经常把这些炉子当成自己的娱乐表演，"考恩写道，"将它们大敞四开，旁人会对此惊讶无比，以至于忘了自己正站在炽盛的炉火附近。"

厨房内还有另一个专门用于炙烤野味与家禽的壁炉；蒸煮汤羹与酱汁的双层蒸锅；一间恒温 35 摄氏度的独立屠宰室，用于切砍、清洁、准备动物肉；一处放置糕点与糖果的凉爽隔间；一间蔬菜室。

此外，其中还有员工室、管家室、员工食堂；在另一隔间中，还有厨房职员用来在地面层督促餐品运输的通话管。

不过，索耶的最高成就是他的燃气灶——干净、无烟且可控。在世界第一家公共煤气厂的支持下，它们的作用得到了淋漓尽致的发挥，完美体现了工业革命对维多利亚时期文明生活的转变。

1 英国建筑师，以设计伦敦的英国议会大厦而闻名。

索耶写道，这是“造福所有烹饪方式的最大便捷”。他的偶像——卡雷姆因长期身处浓烟之中与通风不良的厨房环境而英年早逝；幸运的是，索耶不仅能够创作美食，他的呼吸也没受太大影响。“这种灶火能提供木炭燃烧发出的同等热量，无需燃料补充，不会释放有害的碳酸，也不会产生煤烟或气味。”

然后，索耶的厨房成了伦敦俱乐部的热议话题，并出现在英国各大报纸与杂志上。《观察家报》的形容是“无与伦比的烹饪装置”，另一家杂志社则表示“索耶是这家大型俱乐部的荣耀”。

亚历克西斯·索耶这次举世无双的厨房设计，实现了维多利亚时期前所未有的事：令时髦人士谈论食物。

他的厨房会提供肉汁与汤羹、温火水煮的大菱鲆与三文鱼、可口的酱汁、龙虾、小火鸡拼盘、各种酱料煮制的野兔、红醋栗、豆瓣菜、各类糕点、用于佐味与点缀的大量松露、烤鸡、填馅烤鸡，

索耶的厨房成就了维多利亚时期不可思议的事：令时髦人士谈论食物

以及色泽鲜艳的小牛或小羊胰脏。除此之外，还有用蛋糕、蛋白糖、点心、巧克力与水果做成的艺术摆盘。所有这些菜肴都会放在闪闪发光的托盘上，盖上各种尺寸的钟形玻璃罩，从厨房送到餐桌上，再盛到精美的瓷盘里。

1846 年，埃及将军易卜拉欣帕夏拜访了改革俱乐部，有幸体验了米尔恩·史密斯口中“英国史上最豪华、最惊艳的餐点”。这顿大餐的重头戏是一座 2.5 英尺高的蛋白糖霜金字塔，上面覆盖了拔丝糖，其中填满了菠萝奶油。

不过影响最大的并非这些梦幻般的盛宴，而是索耶制定的新标准——既然午餐也能拥有愉快的陪伴与香醇的葡萄酒，那么俱乐部就不会再接受平平无奇的食物。

这种文化很快从俱乐部传播开来，索耶也随之声名鹊起。改革俱乐部成就了他的巨作之后，希望能最大限度地提高收益，于是增加了餐饮供应量。但索耶认为，自己无法在实现巨大供应量的同时保持高质量，因而于 1850 年辞职。一年后，他在伦敦肯辛顿开设了一家名为“戈尔之家”（Gore House）的餐厅，期待着同年万国博览会的游客大批涌来。但这里的厨房设施实在无法满足他的期望，并且他擅长的是烹饪而非经商，因此这家餐厅虽然很受欢迎，但还是赔了本，很快便停业了。

然后他把注意力从富人食客身上收回，转向了英国军队，希望以此筹资前往克里米亚。他与弗洛伦斯·南丁格尔合作，重新组织了战地医院的军粮供应。1857 年，他返回英国，在剩下的几年里给军队提供饮食建议，并偶尔召开讲座。

索耶永久地改变了伦敦的餐饮文化，但所有尝尽这些美食的贵族都未参加他的葬礼。因为，尽管食物是一顿饭成功与否的关键，但对于英国人而言，这并非最重要的事。至少在往后的一百年内，维多利亚时代上层阶级都还未意识到厨师与美食的价值，也没有让它们成为热点话题。

10 Britannia & Co. Opens in Bombay
孟买不列颠尼亚餐厅

这家餐厅讲述了一个关于移居、忠诚、身份、融入与迟暮的故事，从根本上来说，这是一段关于它如何为各阶层、性别与宗教信仰的人提供服务的历史，具有值得一品的时代意义。

2019年2月的一次午餐时间，93岁的博曼·克西诺尔作为“不列颠尼亚餐厅”（Britannia & Co.）的共有人，在孟买南部斯普罗特路为到访的英国游客举行娱乐活动。

“请把我们的热情问候传达给你们的女王，”戴着圆形眼镜的博曼咧着嘴笑着说道，“这家餐厅不大，正如孟买市一样空间十分有限。但请转告女王，我们会尽最大努力为她提供舒适的体验。”

然后，他挥舞着自己与现任剑桥公爵与公爵夫人的合影。“会见他们时，我惊叹不已——王子是如此的迷人，凯特王妃又是如此的美丽。他们问我在餐厅工作了多长时间，以及我能提供什么菜式。”他还展示了一份剪报——给《印度时报》的一封信，标题为《带回英式时尚》。

对于千禧一代的英国人来说，曾经残酷的殖民政策可能有些令人尴尬，甚至连该餐厅最受欢迎的时髦菜品——浆果香米饭（berry pulao）的美味都无法将其抵消。

不过，这家餐厅却是对各阶层、性别、宗教、品位与形象之包容的鲜活象征——店内挂着印度独立运动领导人圣雄甘地的肖像，他主张以非暴力形式反抗英国的统治；旁边则挂着女王伊丽莎白二世的肖像，画中的她头顶着大英帝国皇冠，佩戴着皇室徽章。

餐厅里挤满了男人、女人、不同阶层和宗教的人。其菜品包含传统的帕西香米饭（Parsi pulao）、兵豆香蔬炖羊肉（dhansak）、穆斯林烩饭（Muslim biryanis）、南亚香料（south Asian masalas）、印度肉泥（Indian keema），以及正宗的英式鸡蛋三明治。

印度与伊朗国旗被框在一起。巨大显眼的标语牌虽然以英文书写，但显然是印度人的口吻。其中一块标语牌写着："这幢房屋的建材与设施易燃。"另一块则写着："请勿与店家争论。"

菜单的顶部是鸡肉的图片，周围写着："没有比对美食的热爱更浓郁的感情了——始于 1923 年"，那是博曼的父亲开张这家餐厅的年份。我们可从这个地方看出，移民群体已在孟买的社会结构中发展得根深蒂固，其欧式菜品也表现出了对英国统治者坚定的忠诚。用博曼的话说："英国人不喜欢辛辣，我们便迎合了他们的

博曼·克西诺尔在不列颠尼亚餐厅的留影。这家餐馆由他的父亲开设于 1923 年，其最初提供的干净简单的食物吸引了口味讲究的英国人

口味。”

这家餐厅还迎合了英式建筑风格。它是由印度门的建筑师乔治·维特设计的，这也体现出了大英帝国强势的殖民扩张。这位出生于苏格兰的英国建筑师为纪念 1911 年英王乔治五世与妻子玛丽王后来访孟买，建造了这座巨大的拱门。纪念碑的完工与“不列颠尼亚餐厅”的开业恰逢于 20 世纪 20 年代初。餐厅开业两年后，维特患上了痢疾，不过这应该不是餐厅的食物引起的，毕竟为了吸引当地的英国居民，店内注重卫生，也不会提供辛辣食物。后来维特的病情恶化，忍受着严重的腹痛与高烧，躺在床上，满身虚汗，身旁摇扇者扇出的风也几乎没有起到任何缓解作用。也许那时，他回想起了自己在布莱尔阿瑟尔村度过的童年时光——这座小村庄位于苏格兰格兰扁山脉峡谷中的佩思郡，被笼罩在阿瑟尔公爵名下宏伟气派的布莱尔城堡阴影之中；也许他还想起了加里湖——凉爽的湖水流经村庄，为当地生产燕麦的磨坊提供动力，他的家人才能喝上燕麦粥。当他躺在印度酷暑的闷热之中忍受着病魔的煎熬时，会是多么想念苏格兰新鲜的空气、温柔的雨水与简单的食物啊！

不列颠尼亚餐厅是巴拉德庄园的一部分，而这座庄园是英王爱德华七世时代的新古典主义风格建筑群。当地人（其中多数人从未去过伦敦）对此表示：多亏了维特，这里才有了伦敦的感觉。

餐厅的名称“不列颠尼亚”当然就是英国的化身，展示其拥有象征意义的力量。

如果把这家餐厅的创始人拉希德·克诺西尔归为移民，就不太准确了。他是帕西人。在阿拉伯征战萨桑王朝的各个时期，他的祖先从波斯逃离，部分原因是为了避免其国教——琐罗亚斯德教于 636—651 年被伊斯兰教灭绝，而帕西人则是这些波斯移民的后裔，也被称为琐罗亚斯德教徒。他们的宗教融合了古老传统里的精神、神灵、歌曲、诗文，以及一位先知的思想；这位先知出生于公元前 1500 年，希腊人称之为琐罗亚斯德。

帕西人来到印度后，逐渐在各城镇定居，其中许多人直至19世纪才移居至孟买，之后他们的体型与身高都有所增长。对分散在印度各地的帕西人来说，在孟买的帕西人成了主要群体，由其教士继承领导者的重任。

他们融入了孟买的生活，成为当地政治文化的一部分，并且愿意效忠任何统治政体。帕西的传统主张不断改善生活，正是这种逻辑说服了当权政体的拥护者。

随着历史的变迁，他们先后向不同时期的统治者——莫卧儿皇帝和英王表过忠，那么当地那些被时任统治者镇压的异端者应该就不太喜欢他们了。但经验告诉他们：明哲才能保身，反抗则可能招来杀身之祸，对一个民族的持续发展毫无帮助。正如历史学家杰西·帕塞提亚在其书作《印度的帕西人》中所述："他们始终明白身为弱势群体，他们需要根据处境来自保。"

帕西人在印度各地定居，并巧妙地融入了时任统治者的政体

拉希德开设不列颠尼亚餐厅时，英国在当地的权势已然树大根深。自1600年东印度公司成立以来，英国不断深化对次大陆的控制——无论是丝绸、茶叶、香料还是食盐贸易，倘若有任何当地人阻碍其业务的发展，他们便会直接宣战。经过各场重大战役后，帝国的权势得到了巩固。紧随“印度兵变”之后的 1857 年，英国构想出了一则法案——由伦敦直接掌管对该国的统治，开启了英属印度时期，直至 1947 年印度独立才结束。

自 18 世纪后期开始，帕西人便融入了英国的经济与政治环境，保持着良好的社会地位。正如帕塞提亚所述：“这证明了帕西人已从地方性弱势群体成功转变为孟买新式城市环境中富有影响力的殖民精英。”

帕西人接受了英国人的价值观，于是看到了机遇，帕塞提亚写道：这“两种价值观相互竞争与作用，并在帕西人对其传统身份的保持上发挥了作用”。

拉希德·克西诺尔正是抓住了这种相互作用而产生的机遇，而他的血液中仿佛天生流淌着对餐饮业的热情。他的父亲在城内拥有一家餐厅，简单命名为“克西诺尔”，位于孟买邮政总局附近。

“克西诺尔”餐厅也许与其他帕西餐馆一样起家于烘焙生意。19 世纪，葡萄牙人将酵母引入了孟买的面包制作中，然后许多帕西人采纳了这种做法，开起了烘焙店。《帝国印度地名录》详细记录了当地商业、行政、经济等方面的历史，其中写着：“1901 年，孟买有 1400 家烘焙店。”之后，帕西烘焙师们又开起了餐馆，以此作为推销产品的手段。

不知出于什么原因，老克西诺尔把餐厅卖掉了。但退休后的他依旧乐于鼓励儿子，并把卖店的钱给了儿子，让他得以开设自己的餐厅。

于是拉希德开始搜寻合适的营业地点，无意中发现了巴拉德庄园，它由港务局拥有。这里崭新而干净，与城中的许多建筑不同，其中还居住着大量英国人，他们在英属印度的银行业、贸易、政治与军队等领域工作。拉希德开始就租约进行交涉，并得知他必须首先向当地的英国管理者申请经营许可证。

20 世纪 20 年代的孟买拥有 100 万人口，城内维多利亚时期的哥特式建筑仍然崭新而夺目——高等法院、维多利亚火车终点站和克劳福德市场，均使这座城市彰显出了雄伟的气质。不过其中几幢建筑物仍被贫民窟包围，这令英国人十分恼怒。他们会不时清除这些脏乱的房屋，展开新的建设项目，例如巴拉德庄园。几个街区外便是富丽堂皇的泰姬陵酒店（Taj Mahal Palace Hotel）；该酒店于 20 年前开业，其建筑师是贾姆谢特吉·塔塔，也就是当今强大的印度企业集团——塔塔集团的创始人。泰姬陵酒店是印度第一家用电的酒店，其电梯建造于德国，风扇进口自美国，最豪华的套房内还安排了英国管家。

在街道上来来往往的当地居民中，许多人穿着宽松的白色无领长袖衬衫，戴着白色小圆帽。年轻的印度公仆与英属印度基层人员则穿着深色外套，里面是传统服装，并随身携带着书籍或文件。男人们推着或拉着手推车，成对的牛拉着货车，小马拉着四轮马车。车水马龙之间，还有因难耐炎热而停在路中间休息的奶牛，以及衣衫褴褛、手牵手路过的孩子。男人们在石雕的水龙头下冲洗着身子，妇女们蹲在街道两边卖着宽圆篮子里的草药和香料。

美国人詹姆斯·菲茨帕特里克在其 20 世纪 20 年代的旅行纪录片中说道："15 世纪与 20 世纪的文化共存于此。"菲茨帕特里克记叙了他在孟买赛马场看到的帕西人："他们被视为印度最富有的阶层，显然也是最先进的群体。"他把这些人也归类为与众不同的群体。此外，他在当地还发现了"帕西商贩、阿拉伯商人、阿富汗人、锡克教徒、中国人、日本人、马来人、美国人和英国人"。

菲茨帕特里克表示，走过孟买的印度门，"你会看到帝国的商贸流通与大型的商业建筑；庄严的公共场所与教育机构坐落于宽阔的道路两旁，经由印度各城邦的铁路汇聚于此，蒸汽轮船的航线延伸至遥远的地平线。"

在远离城市热浪与尘土的建筑物中，英国行政官管理着维护孟买社会秩序的强大官僚机构。拉希德拜访了其中一所办事处，心里

20 世纪 20 年代的孟买是一座拥有豪华建筑的城市，也是全球文化的熔炉

琢磨着如何才能最快地获取经营许可证。这也许是大英帝国最鼎盛的时期，但当地人对英国统治的不满已在酝酿之中。20 世纪 20 年代初，圣雄甘地开始走上社会活动家的道路，并将孟买作为行动的根据地，就人民的工薪等待遇发动了抗议。1919 年，印度纺织工人举行了第一次大罢工。

其实拉希德对此事的态度是显而易见的——为了奉承当地行政官，他甚至愿意放弃用姓氏给餐厅命名。并且，根据印度著名餐厅编年史作者普里亚·巴拉与贾亚斯·纳拉亚南所述，拉希德确实已听闻“当地行政官喜欢与英国统治相关的名字”。

拉希德在排队办理并填写必要文件时，填写了一份长长的表格来概述他的餐馆提案，并最终给这家为英国人提供干净简餐的新餐厅起好了名：不列颠尼亚。他将文件提交后便回家等候消息，心想申请这类业务的经营许可证可能需要几个月的时间。没想到短短几天后，他就被传唤了回去。当亲眼看到英国官员给许可证盖上审批通过的印章时，他甚至激动得屏住了呼吸。随后，巴拉德庄园的业主——港务局终于同意与拉希德·克西诺尔缔结为期 99 年的租约。

就这样，不列颠尼亚餐厅开业了，并立即受到了当地英国人的喜爱，因为这里给了他们宾至如归的感觉——饭厅里高高的屋顶上挂着旋转的风扇，墙上挂着摆钟；他们认得所有菜品，可以在这里解决一天的饮食，且无需担心因突然的肠胃不适而匆匆奔向恶心的厕所。

店里供应三明治、面包、黄油、羊排、烤鸡腿，甚至还有巧克力慕斯。不久后，城内较富裕的印度人也开始光顾这家餐厅。在服务人员中，一些年轻的男女侍者会帮忙收拾餐桌，把待洗的盘子与杯子端给厨房杂工。这些侍者就包括店主拉希德九个孩子中的其中几个，例如博曼。1939 年，年仅 16 岁的博曼从临时帮工转成了全职员工。

从那时起博曼就一直在这家餐厅工作。21 世纪初，他的一个弟弟——莫万关闭了原先与博曼共同经营的一家餐厅后，也加入了进来。他比博曼年轻，较为虚弱且内向，经常安静地坐在餐厅门前的高椅上看着来来往往的行人。他于 2018 年去世，享年 87 岁。

莫万关闭的餐厅也是一家帕西小餐馆，名为“巴斯坦尼餐厅”（Bastani & Co.）。这家店只有一块大标语牌，对比起来，不列颠尼亚餐厅的“请勿与店家争论”就显得温和多了。巴斯坦尼餐厅不只有一条规定，而是有二十一条，并且十分严肃：

> 禁止与收银员交谈 / 禁止吸烟 / 禁止打架 / 禁止赊欠 / 禁止外带食物 / 禁止久坐 / 禁止喧哗 / 禁止吐痰 / 禁止讨价还价 / 禁止带走店内的水 / 不找零 / 禁用电话 / 禁用火柴 / 禁止讨论赌博 / 禁止阅读报刊 / 禁止梳头 / 禁食牛肉 / 禁止在椅子上搁脚 / 禁饮烈性酒类 / 禁止查询地址 / ——请务必遵循上述规则。

巴斯坦尼餐厅开设于 20 世纪 30 年代，也是城内历史悠久的餐饮场所，与同行的不列颠尼亚餐厅一样吸引了广泛的客户群。“几乎人人都光顾了‘巴斯坦尼’，”《印度商业》于 1995 年报道，“包括市政法院的律师、大都会电影院的观众、隔壁寺庙的帕西人、圣泽维尔学院的学生、记者……”这家伊朗餐厅是“孟买风貌的一部分”。当它于 2004 年停业时，有人给印度《电讯报》报社写信哀叹道：“我们的生活变得不再完整。”

那些常客会想念店内的传统曲木椅、有缺口的茶杯、格子花纹的桌布、挂着镜饰的木柱子，以及放在架子上的、装满饼干的大玻璃罐子。他们也只能在脑海中描绘着这家小餐馆的玛瓦蛋糕（mava cakes）、夹心玛斯卡（bun-maska）、鸡肉香饭（chicken biryani）或咖喱烩肉（kheema-pau）。

不过，他们仍可在一家名叫“新精英”（New Excelsior）的伊朗餐馆吃到咖喱烩肉，在“凯安尼餐厅”（Kyani & Co.）吃到一些烘焙食品。20 世纪初期，又有几十家伊朗餐馆开业，其中许多都供应帕西人熟悉的各类美食。

近年来，“不列颠尼亚餐厅”最受欢迎的菜肴是博曼的妻子芭莎发明的浆果香米饭，令顾客赞不绝口。博曼将这些菜品描述为印伊风味——源于伊朗，但也适合印度人的口味。

因为在 1947 年印度独立后，当地人也就无需再迎合英国人的口味了。实际上，英军在第二次世界大战期间征用了这家餐厅；当博曼收回这个场所后，芭莎就改动了菜单。

博曼表示：“英国人撤离后，我们便逐渐取消了欧式菜品，开始供应帕西美食。”不过那些口感较温和的菜品仍有一小部分保留至今（例如三明治、面包与黄油），但招牌菜肴已变成香米饭、兵豆香蔬炖羊肉、烩饭与辣豆炖汤。

如今，这类小餐馆正面临孟买现代化的威胁。例如在 20 世纪 90 年代，当地房地产业蒸蒸日上，开发商相互竞争，把矛头指向了年代久远的餐馆，而这些简陋的场所恰巧位于印度最有价值的房产之中。倘若业主拒绝出售产权，就要面对司法程序。其中一位广为人知的受害者是名为“新帝国”的帕西餐馆，多年来一直坐落于完美的地点——孟买维多利亚火车站对面。这个地方现在成了麦当劳。

新建的咖啡连锁店侵蚀了餐饮业的利润，虽然餐馆经常用作宝莱坞电影的拍摄地，但这无济于事。许多餐馆开始在中间一层楼供应啤酒，因为新版经营许可证的申请代价过于高昂，只有那些拥有更高利润的新式酒吧才负担得起。

博曼在 93 岁的高龄时，已让儿子接任了不列颠尼亚餐厅的主管一职，但他本人依旧在打点店内事宜。“我已经 93 岁了，但我仍会每天把五到六个小时花在这家餐厅里，我很喜欢去和我的顾客交谈，”他说道，“人们认为我应该退休养老，但我不想待在家里无所事事。每天早晨起床后，我都感到精神焕发，而且坐立难安。

孟买的巴斯坦尼餐厅于 20 世纪 30 年代开业，于 2004 年停业。对此，一位作家感叹道：“我们的生活变得不再完整。”

其实我只是放不下这家餐厅而已。”

2004 年，凯安尼餐厅的所有者法尔哈德·奥托瓦利热切地关注着原为竞争对手、现在却门窗紧闭的巴斯坦尼餐厅——这家餐厅退出了竞争的舞台，他的机会也就来了。他表示：“时间既是破坏者，也是最伟大的治愈者。”

根据印度作家萨哈达·德维威迪的说法，像巴斯坦尼餐厅这类场所的关闭，“对我们的文化与烹饪遗产来说是一笔巨大的损失。伊朗餐馆象征着孟买社会的和谐，任何其他事物都无法做到这点。”

博曼对英国王室的卑躬屈膝，令现代英国访客感到些许窘迫，可惜他们没能在当年强权统治的背景下，一睹不列颠尼亚餐厅的风采。它代表了历经数百年才形成的和谐社会，值得被人们珍惜。新一批餐饮场所的风头更盛，却因越过了时代的洗礼而缺乏深厚的文化底蕴。

但对于博曼·克西诺尔来说，时间才是迫在眉睫的问题——为期 99 年的租约将于 2022 年到期……

11

The Invention of the Taco Machine

玉米卷制作机的发明

“二战”后，越来越多的美国郊区居民拥有了汽车，这也掀起了餐饮业的又一场革命——快餐。企业家们从汽车生产线中看到了房地产与餐饮业的商机，于是当地有了汉堡铺。这种新颖的吃法传遍全国后，来自墨西哥的移民又在其中某些食谱上发挥了自己的创意。进而，纽约的一位墨西哥人发明出了玉米卷制作机，见证了又一次民族文化的交融。

对反移民的种族主义者来说，最烦恼的事也许莫过于：自己明明很厌恶棕色人种的存在，却对他们制作的咖喱、炒饭、松饼或玉米卷垂涎三尺。

历史表明，受到蔑视的墨西哥移民为迎合东道国口味而改良的食物，得到了那些偏激公民的青睐——只要给这种非传统的食品贴上掩盖其发源地的标签，就能在美国热卖。

在那之后的未来，这类食品被人们视为当地风味，在街头出售或以外卖形式送到顾客家门口。而它们得以盛行，并非仅仅因为食客不知道其发源地，也因为它们确实好评如潮。今天，许多人已将这种以当地风味著称的食物，视为一道代表国家风味的美食。

关于饮食文化迁移的故事源远流长，错综复杂。不过，从当今全球化以及运输物流的效率能够看出，这些美食已然比以往任何时候都声名远扬。对此，有人感到恼怒，有人开始嘴馋，有人已经开心地掏着荷包支持着这项生意的发展。

20 世纪初，热衷于自家传统食物的纽约意大利移民改良出了具有民族代表性的菜肴

无论饮食文化迁移的性质好坏与否，食谱之所以能得以分享，都是因为历史上那些无畏的旅行家，包括殖民主义者与征服者——16 世纪，埃尔南·科尔斯特[1]从南美把可可豆、西红柿与火鸡带回家乡后，彻底改变了西方世界。

克里斯托弗·哥伦布于 1492 年起航前往美洲，科尔斯特则紧随其后。在随后的几年中，出现了“哥伦布大交换”。这可不是用一捆钞票换取一小包白色粉末的交易而已，而是新旧世界之间食物、人、观念以及传染病的交换现象。欧洲，即“旧世界”，似乎从中获益较多，不仅引入了玉米、蔗糖和土豆，还进口了香烟所用的烟草、冰淇淋所用的香草，以及杜松子酒和滋补品所用的奎宁。而旧世界对美洲原住民的回馈，就是欧洲人带去的天花、麻疹与霍乱；反过来，新世界至少也以梅毒进行了“回礼”。

不过，历史上许多旅行家并没有征战其他大陆，而是被迫放弃

1　西班牙航海家、军事家、探险家，阿兹特克帝国的征服者。

了自己的家园，慌乱逃离的同时，不忘在行囊里塞满能让他们回忆起家乡的种子与豆子。他们并不需要食谱——这些烹饪手法与宗教、诗歌和回忆一样，在他们脑中根深蒂固。

20 世纪初犹太难民从俄罗斯前往纽约时，就带上了他们用来制作饼干的罂粟籽，才得以在崭新而陌生的异乡环境尝到家乡的美味。

汤姆·贝尔纳丁曾游览过纽约历史悠久的埃利斯岛。他在编纂《埃利斯岛移民食谱》时，记叙道："我发现食物对移民的体验至关重要，这不仅反映在营养方面，也体现在携带与保存方式上，毕竟早期的异乡生活需要依赖它们。"

于 20 世纪 90 年代从刚果逃离的一些农民在纳米比亚难民营中长期生活，他们行囊里装的则是茄子的种子。于 1975 年逃离柬埔寨的人群，把种子带到了泰国难民营；其中一位名叫沃恩·塔斯的难民后来迁至了得克萨斯州的达拉斯市，并在当地埋下了柬埔寨红葱头的种子，种出了红葱头。跟她一样逃离内战的难民也设法带上了一点儿家乡的"特产"。2018 年，唐·兰伯特在达拉斯东部展开了一项社区种植鼓励计划，他说："大多数人迁往另一个国家时，会带上少量的种子，而这些种子应该还在他们手中。"

由于农作物与家禽牲畜的出口，某些国家的饮食文化在其他国家得以发展。例如在 19 世纪末期，美国加利福尼亚州与佛罗里达州发展出了种植坚果和柑橘等水果的果园。由于当地的土壤与气候适宜种植，寻求新机遇的意大利农民也迁往了这些地区，充分发挥起了自己的农耕技能。

根据明尼苏达大学历史学教授唐娜·加巴西亚的叙述，在 1870—1970 年，"总共有超过 2600 万的意大利人口移居至其他国家，并且通常是为了寻找就业机会。他们长期穷困潦倒，但直至 19 世纪后期，这种贫困才成为他们长途跋涉的动力。"

在这些移民中，有三分之一去了北美，四分之一去了南美，还有 40% 去了欧洲国家。

到 1920 年，光是纽约就有 500 万意大利移民，其中许多人从事食品行业，为家乡创造了出口需求，例如西西里岛和帕尔马岛的西红柿、橄榄油和意面。但肉类的出口费用过于高昂，很多人只能依赖廉价的牛肉末——事实上已经腐坏，但切碎后就看不出来了。意式小餐馆会用它们来制作肉丸，再配以番茄酱意面。

在阿根廷布宜诺斯艾利斯市，较贫穷的意大利移民会将牛肉捣碎，与进口自那不勒斯的罐装西红柿一同烹饪，做成类似米兰小牛排的一道菜，而来自那不勒斯的居民则难以习惯纽约或布宜诺斯艾利斯的菜式。为了谋生而迁居的移民虽然受制于经济条件，但对家乡风味的创作热情从未减退，于是设法改良自己的菜式，让它们更好地融入当地市场。

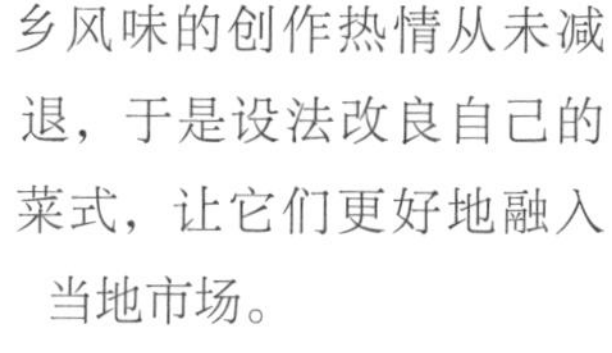

由于进口费用高昂，美国生产商开始制作与帕尔马奶酪相似的奶酪产品，加利福尼亚的种植商开始种植类似那不勒斯西红柿品种的梅子形西红柿。

然后，意大利移民赫克托·博阿迪用美国生产的意面与意式西红柿新

“大厨博阿迪”品牌的创始人赫克托·博阿迪生产了一种酱汁意面，为 1500 万名美国士兵的饮食做出了巨大的贡献

品种做成了一款罐装食品，由此创立了自己的品牌——“大厨博阿迪”。博阿迪在俄亥俄州拥有一家餐馆，由于许多顾客询问是否能提供酱汁意面，他开始制作和销售这些酱汁意面并把它们装在旧奶瓶里。这款畅销而简约的产品十分便利，因而吸引到了一位大客户——需要在“二战”期间养活 1500 万名美国陆军的主要供应商中的一家。承接下这份工作繁重的订单后，博阿迪开在宾夕法尼亚州的工厂不得不夜以继日地运作。

士兵甚至意大利移民的孩子都爱上了这款罐装意式风味食品，它的名声也逐渐传遍美国。如今，大厨博阿迪产品的制造者是美国强大的包装食品生产商——“康纳格拉”（Conagra），总部位于芝加哥，分销着数十种意式风味食品，包括方形饺、通心粉、比萨酱与汤团。

不过，它们算正宗的意大利食品吗？ 1958 年必胜客在堪萨斯州威奇托市供应的第一批“意式”比萨算吗？倘若真正的意大利人也给出肯定的答案，那么意大利纯粹主义者必然会感到被冒犯，并惊呼 “妈妈咪呀”（意大利语“我的天啊”）。

餐饮业的发展往往离不开民族文化的碰撞与复杂性，墨西哥的食物则更能说明这一点。

1951 年，一位名叫格伦·贝尔的男子在加州洛杉矶东部的圣贝纳迪诺经营着一家汉堡店，店外悬挂着一块新的标语牌，上面写着“玉米卷 19 美分”。

距离贝尔的汉堡店不到四英里处，是麦当劳兄弟——理查德与莫里斯经营的汉堡店，第一家麦当劳（于 1940 年开业）。三年前，一位名叫雷·克罗克的男子与兄弟俩建立了合伙关系，开始在全美国拓展业务。

这家麦当劳于 1948 年改建，与市内其他汉堡摊的区别在于，它的菜品要少得多。优惠仅限于汉堡、薯条和奶昔；店内不出售任何需要依赖餐具的食物。其厨房内设计了保温灯，因此汉堡可以提前做好，而顾客也无须等待任何食物的烹饪。附送品只包括番茄酱、洋葱和酱菜。所有食物并非用盘子呈递，而是装在纸袋或纸杯中，因此不会有陶瓷餐具返回厨房等待清洗。

节俭的运作模式使麦当劳能够将汉堡的售价压低至 15 美分，仅为竞争对手的一半，可谓非同凡响且颇具革命性的经营方式。门外的街边是顾客排成的队伍，而且轮次很快。1954 年，克罗克买下了麦当劳的特许经营权。时至 2018 年，全球已有大约 37855 家麦当劳，分布于 100 多个国家，服务过 6900 万名顾客。

在麦当劳兄弟生意兴旺的初期，贝尔就在一旁羡慕地望着。“你能在餐厅后面的车棚里看到他们新买的凯迪拉克，”他曾说道，“他们俩还拥有并共享着一栋豪宅，里面的卧室多达 25 间。”

贝尔没有这种运气。他那间售卖汉堡的小棚屋还是自己亲手搭建的（看上去也确实如此），顾客常因排队超过 15 分钟而选择离去。1948 年，一场暴风雨席卷了这座城市，以 80 英里每小时的风速彻底摧毁了他的店铺，证实了这家小破店的搭建是多么偷工减料。

历史上第一家必胜客于 1958 年在堪萨斯州开业，但店内供应的比萨也许会令当时的意式菜肴纯粹主义者感到被冒犯

不过，他向美国银行申请到了贷款，两个月后完成了重建，并在菜单上增加了热狗与根汁汽水。他每天凌晨 5 点开始营业，晚上 11 点服务完最后一位顾客，而这样的作息令妻子多萝西难以配合。孩子出生后，妻子说服他辞了职，去当地的加油站找工作。

他照做了，每天在加油站努力地工作，但脑中开店的想法却挥之不去。他的双手一边为顾客的汽车注入汽油，双眼一边痴痴地望着对面的一块空地。最终，他还是背着妻子租下了那块贫瘠的小空地，在上面建起了新的摊铺。妻子发现后，勉强同意他辞去了加油站的工作。

同时，他继续监视起麦当劳的经营动向，而种种迹象表明他确实落后于经济形势的变化——兄弟俩源源不断的创意，从纸杯到先进的酱料自取器，无不令他感到挫败。此外他还发现并得出结论：这座城市的汉堡店已经太多了。

他需要另辟蹊径。在光顾了多家墨西哥餐厅［附近一家名为“米特拉小餐馆”（Mitla Café）的餐厅令他印象尤为深刻］后，他猜想：倘若能复制这种玉米卷，换以流水线的方式进行生产，那么可能会迎来新的商机。

“如果你一次想要十来份玉米卷……那你可要等上好一会儿了，”他后来回忆道，“他们需要先给面皮塞满馅料，快速炸熟，然后插上牙签来固定形状。我认为这种食物很美味，但制备方式必须有所改进。”

他向多萝西解释了自己的想法，而这位妻子还在试着接受丈夫新开了一家汉堡铺这个事实。在家中吃晚饭时，他说道：“玉米卷有机会成为新潮食品，从而使我们拥有与众不同的卖点。我需要做的，就是想出一种快速制作的方法。”

妻子则提到了他们的儿子雷克斯，以及丈夫天天做着发财的白日梦，而全家最终只能在西班牙贫民区挣扎着度过余生，这不是她想要的生活。但心不在焉的贝尔没有听取她的意见。他刚说服一位

1948 年改建的麦当劳莱式简单，所售食物都会预先烹饪完毕，无需餐具，且汉堡的售价仅为 15 美分

鸡笼制造者为他制作了一种钢丝小型件，而通过这件器具，他可以一次将六份玉米卷外皮浸入油里，直接炸得硬脆，保持住整体形状。就这样，他发明了预制的玉米卷外皮，无需现炸，只需塞馅。他的玉米卷不像汉堡那样容易七倒八歪，并且几乎每个都相同，不会有过量的洋葱或奶酪。

销售量一开始很小，但人们只是需要点时间来认识它。“生意不错，”他告诉多萝西，“虽然发展缓慢，但势态良好。玉米卷会是未来的潮流。”

也许吧，多萝西心想，但你摊不上这等好事。

1953 年，多萝西提出离婚。贝尔接受并做出了让步，给了她所有的财产，包括房子、银行存款，以及餐厅生意。然后他移居至 70 英里外重新开始，不再执着于汉堡，只专注做好玉米卷。

如今，贝尔的玉米卷品牌——“塔可贝尔”已成为餐厅特许经营权的典范。从俄罗斯到中东，从南美到芬兰，全球共有 7000 多家门店，至今总收入将近 20 亿美元。

贝尔的业务增长，也得益于战后消费主义急速膨胀的影响。在1954—1967 年的美国，餐厅业务量翻了一倍，与食品加工业同步发展。冷冻快餐（也叫“电视晚餐”）成了国民习惯，并且是有钱可赚的国民习惯。贝尔的尝试之所以能取得巨大成功，主要是因为美国中产阶级白人喜欢外国风味，尤其是那些恰好对胃口的改良食品。不过他也经历过许多次失败的其他尝试。

快餐行业竞争选手的落败轨迹，就像被丢弃的包装纸、汉堡盒与饮料瓶一样悲哀——有些品牌从未撑过第一家店铺，有些则连街边生意都没做起来，而许多零售店最终也都被大品牌收购与吞并。其中某些品牌名称应该会令美国快餐爱好者感慨万千，例如“乔治鸡”（George George）、“贵宾”（VIPs）、“狗狗小餐馆”（Doggie Diner）、“红谷仓”（Red Barn）、“本尼根餐厅”（Bennigan’s）、“格雷顿豪华餐厅”（G.D.Ritzy’s）、“小狗和玉米卷”（Pup‘N’Taco），以及“霍华德·约翰逊餐厅”（Howard Johnson’s）。这些餐馆背后的故事夹杂着激情、希望、努力、成功与失败，发展途中也有许多位指手画脚的“多萝西”，并且结果证明她们中多数人的想法才是正确的。

在玉米卷横扫四方之途中，贝尔再次坠入爱河，与一位名叫玛莎的女子结了婚，生下了两个孩子。有人曾问他玛莎的魅力是什么，他的回答是：“她喜欢玉米卷。”

但其实，贝尔早期以玉米卷为噱头出售的炸玉米卷，与墨西哥人眼中和墨西哥本土出售的那类完全不同。贝尔的玉米卷外皮是硬的；而在墨西哥，脆硬的外皮是用于外形扁平的炸玉米粉圆饼（tostado）的。此外，贝尔的馅料里只有冷切牛肉与沙拉。但墨西哥人可能会告诉你玉米卷是这么做的：先将用烤架加热玉米粉做的薄饼，放上切碎的洋葱与香菜，再放上备好的肉料——刚用铁板炙好、仍在咝咝作响的多汁腌牛柳。贝尔的玉米卷没有炙烤肉料这道精髓，当然，也没有撒任何香菜叶。

贝尔在墨西哥玉米卷概念的基础上开发出了自己的产品，那么墨西哥玉米卷制作者又是如何构想出这种食物的呢？这就一言难尽了，毕竟牵扯到文化的复杂性、新旧世界的交流，以及常识的运用。历史上很长一段时间里，人们都在使用由面粉或玉米制作的食材来包裹肉类或蔬菜。然而，《玉米卷星球：墨西哥食品全球史》的作者杰弗里·皮尔彻表示："玉米卷只在20世纪称霸了全美国。"

那么，贝尔传奇性的玉米卷机械化生产，是不是促使玉米卷一跃成为快餐文化基石的大功臣呢？贝尔发明了史上第一台硬皮玉米卷制作机这一传奇，仍具有争议——有人说他是从墨西哥企业家那里获得的想法。当然，从他嗜好观察竞争对手的行为来看，这并非不可能。

贝尔是于1951年出售的第一份墨西哥玉米卷，而一年前，类似的机器专利就已经存在。这台机器是由出生于墨西哥的餐厅老板尤文西奥·马尔多纳多在纽约发明的。

马尔多纳多于1924年来到纽约，当时他26岁，原本可能是一名士兵，在墨西哥内战结束后来这里寻求新的生活。四年后，他与女友帕兹完婚，并在纽约上西区开设了一家墨西哥食品杂货店。这也并非为了迎合当地的墨西哥人，因为当时这里也没什么墨西哥移民；夫妻俩只是认为，他们的洋葱辣酱、炸玉米饼与巧克力等食物会受到邻里的欢迎，毕竟那是一个属于汽车、香烟、有轨电车、宽阔街道和现代化的时代，纽约市民追捧着新奇事物与异国风情。夫妻俩以这种方式经营了很长时间，虽然吸引了当地顾客，但过程实则艰难——他们的食品原料对当地人来说过于特殊，顾客吃饱回到家后就忘了食品的名字。但马尔多纳多夫妇仍然坚信墨西哥美食能够得到纽约市民的青睐，于是下定决心简化并突出他们的卖点。1938年，他们关闭了食品杂货店，在西46街剧院区的一处小场所开设了一家餐厅，以他们母语中的花——"泽奇特尔"（Xochitl）来命名。

身形壮实的马尔多纳多用墨西哥宽边帽与美洲印第安木质头颅装饰了店内，并在餐厅中间挂了一幅巨大的墨西哥古文明风格画作——阿兹特克鹰与蛇，象征着经典的传说：阿兹特克神灵告诉子民，要在看到老鹰吃下响尾蛇的地方建造一座城市——墨西哥城。

店内会供应炸玉米饼（chilaquiles）、用仙人掌制作的沙拉，以及墨西哥混酱。他们需要每天现做炸玉米饼，包括玉米卷（硬皮与软皮）、肉馅玉米卷饼（玉米粉做的软皮，塞满肉类、蔬菜、豆类或沙拉，再涂上红辣椒酱）和炸玉米饼（玉米粉做的脆皮，馅料以西红柿、沙拉、炸豆与碎奶酪为基底，再选择加入其他各种美味食材）。

终于，纽约市民认可了这种美食，源源不断地涌向泽奇特尔餐厅，并且尤其喜欢玉米卷的酥脆口感。由于需求量过大，曾从事电工行业的马尔多纳多用业余时间发明了一种可以同时油炸大量玉米卷的机器。1947 年，他为这种“通过油炸玉米薄饼来制作炸玉米卷的方式”申请了专利，申请文件中包含五张精美的技术图示，每张图的下一页提供了详细说明。文件中展示了一台装有多处搁架的手持设备，搁架上放着准备浸入油中的玉米饼。这些图纸为尤文西奥·马尔多纳多冠上了“发明家”的荣誉称号——他证明了这是一项“新发明”，并于 1950 年获得了专利。（2019 年 7 月 11 日，正是在笔者写下这句话的当天，这项专利才最终到期！）这台设备不仅大大增加了单次可炸玉米饼的数量，还帮助维护了厨房秩序——原先，虽然顾客深爱着玉米卷，但厨师们却对制作流程感到心力交瘁：他们暴露在外的皮肤被溅出的热油灼伤而留下了疤痕，围裙也溅满了油渍；即便在睡觉时，他们似乎都还能闻到一股油炸味。当马尔多纳多向团队展示这台设备时，大伙欢呼雀跃。后来他说，“原先厨师们惧怕接到炸玉米卷的订单，违抗职责并相互推脱”，是他的发明恢复了“厨房里的和平”。

在之后的几年中，马尔多纳多还以外卖形式出售玉米卷，作为餐厅的附加业务。他的发明使玉米卷赢得了广泛的客户群。

在相同的时期，以创新发明解决相同的问题——这也许只是一个巧合。然而，格伦·贝尔为他开在圣贝纳迪诺的玉米卷店引入的设备几乎完全相同。

但如果说贝尔犯了剽窃罪，马尔多纳多的罪行又是否更加严重呢？油炸原始的玉米卷来迎合与引诱纽约食客，是否滥用了墨西哥的烹饪精髓？在传统概念里掺假，将墨西哥食物美国化，算是一种背叛文化的行为吗？根据已故墨西哥诗人奥克塔维奥·帕斯的说法，“文化融合是一种社会理念，而在烹饪艺术方面，可能会引起人们的厌恶。”

不过另一位当代墨西哥作家古斯塔沃·阿雷利亚诺为马尔多纳多甚至贝尔的玉米卷传奇给出了辩词：“我们应该将美国大量存在的墨西哥食物视为墨西哥文化的一部分，它们的地位是平等的，并非欺诈手段或次等衍生品。”阿雷利亚诺认为，“所有可精确归类为墨西哥元素的事物，无论是人、食物、语言还是风俗，即便几个世纪以来摈弃了传统的梅斯蒂索肉酱，也都是墨西哥的文化。”

此外，皮尔彻总结道，墨西哥食物定义的分歧“已经持续了200 年”。他还提到，墨西哥风味本身的定义也值得考究。毕竟，国界的划定是随着战争或外交而改变的，而非以食物传统为依据。美国于 1848 年入侵墨西哥后通过强制施行《瓜达卢佩伊达戈条约》吞并了南得克萨斯，将墨西哥的一部分划入了美国领土。“在[下里奥格兰德]河边地区有一道具有民族特色的菜肴，”皮尔彻写道，“北岸居民将之视为民族传统食物，但两国人都把它当作家常菜。”

皮尔彻在追溯正宗墨西哥风味的根源时，一直在探究最原始的玉米卷。他到访了墨西哥西北部索诺拉州的埃莫西约，这是一座以鲜花、大自然、运动与美食而闻名的城市，其食物可谓神圣的存在——市旅游局自豪地指出，联合国教科文组织将当地的墨西哥美食誉为“人类非物质文化遗产”。如果你想要品尝地道的墨西哥风味，那么这座城市值得一游。对于皮尔彻来说，从家乡明尼阿波利斯到访当地的确是一段难忘的旅程，毕竟他还在湖滨大道上开设了自己的墨西哥餐馆，供应涂抹了新鲜番茄酱的烤肉玉米卷，并且非常美味。

在埃莫西约，一位当地的图书管理员与皮尔彻取得了联系。这位图书管理员既是烹饪老师，又是正宗墨西哥美食的权威评定人士，他承诺向皮尔彻提供城里最好的玉米卷。

然后他们去了一家中国餐厅。

如今，连美国第 45 任总统特朗普都在鼓励全国人民排斥墨西哥人，甚至许诺修建隔离墙，保护美国公民免受墨西哥人恶劣罪行与毒品的侵害。然而，继美国经典系列——赛百味、麦当劳、汉堡王、康恩都乐与必胜客之后，当下最风靡的快餐正是“塔克贝尔”。

12 Postwar Britain 战后的英国

出生于意大利的餐厅老板查尔斯·福特签下了英国节的餐饮服务合同，而这个节日正是英国向全世界展示其战后经济复苏之兴旺的机会。福特的高效餐饮运作，令他在英国建立起了庞大的食宿产业，然而英国仍在施行的配给制给餐饮业带来了长期的消极影响。尽管在 20 世纪 50 年代，经济持续增长了十年，但仍有人抱怨公共食品的质量低下。十二年后，一位嗜好挖苦的评论者在电视上用一个词做了概括：令人作呕。

英国逐渐从战争引起的资源匮乏中恢复过来后，外出就餐成了英国平民眼中新潮的消遣方式。人们远离了恐惧、忧虑、痛苦与危险的阴影后，用已故旅游协会创始人维克多·米德尔顿的话来说："即便是长途马车旅行，也像是一场充满期待的奇妙魔术与刺激冒险。"

在这个时期，看到食品杂货店里摆放的香蕉都是如此的令人兴奋，更别说光顾餐厅了。如今很难想象，无须谨慎地经过战场前线的沙袋工事就能进入餐厅，也无须一边吃着饭，一边做好随时逃到远处防空洞的准备，这些都非常遥远了。

不过，身处 21 世纪相对舒适、安定与优越环境中的我们，回过头瞟一眼 20 世纪 40 到 50 年代的英国餐饮情境，应该会觉得单调乏味，甚至很糟糕。即便到了 20 世纪 60 年代，同时代一些作家仍难以释怀，对此进行着无情的批评。

例如一次突然出现的骂声——1962年12月22日夜晚，英国广播公司（BBC）电视节目预告列出了当天11点40分停播时间前最后一档节目的安排：于晚上10点50分播出《就在那一周》。由大卫·弗罗斯特主持，嘉宾是作家伯纳德·莱文，他们所在的伦敦牧羊人丛林[1]BBC电视中心演播室已运营两年。莱文当晚直播的目的，是以独白的方式讲述自己眼中的英国餐饮业现状。

“如果能用一个词来形容英国的食宿产业，那就是‘令人作呕’，”他说道，“在非常时刻，也许还能用上其他词，例如怠惰、低效、欺诈、肮脏、自满、昂贵，而‘令人作呕’足以概括全部。”

他谈起近期在达特茅斯一家酒店留宿时，问店家能否在次日早晨8点15分供应早餐。对方斜视着他，发出哀叹：“您这可不是在欧洲大陆啊，先生！”

莱文的经历，与出生于匈牙利的英国作家乔治·麦克斯笔下的诙谐叙述相似。麦克斯在1949年发表的书作《外侨手册》中评论道：“欧陆拥有美食，而英国只有餐桌礼仪。”

第二次世界大战期间，英国甘愿施行配给制度（持续至1953年，直至粮食供应逐渐恢复正常水平为止），部分原因是爱国主义与经济困难。降低自己的生活标准与期望，总好过一直对国家的餐饮服务质量感到痛苦与失望。

英国通过微薄的粮食配给，有效地防止了暴乱。官僚机构每周都积极提供配给，政府则承诺向每个成年人提供仅4盎司[2]的培根与黄油，以及12盎司的蔗糖等食物。（尽管在这一切的背后存在许多危机时刻，例如，运输食物的商船在穿越大西洋时不幸遇险，带着船上数吨肉类、小麦与蔗糖一同沉入了大海。）

政府开办的食堂提供简朴且可以填饱肚子的食物，态度乐观的温斯顿·丘吉尔称之为“英式餐馆”。其中一家食堂位于科尔温湾，

1　伦敦的一个街区。
2　1盎司约为28.35克。

也就是粮食部秘密所在的地点，提供售价为一先令的午餐，包括汤羹、烤红肉与蔬菜、一份布丁与一杯咖啡。

这些英国餐馆或社区供餐中心的发展，标志着战争年代所形成的一次巨大社会变革：离家就餐的常态化。

战争期间，离家就餐的人数增幅超过一倍；1944 年 12 月，人们在家外解决了大约 1.7 亿顿饭。

《英国餐馆》的作者约翰·伯内特表示："战争爆发前，享有特权的少数群体才会在公共场所就餐；后来，英国餐馆与工厂食堂，尤其是其中数以百万计的男女工人，把在外就餐变得平民化。"

当人们还未把食物的质量视为问题时，更注重食物的功能性。战争期间，作家弗朗西斯·帕特里奇光顾了斯温顿镇的一家这类小餐馆后，写道：

> 那是一家宽敞高大的餐厅，里面的上千名食客，包括我们，得到了一顿足量的米色餐点，首先是一份米色的汤水，跟肉酱一样黏稠；然后是内含块状肉的米色肉末，以米色的豆类与少许土豆来装饰；还有米色的苹果炖粥和一种汤羹。这顿饭十分果腹，也十分令人沮丧。我们不禁想象着未来世界的模样——一片米色。

英国取得了第二次世界大战的胜利，人民的身体也比以往任何时候都更健康，这要归功于量少但营养的粮食配给，以及他们比以往更大范围的活动。全国无需发展优质的餐厅，当然，也没有多余的资源或资本来发展。

人们普遍在心理上降低了对食物的期待，生理上也减少了摄入需求，因为他们的胃变小了。"君往何处"餐厅（Quo Vadis）的创立者——巴比诺·莱昂尼于战后重新开放了这家经营场所，至今仍然生意兴隆，并且只设置了三道菜。后来他告诉自己的传记作者："战争与配给制大大削弱了英国人的饭量。"没人吃得下五六道菜组成的晚餐，他补充道："人们想要的是烹饪考究、色泽诱人但分量较小的菜肴。"此外，于 1947 年开设"随想曲餐厅"（Le Caprice）的马里奥·加拉蒂也在 1960 年评论道："我们的胃肯定缩小了……如今人们的胃口不比战争前。"

伊丽莎白·戴维于 1950 年发表的书作《地中海美食宝典》也许为某些国家增添了几分浪漫主义色彩，但在大多数人眼中，这部作品比堂吉诃德式的异想小说更虚妄——在她笔下，法国乡村小屋的木梁上挂着芬芳的药草，箱子里装满了熟透的西红柿，家人相聚桌前，吃着油而不腻的豆焖肉与色泽鲜艳的沙拉。而在英国，哪怕是富人，都难以做出她食谱里的佳肴。

超市不会提供这类人们梦寐以求的食材，例如装在瓶子里的橄榄油，更别说鳄梨（牛油果）了。

并且，即便企业家真的看到了战后市场的缺口，真的开设了与伊丽莎白·戴维笔下浪漫故事相吻合的餐馆，他们也会受制于战争时期施行的某些法律。1942 年 5 月实施的价格管控法令规定，酒店或餐厅每顿饭的售价不能超过 5 先令（当今的 25 便士），不能供应超过 3 道菜，并且所有餐厅必须在午夜前停止营业。

这项法律旨在防止富人无视配给制到大饭店肆意吃喝。但即便在史上著名的"闪电战"期间，富人们也还是不约而同地维持着自己的生活方式。英国记者谢丽·雅各布斯记录道："当苏联军队占领苏姆玛时，'伯克利酒店'（Berkeley Hotel）仍在供应新一季的鱼子酱、龙虾、黎塞留鹌鹑肉，与其他令人称羡的法式餐点；身穿皮草、佩戴珍珠首饰的顾客喝着石榴汁调兑的猴腺鸡尾酒（Monkey Gland），与苦杏酒调兑的'伊顿佬'鸡尾酒（Old Etonians）。"英军与法军为争夺巴尔米拉打得不可开交；其间，一位伦敦富人在日记中叙述了自己最近在萨伏依酒店（Savoy）体验的一顿晚餐："在三名上菜员与酒侍的服务下，我们享用了飘仙酒（Pimm's）、冰镇清炖肉汤（consommé frappe），配以嫩土豆与笋尖的白葡萄酒汁三文鱼、果仁糖冰与咖啡。”

许多富人为摆脱“3 道菜 /5 先令”的束缚，将自家的食物带去餐厅享用，尤其是伦敦时髦酒店里的餐厅。伦敦丽兹酒店（The Ritz）与萨伏依酒店等场所被允许另收 8 先令 6 便士的附加费，使厨师们能在每道菜里添加更多食材（即便根本不存在这道菜）。

1950 年，工党政府在当届大选前废除了 3 道菜与 5 先令的约束，然后险胜了大选。但餐饮服务商仍受制于这些约束，直至 1954 年配给制彻底取消。

战争岁月限制了人们的消遣体验与想象力。正如已故作家伦纳德・里克里西在其书作《英国旅游业》中所述：“20 世纪 40 年代末期，英国已将全部储备用于战争，濒临破产。”当时只有少数（或者甚至没有）人出国旅行，假期变成了周期性的国内活动。只有一半的人口能够负担得起大约每年一次的外宿旅行，通常于 7 月或 8 月进行。直至 1950 年，汽油配给制仍在持续，拥有汽车也成了一种特权。但人们所拥有的许多汽车都是战前制造的，质量并不可靠，并且只在夏季使用。直至 20 世纪 50 年代，高速公路才开始修建。

20 世纪 50 年代，伦敦以及其他主要城镇仍然饱受战争创伤，一片狼藉中，满是轰炸残留下的碎石堆、已成断壁残垣的建筑物与几乎要坍塌的仓库。在这个时期，开车去伦敦希思罗机场，坐在椅子上看着栅栏内一架架飞机的起起落落，都算是一项有趣的消遣。

至于食物：奶酪只有一个狭义的概念——工业化生产的切达奶酪（cheddar）；麦芽酒从未进入配给制，并且都掺了水，直至 1950 年才恢复质量。像伦敦“辛普森餐厅”（Simpson's）这类场所的菜品则被视为美味佳肴，例如“奶油午餐肉炖菜”，以及圣詹姆斯街“普鲁尼耶餐厅”（Prunier's）的招牌菜“大地女孩土豆沙丁鱼”（味道不如菜名那么吸引人，只不过是与干蛋粉一同煮制的土豆泥）。

进行着重建工作的工人。在战后的伦敦，遍地可见轰炸残留下的碎石堆、已成断壁残垣的建筑物、几乎要坍塌的仓库

1947 年的盖洛普民意调查向具有代表性的人咨询了“完美一餐”的定义，结果表明他们的意见一致，并且顺序如下：一杯雪莉酒；番茄汤；鳎鱼；包含烤土豆、豌豆与豆芽的烤鸡；奶油松糕；奶酪与饼干；配餐的葡萄酒；最后以咖啡来结束一餐。

热切希望制作时髦菜品的餐厅与酒店仍主要集中在法国，毕竟追求美食从来不是英国人的习惯。爱尔兰都柏林的“拉塞尔酒店”（Russell Hotel，开设于 19 世纪 80 年代，停业于 20 世纪 70 年代）供应的几乎全是法国菜，无论是浓汤、鱼类还是烤肉。我们可以想象，为一顿特别的晚餐存钱的顾客看到那些菜肴后脸上的表情：主食——榛子配羊肉（noisettes d’agneau bouquetière）或克拉玛炖小牛胸腺（ris de veau braisés clamart），蔬菜——菠菜绒汤（velouté d’espinard）或干煎苦苣（endives meunière），或是甜点——基督山伯爵（coupe Monte Cristo）。也许顾客会因自己所识法文的贫乏而难以点菜，只选择包含英文单词的菜品，例如：法文“grillades”（烤肉）下方标着英文“羊排”；法文“buffet froid”（冷餐）下面用英文标着特色“烤牛肉”；法文“savouries”（开胃菜）一栏有英文“苏格兰烤酱蛋”与“威尔士干酪吐司”（这无疑会令法国厨师感到失望）。

1952年发生了一次小小的文化“叛变”——英国西南部城镇托基的“帝国大饭店”（Imperial Hotel）重新开业后，将其餐厅转型为“地中海风情英式餐馆”，并明确宣布：未来所有菜单都将是英文的。开张当晚，无选择性的菜品揭示了一次引人注目的革新。菜品如下：波特甜瓜鸡尾酒，西印度龟汤配金乳酪酥条，圣克里斯托弗鳎鱼脊肉，“帝王托基”鸡胸肉，英国里维埃拉沙拉，“伊丽莎白”草莓冻蛋糕，德文郡奶油，帝国咖啡。

当今的英国人不再用法文书写菜单，但白金汉宫沿用着这项传统习俗。2019年，特朗普总统在白金汉宫的国宴上仔细阅读了这份菜单后，必然会同情那些来自都柏林的食客吧——上面用法文写着“西洋菜山萝卜浓汤”（mousseline de cresson velouté au cerfeuil）、“温莎羔羊里脊酿肉”（selle d’agneau de Windsor Farcie Marigny）与“草莓塔”（tarte sablée aux fraises）。也许女王陛下已经稍加解释以便打消特朗普的疑虑：菜品只不过是大比目鱼，然后是羔羊肉，最后是草莓与乳酪。

不过伦敦的一些餐厅还是比较平易近人的——莱昂尼开在苏活区迪恩街的“君往何处”餐厅，将自家部分特色经典菜肴与酱汁食谱写在了菜单背面，并注释着：“如果您在点菜时遇到任何困难，莱昂尼会很乐意让厨师为您讲解，并很荣幸邀请您随时参观厨房。”

夏季节假日期间，许多家庭会前往提供全套餐饮服务的海边宾馆与小型酒店就餐。1946年战争结束不久，海边度假胜地再度营业，但在沙堡与石潭之间仍然可见战争的遗迹：铁丝网、炮位与坦克陷

伦敦“君往何处”餐厅的巴比诺·莱昂尼在菜单背面印了食谱，并邀请顾客参观厨房

阱。战争期间，为防止敌军入侵，许多海滩都布了雷。哪怕战后当局已保证定位并移除所有炸弹，有些家庭仍不敢踏足这些海滩，或是让孩子在上面建造沙堡。

此外，酒店与宾馆几乎没有套间浴室，热水供应与新床垫都非常昂贵，半夜的解手需求也只能依赖床底的便盆。米德尔顿写道：“游客应该在出行前洗好澡。”

战争期间，政府提倡人们不要旅行。其中一张著名的海报画着一名士兵站在铁路售票亭前，配文是“您真的有必要旅行吗？”旨在令人们反思以旅行为乐的想法。这类海报的另一个版本，展示的是一对富裕的夫妇牵着宠物狗，思考着是否买票。其中，男子穿着一件时髦的蓝色外套、白色条纹西裤与闪亮的皮靴；女子身穿皮草大衣，头戴精致的红色宽檐帽，上面插着一根羽毛。其传达的信息很明确：即便是富裕且享有特权的人士，也在质疑社交旅行的必要性。

这种思想在战争期间根植于社会，令许多人难以摆脱由此产生的顾虑与愧疚。外出就餐与假日旅行的意义也差不多——在非常时期，你无需这么做，也不应这么做。

当然，并非每个人都认同这个观点。战时幸存下来的许多人甩开了约束的桎梏——只要负担得起，他们就会随时随地寻欢作乐。也就是说，他们并未区别对待战争与和平，并且很容易感到快乐。当时许多餐厅并不优质（目睹过 21 世纪初期的奢华后便知），因为它们并不需要变得优质。

可以说，战争胜利的部分原因是国家的团结，爱国到可以闭关锁国的地步。正如米德尔顿所述："1950 年，英国根本上还是战前那个秉持集体主义、循规蹈矩、文化单一的社会，大多地区没有外来移民。按照现代标准来看，这是一个受到抑制的极权社会。"

政客兼日记作者，维塔·萨克维尔·韦斯特的丈夫——哈罗德·尼科尔森爵士光顾纽伯里一家旅馆后，在 1953 年的日记中抱怨道：

> 一顿糟糕的午餐……他们提供了所谓的水果挞——一块脆酥饼，上面是两颗樱桃和人造奶油。我对英国餐饮感到绝望。这些生产者未接受过良好的培训；顾客必须学会辨认食物的质量。

正是由于缺乏具有敏锐辨别力的顾客，作家雷蒙德·波斯特盖特才于 1951 年出版了第一版《美食指南》。与其说它是为专家创作的美食指南，不如说它分享了英国人外出就餐的积极体验。然而实际上，英国人常常感到失望。波斯特盖特希望提高英国人对餐厅的期望，反过来，也希望餐厅老板提高自己的竞争力。

波斯特盖特出生于1896年，终生是社会主义者，出于道德或宗教信仰的原因拒服兵役。在第一次世界大战期间，他在牛津大学时，甚至因为和平主义活动而短暂入狱。他因与社会主义阵营的下议院议员的女儿结婚，而被身为保守派拥护者兼剑桥大学拉丁语教授的父亲剥夺了继承权。他是一位多产的杂志专栏作家兼撰稿人。有人可能会猜测，他同时身为处境尴尬却意志坚定的社会主义者与英国共产党创始成员，应该不会追求餐饮体验。然而，他一直对差劲的食物与服务耿耿于怀。

波斯特盖特在《小人国》杂志上开有专栏，这份杂志的撰稿人包括萨谢弗雷尔·席特维尔爵士、康斯坦特·兰伯特与赫伯特·欧内斯特·贝茨。波斯特盖特以相当机智的方式强调了他眼中英国美食界的糟糕现状。他邀请读者分享了自己最糟心的体验，在虚构的"爱食物协会"赞助下，把这些信息整理成了一部更积极的作品——1951年第一版《美食指南》，并收获了好评。

在这本《美食指南》中，他恳请食客们以积极的态度来改善餐厅的饮食与服务。例如，假如你发现刀叉或玻璃器皿不够光洁：

> 那么坐在餐桌前的时候，你可以用餐巾擦亮这些餐具与玻璃器皿，但不要表现出招摇的姿态或厌恶的神情，而是自然随意地做这件事。你想要向店家传达的信息是：你并非对这家餐厅感到不满，而是已经长期频繁地体验了恶劣的餐饮服务，然后质疑所有餐厅的质量。

波斯特盖特的第一版《美食指南》罗列了484家餐厅、酒店与酒馆。战后初期，他作为英国食客，通过非公开的餐饮体验发现，只有11家场所供应了可称为外国食品的菜肴，并且除了一家中式餐厅外，其他全是欧式餐厅。

通过该书，波斯特盖特创建了一支非正规的评论大军。他证实了普通食客的观点，使外出就餐变得大众化（对于能负担得起餐费的人来说）。现在，厨师与餐厅老板确实有了努力经营的理由。在为公众食客发声时，波斯特盖特先于21世纪那类美食博主的出现。

《美食指南》旨在鼓励食客与厨师采取更积极的态度，其出版又恰逢一次积极性的国家活动：英国节。该节日的举办旨在调动战后英国人民对生活的追求，并庆祝国家在艺术、科学与工业方面取得的进步与创新。伦敦南岸区的主要节日举办场地涌进了大量人群，在某些企业家眼中，他们即是潜在食客。而签下主要供餐合同的企业家名叫查尔斯·福特。

在20世纪50年代的战后解放中，福特看到了日益澎湃的商机，但他追求的是数量，而非质量。他的父亲于1908年在意大利出生，5岁就开始在苏格兰生活，后来在这里的中央低地开了一家大型意式餐馆。在那里，顾客能享用到美国泉水调制的苏打水、意大利机器烘焙的咖啡，以及正宗的意大利冰淇淋。

福特在十几岁时去了英国西南部萨默塞特郡的滨海韦斯顿，在他父亲与一位表亲共同开设的咖啡馆兼冰淇淋店打工，每天都工作很长时间。后来他父亲发现了南海岸各城镇的餐饮商机，便从苏格兰移居至当地，福特则开始跟随父亲开展业务。大约10年后，福特成立了自己的分支机构，并于1935年，即27岁时创立了福特公司，并在《伦敦标准晚报》专栏中讲述了澳大利乳制饮品店老板——休·麦金托什的故事。福特后来说道："我请了一天假到伦敦拜访这个地方。"店里装饰很简朴，饮品单很简洁，但"服务快捷，翻台率很高"。

他满怀激动地回到布莱顿，与父亲分享了这个经营理念，可父亲却没那么兴奋。他告诉儿子："仅凭牛奶是赚不了钱的。"

但福特并未气馁，并着手探索起伦敦各街道，然后在上摄政街找到了一家空店铺。他花了几天时间坐在店外观察行人流量与动向——人们会在公交站排队，老师与学生会进出当地的理工学校。

然后他在每年1000英镑的高额租金假设上，计算出了盈利所需的空间与员工人数。

他从朋友、亲戚与极其不情愿的父亲那里筹到资金后，开起了“牧场奶吧”（Meadow Milk Bar）。

开设了牧场奶吧的查尔斯·福特。他是生活在伦敦的意大利人，于1940年被拘禁于英属曼岛

然而福特失算了——店里的员工太多，顾客相对不足。于是他冒着亏本的风险合并了隔壁门店的空间来容纳更多顾客，同时削减了员工人数——这招奏效了。时至1938年，他在西区已拥有五家奶吧。98岁的他于2007年3月去世后，一则讣文写道：“他最初的计算与果敢共同成就了这番事业，并且这两个因素在他往后60年的大部分岁月里依然管用。”

他的业务进展得很顺利。到20世纪30年代末，在伦敦、约克郡与兰开夏郡，奶吧的发展势头已稳，这令当时的评论家感到震惊。1937年2月，总部位于伦敦的新闻杂志《新闻评论》写道：“人们曾嘲笑他在舰队街卖牛奶的想法。开业第一周结束之际，这些人无不惊叹——奶吧里挤满了人。有些记者似乎从未点过比伯顿葡萄酒酒精度数更低的饮料，现在却拿着大啤酒杯续着草莓奶昔。”

福特是利用牛奶饮品的潮流来盈利的经营者之一。《新闻评论》的那篇报道称，全国有299家独立经营的奶吧，此外，还有117家百货商店与13家电影院拥有自己的牛奶柜。

然而，这个经营理念因战争的爆发戛然而止——牛奶理所当然被纳入配给制，而福特作为意大利国民而被逮捕。1940 年 7 月，当墨索里尼与希特勒联手时，用福特的话来说：“我的厄运要降临了。”福特与其他意大利酒店和餐厅经营者一同被拘禁在英属曼岛拉姆齐镇的穆拉营。

但他很快就被释放并返回了伦敦，继续经营这个规模已经衰减的生意。他的成就被视为价值非凡的贡献，这也使他成为了食品部配给委员会的一员。战后的 1947 年，他在沙夫茨伯里大街上原为“里昂茶馆”（Lyons tearoom）的场址开设了自己的第一家伦敦大型餐馆，名叫“彩虹坊”（Rainbow Corner）。

它最初是为美国军人服务的俱乐部，持续受到了美国大兵的喜爱，因为他们能在这家“美式”奶吧尝到家乡的味道。1948 年 2 月，福特以这家店的美国色彩作为宣传噱头，揭开牌匾“向所有知道‘彩虹坊’的各阶级美国军人致敬”。他设法说服了威斯敏斯特市长与曾为艾森豪威尔将军效力的前美军准将，一同在聚集的人群面前揭开牌匾的幕布。

福特在场地选址上的灵感来自一位名叫乔・利维伦敦房地产开发商。利维曾说：“如果你无法在皮卡迪利广场三平方英里的范围内经营起一门高需求量的生意，就别尝试涉足这块领域。还有就是，千万别选择狭小的后街。”福特租下了原为“里昂茶馆”的场址，并从保诚保险申请到了 35000 英镑的贷款，其中包括整修费用。

他在利维的建议基础上，采取了售后回租策略。整幢建筑物每年的租赁费用是 12000 英镑；福特用 4000 英镑租下了一楼与地下室，并将一楼以上空间以 8000 英镑转租给了安大略省政府。

虽然福特的餐馆干净而时髦，但存在一个问题。正如 1948 年 8 月《英国卫理公会纪要》期刊所述：“福特与竞争对手的经营场所有何区别？”在整个餐饮体制中，店家们都迫切以最全面的方式“服务”顾客。

1950 年，波斯特盖特对其《美食指南》进行最后的润色，福特则在皮卡迪利广场整改并重开了奢华级别的餐厅（最初开张于 1873 年）——同样在每年租金为 12000 英镑的前提下，他将建筑物的大部分空间用作餐厅，供应美国马里兰州鸡肉与冰糕，并将其余空间转租出去，赚取了额外的稳定收入。

他凭借自己的经济头脑，签下了英国节的主要供餐合同。1851 年万国博览会举行之时，人们来到伦敦庆祝英国在维多利亚时代取得的成就。厨师亚历克西斯·索耶曾期待参观博览会的游客涌向他开在肯辛顿的餐厅，但他失算了。

一百年过去后，优质餐厅经营者福特决定不再徘徊于市场边缘，而是赢取一份实际的餐饮合同，直接入驻南岸 27 英亩的节日庆典场地。他的业务（自然）包括乳品店，店铺位于"国家馆"，由牛奶营销局出资赞助，供应非常现代式的半品脱纸盒装牛奶。

不过他眼前的任务是设计一间每分钟可为 32 人服务的大型自助餐厅。

在供应商的赞助下，福特通过计算发现，这成千上万的游客中的许多人可能会选择一杯柠檬水或一份小吃。这是一次风险巨大的投资，但福特回忆道："这并非赌博……我们一开始就清楚，我们要来这里赚大钱。"

他与合伙人每天都在现场，与他后来提到的竞争对手——ABC 餐饮服务商不同；这些服务商的态度是"安排好事情，让员工负责后续工作"。福特的餐饮业真言由他在英国节的经营方式而定义，对于任何有抱负的餐厅老板来说都值得借鉴：

> 仅仅坐在后方发号施令是无法取得理想业绩的，你必须认真对待其中的细节，让与你共事的人清楚：你与他们一样了解业务，你随时可以与他们合作，并且你不是最后一个来的，也不是第一个离开的。

英国节平面图。福特签下了在该场地的供餐合同，经营一间每分钟可服务 32 人的大型自助餐厅

英国节是工党领导人休·盖茨克尔提出并创立的，他将福特誉为“英国最杰出的餐饮服务商”。直至 20 世纪 50 年代，汽车拥有率仍在增长，福特乘利席胜，继续签下了更多餐饮服务合同，为英国沿路新建的服务站供餐。他买下了其他主要餐厅，例如“皇家咖啡馆”（Café Royal），还有大量酒店。时至 20 世纪 50 年代末，他名下的“福特控股有限公司”（Forte Holdings）已成为英国最大的私企之一。

福特去世后，英国《卫报》的一则讣文写道：“虽然福特的估算并非次次精准，而且他的大多数生意都平平无奇，但他确实有经营餐厅的天赋。”这位未具名的作者还谈到福特如何凭借自己的

才能，从他人可能已视为毫无希望的事物中盈利。他的成功建立在《卫报》所称的“其产业中适销部分的均衡温和性”之上。

34 岁的伯纳德・莱文是叛逆青年的典型，他热衷于通过《就在那一周》节目猖狂地表达对餐饮业的蔑视。20 世纪 60 年代，他在节目演播室发表了一次激昂的批评，而当晚在现场直面他的特别嘉宾就是查尔斯・福特。主持人大卫・弗罗斯特表示：“福特先生引领着全英国的餐厅与酒店产业链，他是勇于为英国食宿质量发声的英雄。”弗罗斯特还解释说“作为移民的莱文先生在英国体验到了如同噩梦一般的食宿” ，所以莱文才会“如此关注查尔斯・福特先生”。

福特坐在现场，听着莱文把他的成就贬得一文不值，尤其是他的商业技能。莱文正视着近在咫尺的福特，论证道："这位平凡的英国酒店经营者只是把餐饮业当成一门生意而已，无论他经营的是酒店还是餐厅，是制造鞋带或是销售保险，他的运营方式都不会有丝毫区别。"

观众们听了哄堂大笑。莱文转向他们表示感谢，暂停下来缓了缓后，转向福特："他并不为自己精湛的技艺感到骄傲，对服务本身不抱有真情实感，也并非真心想要安顿旅者或是喂饱饥饿的人。"

莱文还谴责福特和其同行拒绝接待携小孩或宠物狗的顾客，并批评许多餐馆缺乏本土特产或新鲜食品。莱文说，厨师们"大可以用蛋黄与橄榄油来制作蛋黄酱，而不是直接提供一瓶尝起来如同鞋油的沙拉。天晓得是不是用鞋油做的？"他还声称：

> 英国提供的是全世界最差的公共餐饮体验，这远扬国外的臭名近乎完全合理。为什么以美食为荣的好客传统几乎不复存在了？为什么像曼彻斯特这样规模与级别的城市中，没有一家能让我放心向外国友人推荐而不会感到羞愧的酒店？为什么格拉斯哥的餐厅食物总是冷的？优质服务的观念几乎彻底覆灭了。

此外，他还对福特在希思罗机场的业务进行了抨击："为什么伦敦机场的餐饮服务是英国的最大耻辱？"

福特为自己的产业辩护道："英国的餐饮服务可以媲美世界上任何地方。"但观众却再次哄堂大笑。

"我们的业务得以持续发展，必然是依赖着顾客的高度满意，"福特论证道，"将英国食物与全欧洲的餐饮体验相提并论是错误的判断方式，如果我们将本国餐饮的体制改为欧陆式，那么您将会是最先抱怨的人。英国人有自己的生活方式与运作机制。"他还称莱文只是"以三流的档次游历了各地"，而莱文答道："为什么人们不能以自己能负担得起的价格，在得体、干净的环境中享受到及时、高效且友好的服务与热腾腾的食物呢？"

莱文总结道："今天午餐我吃的是您餐厅的培根与鸡蛋。培根尝起来跟直接吃盐一样咸，我不得不点了三杯葡萄酒，而且餐盘还是破的。"他的批评显然刺痛了福特，这是英国餐饮服务史上一次相当严重的公开批评。撇开《美食指南》不谈，波斯特盖特的消极想法仅限于一个小众的杂志。当时的大多数人并没有什么抱怨，尽管有人认为福特之所以能在商业上取得成功，部分原因是英国人没那么高的期望。

在与莱文的对峙收尾之际，这位了不起的餐饮服务商——福特做出了一项预测："我认为几年内大家会看到，人们都来拜访英国的餐厅，而不是英国人去欧洲内陆觅食。"莱文惊呆了，观众又笑了。当然，这肯定不会发生。

13

The Invention of the Sushi Conveyor Belt

回转寿司的发明

白石义明在东大阪市开了一家寿司店，因空间与员工人数不足而感到烦恼，于是发明了一条绕餐厅运行的传送带来传送食物。渐渐地，寿司文化传播至世界各地，鱼类对食客的吸引力大幅提升，被视为健康、清洁而新潮的菜肴，尤其是生鱼。但后来，自然灾害成了迫在眉睫的问题。

20 世纪 50 年代中期，当白石义明在东大阪市开设他的第一家寿司店时，大阪市仍可被视为日本的“威尼斯”——大阪市位于淀川河的河口，淀川河则流入大阪湾，其支流作为运河分布建设于整座城市，很快在市区内形成了巨大的河道。运河之中、小桥上下都可见来往的旅者与行人。大阪一直着眼于现代化发展，但河流无法方便人们高效旅行，于是铁路很快取代了运河的地位。街道拓宽后，有轨电车与公共汽车则成了常用交通工具。不久后，人们视野中的天际里出现了工厂的烟囱，然后越来越多，成百上千。时至 20 世纪 60 年代末，随着人口的增长，大阪市正迅速发展成为一座工业重镇，很大程度上丧失了其原有的传统东方特色。它曾经与亚得里亚海的威尼斯环礁湖的相似之处，不过是弥留于人们浪漫幻想之中的过眼云烟。

大阪的风貌日新月异，发展势不可当。1945 年，日本向世界反法西斯同盟投降，标志着“二战”的结束。随着武装力量的解除与帝国时期的告终，日本开始走向民主。国家的重建包括经济体制的改革与教育方面的巨大投入，这尤其体现在大阪。正如其他大都市的发展：行政管理是驱动力。不过当然，国家的进步离不开人民持之以恒的冲劲。

在这势不可挡的进步中，餐厅老板白石义明便是其中一员，他的寿司店位于城市东部。退伍后，他经营的第一门生意是天妇罗店，开设于1947年。而在20世纪50年代初期，他决定用寿司取代天妇罗。

寿司衍生于7世纪东南亚地区一种保存鱼肉的方法——腌制与发酵。后来，这种方法发展为醋腌，由各城镇摊贩用来制备与出售鱼肉，直至19世纪初期，生鱼的吃法才被引入市场。20世纪中叶，冷藏技术使得鱼肉的保鲜更为便捷与泛用，寿司文化便开始普及。战后，东京这类城市变得更为现代化，也更注重环境卫生，人们逐渐摈弃了边走边吃与站着进食的做法，摊铺便应运而生。生食寿司象征了日本烹饪哲学中的最小干预——避免人为加工，注重原汁原味。白石的非凡创意遵循了这一点，既没破坏寿司的制作精髓，又秉持了日本精神——对现代化的热切追求。

白石的招牌菜是生鱼片寿司（手捏成型），与寿司卷（用海苔卷起来的寿司）。

店铺空间的不足令他感到沮丧，于是他萌生出了改变经营方式的想法。首先他并不缺顾客，其中大多数是当地工厂的工人；他需要的是找到一种无需扩大经营范围也能增加业务量的方法。但即便他请得起更多员工，这点空间也无法容纳他们在餐桌之间的活动。

后来他采取了一项举措，改变了全日本乃至全世界的寿司经营，并且实际上促使日本文化走向了全球。原因是，白石的想法汇集了各地食客无法拒绝的两个要素：味道与功能性的创新。

1953年，他受邀作为特别客户，拜访了朝日啤酒厂。在那里，他对地板上传送啤酒瓶的传送带着了迷。回到店里后，他草拟了一项计划，其中说明了如何将寿司从厨房送到餐厅，绕过餐台，再送回到厨师面前。

他展开调查，找到了为朝日啤酒制造传送带的公司，并说服他们为他的寿司店进行了微小的改造。在提出请求时，他说："我需要一条小型传送带，绕着一小圈范围缓慢地运转。"

这是一项缓慢的改进。终于，在 1958 年，他将餐厅更名为"元禄寿司"，邀请了当地媒体记者来到店里参加开业仪式，并宣称："本店的寿司盘能绕着餐厅移动，就像天空中卫星的运动。"当天，白石用太空时代的话语将记者与顾客吸引到店。他说："你们可以坐在转台前，随意挑选自己喜欢的寿司。"

然后机器开始运作，厨师将新鲜制作的生鱼片与寿司放到传送带上。"传送带每秒传动 8 厘米，我认为这是大家会认同的速度，刚好让顾客有足够的时间查看并思考选择哪一碟。太慢会令人焦躁，太快又会使人着急。"

但随后，坐在转台前看着寿司碟循环传动的其中一名记者表示

元禄寿司的传送带设计每秒匀速移动 8 厘米

出了怀疑的态度。他提问道："可是当我们吃掉碟子上的寿司后，您如何根据我们吃的食物收费呢？"问题抛出后，挤在这家小餐馆里的媒体人中有人点头，有人窃笑。

"请看厨房里出来的每一个碟子，"白石答道，"它们有不同的颜色或图案。通过这个，我们就能计算出您的账单并收取相应的费用。"

记者们十分佩服他的想法。由此，回转寿司诞生了。"回转"即传送带的转轮，也代表了白石转动餐台转动的巧妙思路。这家店原本通常一次只能接待 10 位顾客，但现在有了这项高效的新技术，上菜速度大大提升，并且对于这项创新以及该店的精神——不拖延，顾客也非常乐于接受。几天之内客流量就翻了一倍。

这种模式具有经济学意义上的启示。厨师无需等待订单的下达即可开始准备食物，店内也无需上菜的服务员（只需聘请清洁、整理与算账的人）。在无人端茶送水的情况下，白石还解决了顾客喝茶的问题——在每节转台前安装了热水水龙头，一旁还放着寿司相关的常用品（筷子、生姜、芥末与酱油），以及茶杯与茶叶。由于在人员方面降低了成本，因此他能够以低于竞争对手的价格提供寿司。

1962 年，白石拓展了业务，开设了更多分店，还拿到了一项专利。然而他注册的"传送带旋转餐桌"专利无法阻止他人复制他的发明。并且也有人对这项技术提出了批评：对传送速度的关注会导致对食物质量的忽略。多年后，日本料理专家卡塔日娜·克威特卡反映道："鱼肉的品质与专业（传统）寿司的高标准不符。"日料狂热者还力劝人们别光顾回转寿司店。剧作家吉莉安·克劳瑟称，在这种传送带出现前，寿司是"令人生畏的大厨专为富裕顾客制作的"；这是一种高档且正规的食物，它的受众是中产阶级、企业人士，以及专门存钱来品尝的顾客；一名厨师站在木质餐台前，可同时为 10 位以内的顾客供应鱼肉。

也许是由于回转寿司的食物质量并不高，这种文化没能走出大阪——在 1970 年的大阪世博会上，白石先生搭建了一个展台，用来展示他这项已有 10 年历史的创意，但大多数参观者都以为这是一项全新的发明。

寿司史学家萨沙・伊森伯格写道："白石的经营体系是一种启示。" 1970 年大阪世博会上以"人类的进步与和谐"为口号的其他展品是美国的餐饮品牌，名叫肯塔基炸鸡（肯德基）与麦当劳——在未来派新潮风格的建筑、雕塑、塔楼与时间胶囊（封存 5000 年）之间，有一处摊位专门展示了美国这种持续发展的特许经营权快餐产业。

白石花了一点时间与站在麦当劳展台的工作人员聊了聊天，又花了数年时间，通过相同的特许经营权 / 经销权拓展了业务，从而开设了 240 家分店。

顺带一提的是，1970 年的大阪世博会宣告了麦当劳进驻日本。直至那年，日本政府才允许外资企业在日本境内经营（尽管战后美国从敌人变成了盟友，美国文化也成为日本风貌的一部分）。1971 年，麦当劳在东京购物区——银座开设了第一家日本分店，紧随其后的美食供应商则是美仕唐纳滋与必胜客。

尽管白石拥有专利，但在随后的 30 年中，其他的回转寿司纷纷出现在日本各地。到 20 世纪末，全日本已有上千家回转寿司店。如今，日本大约有 3500 家回转寿司店，每个街区至少有一家寿司店拥有转台。

1994 年，当卡罗琳・班内特在伦敦利物浦街车站开设了"摩西摩西"日料店（Moshi Moshi）后，回转寿司才终于来到英国首都。此前班内特在日本生活了一年，回到英国后仍然挂念着日本的美食，但又缺乏餐饮业经验。

于是她在投资公司工作时，一边通过同城的朋友与政府贷款计划筹集了资金，实现了她的描述："海盐味的生鱼寿司搭配酱油的咸香与味噌汤的鲜美。”

她会向朋友热情地谈论自己对日本的喜爱。她说，日本是一个“现代时髦、久经世故而与众不同”的国家。

她虽然开设了自己的餐厅，但并未辞去原本的工作，还突然被调派至东京出差几个月。但她还是完成了海外的工作，同时监管着自己的生意。

“摩西摩西”毫无疑问是一家新奇的餐馆。“人们以为我疯了，以为回转寿司不过是一个噱头，以为英国大众不可能会尝试生鱼。”但这个经营理念取得了成功，也吸引了伦敦市的工人。

但她从未把这门生意变为产业链。这家回转寿司店只在梦幻伦敦风靡了几年，就于1997年1月被“你好！寿司”（YO! Sushi）连锁店抢去了风头。

卡罗琳·班内特于1994年开设了伦敦第一家回转寿司店，三年后将蓝鳍金枪鱼从菜单中移除，原因是它们“太美味而导致被大量捕杀”

该连锁店的负责人是西蒙·伍德罗夫。与班内特不同的是，他并不了解日本这个国家及其文化底蕴或饮食风俗。离婚、失业、一贫如洗而愁眉不展的他，至少还拥有一间尚未抵押的公寓。他开设“你好！寿司”的部分原因是为了应对中年危机；他只不过是在结束了影视与音乐职业生涯后，四处寻找新的灵感。

“我无法安然受雇于他人，”伍德罗夫曾说道，“我原本打算经营室内攀岩，但这项业务没能做成。”他在考虑创业项目时寻求过许多人的建议，并与其中一位日本人共进了晚餐。“我问他：‘寿司如何？’（伍德罗夫曾在加利福尼亚州看到过供应寿司的餐台。）他说：‘西蒙，你需要的是传送带寿司转台，并让年轻女孩穿着黑色亮面迷你裙站在转台后。’我从未听说过这几个词组成的名称（传送带寿司转台）。”后来伍德罗夫脑中冒出了一个声音：如果这个想法真的很好，那么远比他了解餐饮业的人应该早已采纳了。

伍德罗夫用他仅有的资产——公寓作为抵押申请到了贷款，将这笔钱投入了伦敦苏活区一处场址的装修。他的启动经费为 65 万英镑，外加向朋友借到的 10 万英镑，以及从卡罗琳·班内特所用的同一项政府贷款担保计划中申请到的 10 万英镑。

他用了“整整两年”来研究、规划与安排场地的租赁、装修与雇员，才终于开张了“你好！寿司”。后来他说：“第一周并没有人光顾。”

> 第二周生意也不佳。然后在第二个周六，我们店门前有了沿街排队的顾客，并且在接下来的两年，生意都异常红火，感觉就像发行了一张流行专辑。起初人们只是不敢进来尝试，但会驻足看一看运转的传送带。你要知道，当时伦敦可几乎没有寿司店。再然后生意就起飞了，而且是多亏了人们的口口相传。如果他们没有光顾，我早就倾家荡产了。这种如释重负的感觉太美妙了，我们甚至有了一百万英镑的存款。

彼得·波帕姆参加完一次媒体预展会后，于“你好！寿司”正式开业前的晚上在英国《独立报》上发表文章说，“你好！寿司”体现了“将工业技术与感官享受相结合的日本智慧”：

> 寿司是冷食，就算在传送带上运送一段时间也不会变质。

每份寿司的大小大致相同，因此才能盛在传送带上统一规格的碟子中；而传送带的特殊优势在于，它会令顾客产生拿取食物的冲动。顾客与餐厅的传统关系，被典型的现代化非人格性条件所取代。在传统的寿司店里，只有少数人在意食物的质量——现在，他们也不太在意食物的价格了。

今天，“你好！寿司”在全球（包括法国、希腊与中东）已拥有 100 家分店。该品牌曾收购了零售产业、加拿大连锁店本托（Bento），以及向超市提供包装的寿司的英国供应商——太鼓食品（Taiko foods），并于 2019 年合并了拥有 700 家寿司店的美国运营商——雪狐（Snowfox）。

伍德罗夫的想法奏效了，并且他从不需要依赖亮面短裙。

不过英国的寿司风潮算是掀起得较晚。在澳大利亚、巴西、北美西部与南部以及环太平洋地区，寿司店早已随着日本移民人口的到来而出现，并于 20 世纪 60 年代遍布北美其他地区。

20 世纪初期，大量人口从日本移民至美国，但在两次世界大战中间，这种移民现象停止了。1952 年，移民再次合法化，新旧移民都可以申请入籍。

由此而获得安全感的美籍日裔在当地建立起了更牢固的文化根基，并随着时代的发展，在政治、学术、艺术、商业、农业技术与饮食等各个方面取得了大大小小的成功。许多餐馆也为服务日裔人口而纷纷开业。前往美国的日本商人在寿司餐台上找到了家乡的慰藉，而计划前往日本的美国人，也得以通过光顾日式餐

“你好！寿司”的创始人西蒙·伍德罗夫在经营第一年就赚到了 100 万英镑

馆，而提前了解到了日本的文化与习俗。

正如克劳瑟所写的，“因享有盛誉的日式餐饮，人们开始欣赏日本的所有事物。”日料店通常聘用日本人，并将员工安排在饭厅或者厨房，让顾客体验到正宗的日式餐饮服务。此外，食物的外观也十分讨喜——巧妙而简约的设计，健康而新鲜的色泽。

人们对全球化的理解是美国化或西方化，而寿司文化在美国的传播也代表了它对全球化概念的挑衅。毕竟，美国汉堡连锁店在日本或中国兴起的现象被描述为当地文化的“美国化”，而当加利福尼亚人民成为寿司店的常客时，却没人称这种现象为“日本化”。

当然，就像玉米卷一样，寿司也经历了“改良”。虽然实际上是洛杉矶（于 1955 年在小东京区有了第一家日式餐厅）的日本厨师发明了加州寿司卷，用牛油果代替了金枪鱼，但如果里面没有鱼肉，日料行家就不会把它视为寿司。不过，这种改良使美国人迷上了真正的寿司；人们常说加州寿司卷是通向更正宗的寿司的大门。我们也许只能想象，当美国人用苹果、牛油果搭配三文鱼做成纽约寿司卷，用奶油芝士搭配三文鱼做成费城寿司卷，（纯粹主义者就别读这句了吧）用牛肉搭配黄瓜做成德州寿司卷时，寿司狂热者会有多么抓狂。

1972 年，《纽约时报》报道了纽约第一家寿司店的开业，那是哈佛校友会会员专享的精英界寿司餐台。1988—1998 年，美国的寿司店数量增长到了原先的四倍。2006 年的查格餐厅调查展示了举世瞩目的统计数据——在几乎所有的美国城市中，寿司店都是最受欢迎的餐厅。如今，全美国已有 5000 多家寿司店。

英国与欧洲内陆的日式餐饮业之所以发展滞后，很大程度上是因为缺少日本移民。当时开业的许多餐馆，其受众都并非当地人，而是日本商人、外交官与游客。

20 世纪 80 年代，英国正处于撒切尔时代，雅皮士们被伦敦高级寿司店（哈罗德百货商店的美食区有一处颇受欢迎的寿司餐吧）

的稀缺性与价格所吸引；到了20世纪90年代后期，新颖且实惠的回转寿司则开始盛行。

波帕姆写道："回转寿司是一项创新，将寿司从一种精致、温馨而昂贵的体验，变成了一种既具备汉堡与面条的便利性，又更适合大众的休闲食品。"三明治曾是午间快餐的最佳选择，后来寿司取而代之成了人们的新宠。

在各地发展起来的回转寿司连锁店都在盈利，并且它们似乎都有自己的独家专利。不过同样的，这并未阻止其他人复制传送带的创意。

然而寿司文化的全球普及，却成了餐饮史上的最大窘境之一。

白石义明开设寿司店是为了创业。身为退伍军人，他需要一门能够养家糊口的生意。面对拓展业务的困难时，他足智多谋，敢于创新，并承担风险。这些勇敢的尝试得到了回报，而他成功的经营理念则传遍日本，并在几十年后漂洋过海，融入了其他国家的文化。

他成功的关键原因之一，是他令许多人体验到了原本只属于富人的享受，使寿司变得大众化，价格更低廉。全球各地的工人都能在午餐时间坐在寿司餐台前，吃到蘸了腌姜的寿司与生鱼片；他们也许会在生的金枪鱼片、鳗鱼片、虾柳或三文鱼片之间加点芥末，也许还会蘸点酱油。这种细致的吃法，远比一份简单的三明治、馅饼或玉米卷更具异国情调；传统风俗与现代技术的结合，为枯燥的日常工作增添了几分乐趣。而且寿司也是健康食品，除了鱼肉以外，还配有强效抗菌的芥末与富含钙、镁、磷、铁等元素的海藻。

尽管白石店里的寿司品质较差，但人们也并未抱怨。相反，他们用双脚与钱包表示了支持。

其他人也在这门生意中看到了商机，并在市场仍不饱和的地区复制了这种经营模式。当然，许多人以及他们的寿司店都从中得益——房东出租场地，建筑商承包整修，室内设计师提供墙色与家具的选择，服务员找到了工作，渔夫有了更多客户。

后来，大企业开始涉足渔业。在日本，汽车制造商三菱公司也大力参与了这项业务。如今，其附属公司塞马克（Cermaq）已成为世界上最大的鱼肉生产商兼大西洋第二大三文鱼养殖户，不仅网撒世界各地海域，还正计划在加拿大新斯科舍省建立三文鱼养殖场、孵化场与加工厂。

每年东京鱼市场的鱼价都创下新高——2012 年，一条 269 千克重的金枪鱼售价高达 73.6 万美元。次年，一条 222 千克重的金枪鱼又以 170 万美元的高价卖出。2019 年，银座一个新迁址的鱼市场以 310 万英镑的天价卖出了一条 278 千克的蓝鳍金枪鱼；购买者正是业务遍及全日本的"寿司三味"（Sushizanmai）连锁店的经营者，其业务也取得了令世人赞叹不已的成就。

日本每年的金枪鱼消耗量高达 60 万吨，即全世界的三分之一。难怪环保主义者通过计算得出，在过去的 35 年中，全世界金枪鱼的存活量下降了 90%。

2004 年，英国记者查尔斯·克洛弗写道，鱼肉"已成为西方食客眼中的饮食法宝。营养学家告诉我们，鱼类有益健康……甚至有研究表明，吃鱼可以延缓衰老。苗条的模特……无需通过吸烟来保持纤瘦，吃鱼就行了"。他的书作与后来的纪录片《渔业危机》，通过展示当代渔业的统计数据与真实状况，震惊了许多人。他还写道："我们对鱼肉的热爱不该持续。"他的作品热切提出了警示，揭露了"工业技术、不受约束的市场力量，以及良知的缺乏对海洋生态所造成的破坏"。

他的分析结果说明了毁灭性的人为因素："现代捕鱼技术是一种大规模的杀伤性手段，是地球上最具破坏力的行为。"他的作品还"揭示了未进入菜单的鱼类的价格"。一位记者在英国《金融时报》上反映了许多人的感想："这本书令我感到难过，以及羞愧、沮丧和焦虑……在所有这些情绪中，我尤其感到内疚。"

创新者传播了美食文化的概念，食客排队享受到了美食，满足了味蕾，拓宽了视野，扩充了谈资，又因参与了自私的全球性破坏行为而感到深深的自责。

寿司的故事似曾相识——人口增长，全球化趋势锐不可当，中产阶级人数膨胀；食客的期望日渐提高，企业家竭尽所能地满足着市场需求；无论是咖啡还是牛肉，饮用水还是小麦，在相关有害效应的新闻出现前，这些产品早已被打包、派发、包装、购买并消费掉。种植与收割劳工的收入较低，工作时间却较长；用于耕种的土地被农药与过短的连续播种与收获周期所摧残；产品的运输需要碳，包装中需要塑料，制冷又需要电能……

大规模捕鱼实景。在伍德罗夫说着“你好！寿司”的二十年后，活动倡导者开始呼吁：“再见！寿司。”

对鱼肉等食物的需求，促使机灵的科学家们创造了非天然的鱼类栖息地，也令野心勃勃的企业家通过养殖场来模拟自然生态，压缩经营成本。

成千上万被捕获的三文鱼离开了大海，在实验室的圈养中进行产卵与孵化，它们吃着催长的饲料，肉质呈现出鲜艳的粉色，然后被成批吸出水域，头部被重击，腮部被切除，流血致死后，被做成传送带上的盘中餐。至于这些海鲜养殖场，将池养鱼类和野生鱼类混合养殖会产生什么连锁反应，目前人们尚未完全了解。

那些听说多吃寿司有益健康的人（所有的 omega-3 脂肪酸都能有益于人类的大脑发育）后来发现，这种吃法实际上会摄入超标的汞，可能对神经系统产生很大危害。海藻和酱油中也含有高量的盐，过量食用可能导致血压升高，造成许多重要器官与动脉劳损，提高患上心脏病与痴呆症的风险。因此在伍德罗夫说着“你好！寿司”的二十年后，活动倡导者开始呼吁：“再见！寿司（NO! Sushi）。”

克洛弗的作品出版不久后，美国《科学》期刊发表了生态学家与经济学家长达四年的调研成果。据计算，如果人类继续以当前的速度捕杀与食用鱼类，到 2048 年，世界上将不再有海产食品。在《吃点什么呢》一书中，作者海蒂·埃利斯写道：“有太多渔船使用着尖端的技术，像卫星探测那样搜寻着猎物，恨不得用温布利球场那么大的渔网，去捕捞数量正在骤减的鱼类。”她还指出，工业捕鱼有多么铺张浪费：“在肆意挥霍的欧洲，捕获于北海的鱼类中有大约一半被扔在船边直至死亡，原因是这些鱼没有合法的售卖途径或足够的销售价值。”

不管食客们是不是在意这些问题，但我们必须假设许多吃鱼的人并不在意。如果真是如此，那么这将成为一个相当大的困境。鱼肉有益健康且味道鲜美，他们应该就此适度放弃食用鱼肉吗？在英国，海洋环境保护协会（Marine Conservation Society，简称

MCS）提供了鱼类食用建议，概述了 144 种鱼类，并根据它们的可持续性进行了评估与认证。但人们很快就发现，吃鱼这件事情上并不存在硬性规定，只要讲究捕捞类别与方法，他们还是能吃到金枪鱼。像鳕鱼等其他鱼类在捕捞下仍然可持续发展，前提是只捕捞那些已生长至 20 厘米以上的鱼。

若要为炸鱼和薯条贴上 MCS 标注与可食用鱼类许可，就需要花费另一笔开销。有些非常优质的炸鱼薯条店在选取鱼肉方面十分谨慎，但负担不起认证费用。

此外，正如查尔斯·克洛弗曾指出的那样，一些伦敦高档餐厅供应的是 MCS 反对食用的鱼类，而麦当劳供应的麦香鱼却是可持续发展的鱼类。

“摩西摩西”的卡罗琳·班内特在未收到蓝鳍金枪鱼的订单时，就意识到了它们的可持续性问题。她曾联系过世界野生动物基金会以及绿色和平组织，又与非营利性环保组织——蓝色海洋研究所的创始人卡尔·萨菲纳进行了谈话。卡尔在电话中告诉班内特：“蓝鳍金枪鱼濒临灭绝，吃它们与吃犀牛一样，都会导致一个物种的消失。”班内特后来表示，这些话“永远地改变了我的想法”。

1997 年，在“你好！寿司”店开张之际，班内特将蓝鳍金枪鱼从菜单上移除。她说：“这些可怜的小鱼味道太鲜美，反而害了它们自己。”2012 年，她提出将鱼类餐厅的经营与可持续性的小规模渔业联系起来。然而，正如沮丧的环保主义者所预料，像英国这样注重提高竞争力的国家，不会对这个问题有所作为，并且世界上其他地区也仍在捕鱼和制作寿司。埃利斯评论道，解决海洋的生态问题“需要各行各业的努力，包括渔民、食客、监管者与零售商”。她为选择自由且主宰着鱼类命运的食客提供了包含六条细则的规划：丰富您的口味；关注正确的捕鱼方式；享用贝类；尝试油性鱼类；考虑食用池养鱼；珍惜当地鱼群。此外，她还力劝人们铭记：除了池养鱼以外，所有鱼类都是野生的。

不过克洛弗的纪录片确实产生了很大的影响，大约有 470 万人观看了这部作品，或意识到了海洋的生态问题。报纸上刊登的一次倡导活动点名批评了供应濒危鱼类的伦敦餐厅；名人常聚地——“诺布”（Nobu）餐厅因供应蓝鳍金枪鱼而被曝光。后来，餐厅为菜单上的蓝鳍金枪鱼标上了一个星号，说明它们“有灭绝的危险”，让顾客自行决定是否食用，但活动倡导者认为这点举动过于轻描淡写了。

一些英国超市也做出了回应，不再上架濒危鱼类。如今，许多鱼餐厅都会根据鱼类的可持续性来进行营销，尽管最合乎道德的做法可能是：干脆别营业。

归根结底，政府必须敢于取缔现存的生态破坏行为，并对其征税。可怜的食客，痴痴地望着转台上来来回回的寿司碟，只想感受鱼肉入口的鲜滑，却不由自主地被隐隐而生的内疚占据了心灵。

14

Le Gavroche Opens in London

伦敦流浪儿餐厅

阿尔伯特·鲁克斯与米歇尔·鲁克斯先后在伦敦开设了“流浪儿餐厅”，在伯克郡布雷镇开设了“水畔餐厅”，掀起了英国餐饮业的又一场革命。

法国两兄弟会面的激动之情显而易见。1964 年，23 岁的私厨米歇尔·鲁克斯拜访了他的哥哥——29 岁的私厨阿尔伯特·鲁克斯。米歇尔受雇于罗斯柴尔德家族，主要在巴黎工作，会在夏季回到蔚蓝海岸[1]；阿尔伯特则受雇于卡扎莱特家族，在英国肯特郡工作。

阿尔伯特与他的妻子莫尼克住在一起，米歇尔带上妻子弗朗索瓦前来拜访了他们。他们在伦敦度过了一个夜晚后，一同回到阿尔伯特家中。这是那一周他们第三次一同外出就餐。阿尔伯特为米歇尔夫妇列出了一些值得光顾的餐厅，其中包括“皇后”餐厅（The Empress）、“金鸡”酒店（Le Coq d’Or）、“美丽少女”餐厅（La Belle Meunière）与“普鲁尼耶”餐厅。它们代表了英国最优质的餐饮场所。

于是，一伙人来到夏洛特街的美丽少女餐厅——一家开设于 20 世纪 50 年代的法式餐厅。莫尼克和弗朗索瓦与她们的丈夫一样喜欢经典的法式餐饮，她们简直不敢相信当晚的体验有多么糟

1 位于法国东南地中海沿岸。

糕——所谓的特制鱼片（escalope maison），硬得仿佛可以用作对付歹徒的武器；更令人惊讶的是，苏塞特可丽饼（crêpe suzette）显然不是现做的，而是从冷藏库中取出的，倒胃口的质地与洒在上面味道刺激且廉价的白兰地，形成了一种相互抵触的口感；酒单上法国葡萄酒品种少得可怜，而英国巴斯瓶装啤酒（Bass）与沃辛顿麦芽酒（Worthington）的价格竟然相同。

其中一位法国服务员消极且冷漠的态度，足以概括这顿晚餐的质量。因此妻子们感到些许困惑——这不过是英国首都又一家差劲的“高级餐厅”，为何她们的丈夫看起来如此兴奋？

但是兄弟俩相当确定，这就是伦敦餐厅的常态。米歇尔后来反映道：“它们证实了我们的先见。”并且正如他们向妻子解释的那样：餐厅越糟糕，商机就越大。“食物差劲，服务更甚，”米歇尔说道，“所有这些因素都使我们决心开设自己的餐厅。”

鲁氏兄弟作为富裕家庭的私厨，可谓法餐完美主义者；他们痴迷于各种厨房事物，包括食材搭配、烹饪方法、厨房秩序与环境卫生，以及恰当且礼貌的服务。

当时，米歇尔已从雇主家庭的贵妇塞西尔·德·罗斯柴尔德那里得到了受益终身的培训，尽管那时的他还未发现。米歇尔说，她把“日常生活……变成了小型歌剧”。她经常改变用餐时间与来客人数，但她的标准很高，品味也无可挑剔。“我学到了如何当个美食家，这对厨师来说是必不可少的素质。”

米歇尔还从她极其精确的规定中学到了严格的食材选择——野鸡肉必须来自母鸡，牛肋排必须来自三岁的母牛，羊腿必须来自母羊。不然，吃起来又怎么会嫩滑、多汁且美味呢？

西红柿并非来自巴黎，而是普罗旺斯。只有在那里，你才能采摘到吸收了阳光而发育成熟、可立即食用的西红柿，鲜美的果肉里似乎还有光线照射后的余温。

她对精度的要求涉及方方面面，从烹饪手法到供餐服务，从葡萄酒到厨房秩序，无孔不入；她还常在深夜检查厨房，确保环境卫生、物归原位。

然而，食物的外观从来不是越美越好。“要记住，”她曾向年轻的米歇尔建议道，“一道菜必须好看，但如果外观的缺陷能让它给人感觉更美味，那么就别让它太好看。”

米歇尔说，塞西尔是“一本食物口感与相关知识的百科全书”。她向米歇尔传授了管理技巧，以及如何确保摆盘的精致与否不会影响食客的口感，这堪比一门正规的教育。他说：“于我而言，罗斯柴尔德的厨务是完美的烹饪课程。”

阿尔伯特也从贵族家庭的厨务中获益匪浅。他在18岁时有了第一位英国雇主——年迈的南希女士，即阿斯特子爵夫人。她出生于美国，曾任英国议会议员，住在伯克郡的克莱夫登庄园，是一位极富争议的人物。阿尔伯特的雇主们虽然品味不及罗斯柴尔德家族，但行事风格与气度十分令人赞赏。

这两位年轻私厨传承的手艺，可追溯至18世纪后期法国贵族的私厨。他们的厨师先辈是为了躲避革命灾难而逃离法国，他们则是为了抓住商机而来到英国，而这次商机也将刮起一场美食风暴。

据鲁氏兄弟的市场调查，至少从第二次世界大战开始，英国餐饮业就一直萎靡不振。《美食指南》的第一位编辑雷蒙德·波斯特盖特也希望改善这一现象。不过匈牙利作家埃贡·罗内创作的另一本指南，态度是希望帮助英国摆脱自食恶果的窘境。他的指南于1957年首次出版，销售量达3万册，然后他招募了全职评审员，让他们每周以匿名的方式吃11顿饭，并且为了对餐饮质量做出严谨的评定，连一杯免费赠送的白兰地都不能喝。为了进行工作，他们每个月都需要开汽车、乘火车，甚至飞越数百英里。

“这样的生活很美好，”罗内说道，“或者说，至少两周的出差很美好。他们回来后，一切都糟透了。”

罗内的指南中的满满恶意，根本不会出现在波斯特盖特那本巨

出生于匈牙利的埃贡·罗内出版了一本迥然不同的指南，内容充满了恶意。他在其中写道，餐厅老板“别想再逃脱责任”

作中。罗内对铁路餐馆、省级酒店与高速公路服务站进行了大肆抨击。20世纪60年代初，正是这些餐饮场所激怒了伯纳德·莱文，他才会在电视荧幕上公开批评福特勋爵。

罗内说，自己的指南作用在于“告诉餐厅老板，别想再逃脱责任，因为我会揭发他们”。他直言不讳，还将一家高速公路服务站供应的食物形容为“猪食”。

他的第一版指南出版时，非法式或意式风格的任何餐馆都还是怪诞而新奇的存在——肯辛顿布朗普顿路上的“古巴人家”餐厅（El Cubano）得到了法国百代电影公司一部新闻片的公开称赞：其供应的“食物反映了现代人对多样化与现代化的需求”。店内的女服务员身着西班牙吉卜赛风格的服装；来自特立尼达岛的男雇员来回走动时，肩上还站着鹦鹉。黑咖啡配以一片橙皮；一种特殊的外馅三明治包含了新鲜水果、核桃与奶油干酪。

不过，还有些值得了解的例外——乔治·佩里·史密斯于1952年在巴斯开设了“墙洞餐厅”（Hole in the Wall）。店内中间的一张桌子上铺放着猪肉食品、罐装鱼和肉酱饼，顾客可自行拿取这些食物作为第一道菜。这种做法省去了开胃菜的制备，不仅减轻了厨房的压力，还能让每位走进餐厅的顾客耳目一新。

另一家外省的舒适餐馆开在牛津，名叫“伊丽莎白餐厅”（Restaurant Elizabeth），开设于20世纪50年代末期，经营者是肯尼斯·贝尔。店内的铅玻璃窗面朝基督教会学院（Christ Church college）；在一个冬天的夜晚，殷切求学的教师与相对富有的大学生会光顾这里，点一份用葡萄酒慢煮而风味浓郁的牛尾。他的酒单则被评为全国最佳酒单之一。

贝尔和佩里·史密斯都崇尚真材实料、不投机取巧的烹饪，不计成本地追求最佳口感。

时至 20 世纪 60 年代，英国餐饮业比起十年前已有了温和的起色。法式与意式餐厅幸存了下来，英式餐馆也孕育了新的理念。用英国美食编辑兼作家卡罗琳·斯泰茜的话来说，英国餐饮业“混

伦敦布朗普顿路的“古巴人家”餐厅可谓现代餐饮业的缩影：服务员肩膀上站着鹦鹉；店内供应新鲜水果、核桃与奶油干酪做成的三明治

合了稀释后的法式、意式与学院派烹饪，体现了涓滴效应下的精华部分，即更真实的欧陆餐饮”。

与之相竞的则是“英国意大利人”开设的餐馆，菜肴价位低于高档意式餐厅，并且为了迎合英国人的口味，不会供应太过异国风味的菜品，例如，店内会提供意式肉酱面（spaghetti Bolognaise）配薯条。这些餐厅并未考虑风格的正宗性，否则他们应该会在天花板上悬挂起编织严实的瓶形小草篮，并在里面稳稳地放上一瓶基安蒂葡萄酒（Chianti）。

在任何种族性的（中式与印式餐馆在各地兴起）的咖啡餐吧与中型餐馆中，牛排都是“里脊肉”，基辅鸡肉卷都大受欢迎，与鸡尾酒虾不分伯仲；并且倘若你足够幸运，你可能会得到一份用牛油果制作的开胃菜——挖出生果肉后塞进“法式色拉”的牛油果。

出生于1931年的设计师兼零售商特伦斯·康兰于20世纪50年代开设了两家餐厅，分别叫“流动厨房”（Soup Kitchen）与“太阳系仪”（Orrery），均位于时髦前卫的切尔西——富人与时尚宠儿的汇集地。

当时几乎没人在经营法式餐馆，即鲁氏兄弟眼中精致的餐饮模式——每一个细节都如他们给贵族做私厨时那般完美无瑕。

米歇尔与阿尔伯特于1964年首次一同光顾了伦敦的餐馆后，在接下来两年的夏季都一起度过数日，继续外出就餐，一边享受探索的愉悦，一边对餐厅感到失望。

在几次会面之间，他们会相互写信，描述自己为雇主烹饪的菜肴，然后一同为他们设想中共同经营的餐厅起草菜单。

然后阿尔伯特会在周末逛逛市场与拍卖行，购买银器与陶器，为他们的想法添砖加瓦。他会把买到的物件存放在车库中，期待着米歇尔下次来访看到后会有多么兴奋。他还开始浏览起伦敦要转手的餐馆。身在巴黎的米歇尔则期待着阿尔伯特的每次来信，然后回信。如果几天后阿尔伯特没有收到回信，他会致电米歇尔，确保对方的想法仍与自己一致。

1966 年夏天他们再次会面时，决定成立自己的公司——鲁氏餐饮有限公司（Roux Restaurants Ltd）。阿尔伯特投入了自己的积蓄，以及来自雇主卡扎莱特家族与他们朋友的以英镑存入他银行账户的资助。几年后，阿尔伯特说："项目启动成本是 1500 英镑……而我们当时只有 500 英镑。卡扎莱特家族给了我 500 英镑作为饯别礼，并从他们的朋友那里为我们筹到了剩下的 500 英镑。"

米歇尔竭尽所能筹到了与阿尔伯特相当的资金，单位是法郎。"我以非常不利的汇率将我存下的 5 万法郎兑换成了英镑，作为我的出资额（约 3600 英镑）投入到启动资金中。"

他们成立了一家没有餐厅的餐饮公司，但他们心中有着不凡的想法。他们出生于法国小城镇沙罗勒，从小住在家庭熟食店上方的住宅里，因此开餐饮公司对他们来说已是一项相当了不起的成就。兄弟俩都曾决定成为糕点师——当时技艺较为娴熟的阿尔伯特成为英国驻巴黎大使馆的副主厨，并帮助弟弟在那里当上了糕点师。他们的职业生涯曾因强制兵役而中断，但后来他们又通过在大使馆建立的人脉，分别当上了私厨。

1966 年冬天，阿尔伯特从他考察过的场所内进行了筛选，然后在新年到来之际，给米歇尔打了电话，向他描述了伦敦下斯隆街的一处场所——已关闭的"卡诺瓦"（Canova）意式餐馆。然后阿尔伯特设法签下了租约。米歇尔相信哥哥的热忱与判断，于是向塞西尔·德·罗斯柴尔德提出辞职，但等了两周她才同意会面。她当然不愿自己的门徒就此逃离这个安乐窝。

"她听我说完后，扭了扭发髻，就像她聘用我的时候一样。"米歇尔回忆道。他同意在辞职前进行三个月的交接工作，之后于 1967 年 4 月 3 日在英国多佛降落。

他下飞机后，迎面而来的是一片灰蒙蒙的天空与绵延不绝的雨。与肯特郡的夏季相比，这样的英国略显悲凉。他不会说英语，而家人与朋友的担忧也令他感到压力很大。他说："没人理解我的决定。"他们都说伦敦的生活与经营成本高于巴黎，而且从寻找供应商到扩充资金，他还会面临很多严峻的问题。

当他开着超载的雷诺 4 型汽车，与弗朗索瓦并肩从多佛去往伦敦时，他努力保持着乐观的态度（他们定居后，两个女儿也来到了当地与他们一同生活）。汽车后备箱里放满了多余的陶器、餐具、厨师夹克与裤子。在这堆东西顶部，则放着他在蒙马特市场摊铺发现的一幅油画，其中画的是有象征意义的巴黎街头小乞丐加夫罗契[1]，在法语中有"流浪儿"的意思。弗朗索瓦往车上塞完东西后，把这幅油画放在了行李顶端，还翻了个白眼。

阿尔伯特一直在伦敦努力整改店铺，并雇用曾管理 "卡诺瓦"餐厅的安东尼奥·巴蒂斯特拉。然后，巴蒂斯特拉雇用了五名意大利服务员，阿尔伯特找来了一名厨师，米歇尔则请到了来自巴黎罗斯柴尔德厨房的一位老同事。

餐厅开业前的几周内，兄弟俩忙得不可开交，与建筑商和其他商人一同进行着准备工作。阿尔伯特翻译了弟弟米歇尔的话："我开始明白，在创业这件事上我有多么需要依赖他了。"但米歇尔至少能对其中一项重要举措——为餐厅起名字邀功请赏。他说："这是我的主意，"米歇尔说道，"这位著名的街头小乞丐身无分文；我虽然不至于穷困潦倒，但的确过得很拮据。我很钦佩这个勇敢的小男孩的决心。"他们原本打算用"鲁氏兄弟"作为店名，或以另一种方式加入自己的名字，但米歇尔在蒙马特购买的男孩肖像画给了他更特别的灵感。

开业前的几天，他在店内为这幅画找到了悬挂之处。他挂好画，后退了一步，此时阿尔伯特正好经过，便停下了脚步，然后他们一起品味着这幅画——也许其中反映出了他们的大胆创新精神。"这

1　维克多·雨果的小说《悲惨世界》中的人物。

就是我们两兄弟的象征。”米歇尔后来说道。在之后的几年中，他们有了一套新设计的陶瓷餐具，每个盘子上都有这个小男孩的图案。这个衣衫褴褛的小男孩被许多优秀画作簇拥着。卡扎莱特家族又向“流浪儿”餐厅出借了几幅画作，然后得意的小流浪儿得以摆在了夏加尔、米罗与达利的画作旁。这些作品能令前来光顾的第一批顾客相信鲁氏兄弟对于餐饮行业了如指掌，但他们不会想到，烹饪技艺娴熟的兄弟俩其实毫无经营餐厅的经验。

营业第一天晚上，店内专门为卡扎莱特家族邀请的宾客准备了自助餐式聚会，但鲁氏兄弟还不忘花费数小时来规划次日的菜品。他们有 30 道法国菜，包括汤羹、开胃菜、鱼类、贝类、蔬菜、红肉与家禽。但比起他们在伦敦光顾过的法式餐厅，例如普鲁尼耶餐厅，这些菜品数量大约只有一半之多。另一个明显区别是，他们没有烟熏三文鱼、罐装虾和鸡尾酒虾。

米歇尔与阿尔伯特只提供正宗的法式美食，无论伦敦人喜欢与否。他们也收到过抱怨——穿着破旧、与巴黎餐厅顾客形成鲜明对比的情侣或夫妻通常会嘟囔：“分量太少。”

“这是法餐。”开业数天后，米歇尔告诉其中一对顾客时，脸上洋溢着最灿烂的笑容。他竟然能将四个英语单词连成一句话脱口而出，这令他自己都感到惊喜。

“我们已准备好接受批评甚至辱骂，因为伦敦餐饮业正被平庸的意式餐馆与‘里昂角落餐厅’[1]（Lyons Corner Houses）所主导，而我们对这个现象带来了文化冲击，”他后来表示道，“我意识到，自己需要强大的实力来战胜周遭的平庸。”

开业第一天，尽管存在零零碎碎的抱怨，但伦敦顾客的数量足以让这家餐厅座无虚席、应接不暇。到 1968 年 3 月，“流浪儿”已成为著名的餐厅。

1 英国连锁餐厅品牌。

鲁氏兄弟——阿尔伯特与米歇尔（1988 年），“流浪儿”餐厅创始人。20 世纪 60 年代的伦敦餐饮业犹如荒漠，为他们提供了千载难逢的商机

关于供应商，阿尔伯特表示："我们可以拿到优质的羔羊肉与牛肉。此外，我还说服了渔民向我提供他们捕捞到的整批鱼，无论是何种品种，这样我便能在餐厅里供应新鲜的鱼肉了。"但英国无法生产家禽等其他食材，他们需要从法国进口农产品。于是阿尔伯特想出了一个妙计："莫尼克以前每周都会开车去巴黎，在车上装满最上等的牛肉与羔羊肉。我们可以用这些货物来交换优质的鸡肉、鹅肝、蘑菇与猪肉食品。"虽然她会向码头的海关官员致以最亲切的微笑，但他们偶尔还是会检查她的后备箱，然后让她打道回府。决心不令丈夫失望的她，干脆把车开到了另一个码头，再次尝试出行。"这是违法行为，风险很大，但结果很值得，而且她从未失败过。"阿尔伯特补充道。1967 年发生了把他逗乐的一幕——当他为时任的农业、渔业与粮食部长弗雷德·皮尔特接二连三端上法国菜时，皮尔特表示："我实在不明白，他到底是从哪里弄来的这些食物！"

四十年后的2007年5月，作家玛格丽特·克兰西在《膳食家》[1]中写到了兄弟俩的卓越成就——于 20 世纪 60 年代末在伦敦规划并实现了一家成功的法式餐厅："今天我们几乎无法想象在四十年前经营一家高档餐厅所要面对的物流问题。英国才结束了配给制不久（也即 13 年前），而当时在我国的沿海地区，专业种植者或高端食材的想法闻所未闻。"

到 1970 年，兄弟俩已在伦敦城里开设了两家分店；1972 年，米歇尔表示："我的精力快耗尽了……但我还是感到有些无聊。"

于是，兄弟俩采用了迄今为止最成功的策略——寻找餐饮业的"荒漠"。他们开始考虑伦敦以外的市场，寻找一处居民富裕但无处就餐的地方。

然后在 1972 年的一个春日，31 岁的米歇尔来到英国伯克郡布

1 即 The Caterer，英国餐饮行业的著名多媒体品牌。

雷村的一家老旧酒馆视察当地的情况。这幢建筑物在河边；晴朗的天空下，水面波光粼粼，在残破暗淡的周遭环境里形成了一道亮眼的风景线。

这家酒馆的所有者是啤酒巨头惠特布莱德公司，而代其处理房产交易的经纪人则十分吃惊——为何一名法国厨师要买下荒郊野岭的一家破烂酒馆？然而就像兄弟俩曾经探索伦敦那样，他们开着车在伯克郡的乡间四处转悠时，在马洛与亨利等城镇里发现了大宅邸，里面还停着昂贵的轿车。

在原本陈旧的“水畔餐厅”（Waterside Inn）外，铺开的石头路已然破碎，看起来颓废而凄凉，还容易打滑。店内则十分肮脏。

“我还记得自己走过一间面朝湖水的潮湿房间，”米歇尔回忆道，“但从室内看不到那片湖，我需要先用刀片将窗上的污垢刮下来。那是一家丑陋、邋遢且发臭的酒馆，里面的气味真的很难闻。”

米歇尔告诉房产经纪人，他需要先找个电话亭联系一下哥哥。当米歇尔返回时，这位经纪人已经做好了总结又一次看房失败的准备，没想到米歇尔摆出了要与他握手的姿势，并说：“我们决定买下这里，它正是我们想要的。”

“我甚至必须努力说服自己——我们真的可以改造这个地方，”数十年后米歇尔说道，“当时河边有一棵美丽的柳树，柳枝在午后的阳光里翩翩起舞，令我心中充满了希望。”

四个月过去后，建筑工人们开始收拾东西准备离开，米歇尔则坐在装潢精美的餐厅里，看着泰晤士河透过窗户投射出斑驳的光点，开始与他的第一任主厨——皮埃尔·考夫曼规划起菜品。数天后的 9 月初，仅在流浪儿餐厅开业五年后，水畔餐厅也开业了。

最初考夫曼到英国是为了观看一场橄榄球比赛，然后他就没再离开这个国家，来到流浪儿餐厅打工，并凭借勤恳的工作态度，在入职 2 个月后被提拔为副主厨。当年，24 岁的考夫曼被任命为水畔餐厅的主厨，这令他十分激动，根据他的叙述，原因是他认为虽然“流浪儿”的菜肴“还不错，但与真正的法国美食相差甚远”。不过它在当代背景下还是颇具竞争力的，“当时的食物普遍很糟糕。”

他表示，在水畔餐厅时，“我能做自己想做的菜肴，他们从未干涉过我，因此我很享受这份工作。”此外，他还称鲁氏兄弟“很少在店里，这令我感觉就像在经营自己的餐厅”。

与流浪儿餐厅不同的是，这里并没有从开业第一天就宾客满座。米歇尔反映道：“起初的两三年很艰难。工作日的生意就像渡渡鸟一样死气沉沉——午餐与晚餐时间，我们总共只有十到二十桌顾客，但到了周末店里又挤满了人。店里只有一名骨瘦如柴的服务员，而我则与皮埃尔一同掌厨。”

所幸兄弟俩拥有业绩出色的其他餐厅——伦敦齐普赛街的“普乐波餐厅”（Le Poulbot）、老贝利街的“伯努瓦餐厅”（Brasserie Benoit），以及“流浪儿”。它们共同支撑着这家新餐厅的运营。

不过在1973年，埃贡·罗内进入了人们的视野——食客们会参考他发表在《每日电讯报》上的文章来选择就餐地点。“有朝一日，”这位出生于匈牙利的评论家写道，“‘水畔餐厅’会成为全英国最好的餐厅。”罗内的一番话为兄弟俩的业务带来了非常积极的影响。米歇尔解释道：“这为我们招揽到了来自远方的顾客。我们的收支开始平衡，仿佛生活终于对我们露出了微笑。”

次年，米其林将其评为一星级餐厅，为这家餐厅的发展再次助力。时至当年，该餐厅也因其地理位置而闻名——面朝泰晤士河的露台，堪称饭前小酌的绝佳位置。衣着考究的服务员提供着无可挑剔的服务，菜品则结合了米歇尔·鲁克斯的经典法式风味与考夫曼的法国西南部风味。

菜单内容分为汤羹、开胃菜、甲壳类、鱼类、主菜、蔬菜、奶酪与甜点。当然，所有条目都以法文书写，例如汤羹一栏写着巴黎浓汤（potage Parisien）与皇家清汤（consommé royale）。正如米歇尔在回忆录中表示：“水畔餐厅每天的午餐都会供应汤羹，因为我喜欢汤，而我只会向顾客提供我喜欢的东西。”其他汤羹包括口感细腻轻盈的浓汤，由种植园里栽培的酢浆草煮成；还有豌豆汤、龙虾或小龙虾清汤，以及含有少许自制小方饺的肉汤。此外便是著名的牡蛎贝类浓汤（velouté de coquillages aux huitres）——由大量贝类煮成，其汁液保留于汤水中，并加入鱼肉、草药与奶油；最后，将一只牡蛎放入汤中，让汤水的热量将其外层焖熟，中间部分留生。

早期供应的开胃小菜包括巴约纳火腿与各种肉酱饼，更不缺各种蛋类菜肴。鱼类则包括大菱鲆与鳎鱼，烤熟后搭配贝纳西酱（鸡蛋黄油酱）食用。

主菜全是肉类，除了牛肉与羔羊肉以外，还有味道与众不同的图卢兹什锦砂锅（cassoulet Toulousain）；甜点，或者说甜食包括柠檬塔（tarte au citron）与水果雪葩（fruit sorbet）；奶酪全都来自法国。与流浪儿餐厅一样，店内供应法式菜品，菜单也用法语书写，并且几乎所有食材都来自法国。米歇尔、主厨考夫曼以及所有其他厨师都是法国人。但鲁氏兄弟的生意与他们对厨师培训的热忱传开后，这种国别单一性就被稀释了。许多人认为，正是这一点真正决定了米歇尔与阿尔伯特对英国餐饮业的影响。

2007 年，《观察家报》的餐厅评论家杰伊·雷纳评价了流浪儿餐厅四十年的历程。“流浪儿餐厅的价值在于其工作人员，”他写道，“如果没有米歇尔与阿尔伯特兄弟俩的餐厅与他们的殷勤贡献，今天蓬勃发展的英国餐饮业会是另一番景象。”

的确，在鲁氏兄弟餐厅厨房工作过的员工，又在 20 世纪 80 年代、90 年代甚至之后，开设了一些英国最优质的餐厅，他们包括马尔科·皮埃尔·怀特、罗力·利、戈登·拉姆齐和马库斯·沃宁。

1981 年，当马尔科·皮埃尔·怀特敲开阿尔伯特·鲁克斯办公室的门时，流浪儿餐厅已先后于 1974 年与 1977 年被《米其林指南》评为二星级餐厅，并且刚迁至伦敦著名的上流社交界——梅

1986年的马尔科·皮埃尔·怀特，喜欢沉思，留着长发，嘴里常叼着香烟，像一位摇滚明星。他说："纪律生于畏惧。"

菲尔区。顾客从上布鲁克街的一扇门进入，然后来到地下室的饭厅。室内采光较差，人们看不清环境，便把注意力都集中在食物与服务上。

20岁的怀特离开西约克郡时，只有口袋里剩下的7.36英镑、一小箱书与一袋衣服。阿尔伯特看了他一眼说："周二来报道。"他从初级厨师助手起步。阿尔伯特看着这位长发凌乱，有着敏锐的蓝眼睛与近乎偏执的野心的年轻人，略带讽刺地称他为"我的小兔子"。

"小兔子"表示，他就是在流浪儿餐厅的工作中发现，厨房的运作离不开纪律。"纪律生于畏惧。"他在自传中写道：

> 最好的体制，是类似黑手党那样的制度。阿尔伯特就是"教父"，首领们的首领，他的形象就好比戴了围裙的马龙·白兰度，扮演着严父的角色，处于强势的支配地位，还能像"教父"那样进行哲学思考。为他效力时，你会感到自己得到了他的保护，

因为你清楚自己正与“黑手党头目”站在同一阵线。

1982年，流浪儿餐厅被评为米其林三星级餐厅，而皮埃尔·考夫曼已离开水畔餐厅去追逐自己的梦想，怀特则跟随了他，在他的指导下工作。1987年，怀特在伦敦旺兹沃思公共区开设了自己的餐厅“哈维斯”（Harveys），因身为性情暴躁的大厨而闻名——菜品经常更改，厨师也经常被替换。而怀特的形象则是：喜欢沉思、留着长发、喜怒无常，像一位摇滚明星；大多数肖像画上的他，嘴里都叼着香烟。他会把缺德的顾客赶出餐厅。还有传言说，厨房里存在残酷的管理制度；盛放了瑕疵奶酪的餐车被用力推砸到墙上；厨师们抱怨室温太高后，在自己的白色制服上发现了切口——所谓的经济节约的“温控措施”。

1995年1月，33岁的怀特成为了英国最早、最年轻的米其林三星大厨。他供应的菜肴——鱿鱼尼禄酱烤扇贝（用乌贼墨染黑）、香槟萨芭雍牡蛎、芹菜蒸蛋浓汤以及猪脚，都是经他改良的经典法国美食。然而，他本人甚至从未去过法国。

就像鲁氏兄弟那样，怀特也使新一代厨师迈上了通往成功的道路，而他们每个人后来都愉快地讲述了自己的厨房生涯。

这些在怀特独特的指导风格下成长的厨师，共同铸就了如今英国的餐饮格局。这些厨师包括戈登·拉姆齐、菲尔·霍华德、布林·威廉姆斯与杰森·阿瑟顿。

不过，当怀特被问及英国最好的餐馆是哪家时，他的回答是：“流浪儿与水畔餐厅。它们拥有一种老式的魅力与情调。那里的食物最美味吗？并不是，但它们能为顾客提供最好的综合体验。”其中包括服务，即鲁氏兄弟帮助英国餐饮业转变的另一个方面。

1974年，意大利人西尔瓦诺·吉拉尔丁成为流浪儿餐厅的总经理，他于1971年开始担任该餐厅的服务员。另一名意大利人迪亚哥·马斯西亚加于1983年加入流浪儿餐厅的业务，并成为水畔餐厅的总经理。吉拉尔丁为流浪儿餐厅工作了37年，马斯西亚加为水畔餐厅工作了30年。两人树立了新的服务标准，使这一事业变得令人向往——全英国以及海外各地的年轻男女，都开始争先恐后地前来学习优质服务的理念。

“我帮助员工了解到，他们不仅是在这里工作，而且还从事着非常重要的职业。”马斯西亚加曾在为年轻男女员工培训服务艺术的间歇时，一边说着，一边倒了杯红酒，切开桌上的鸭肉。“归根结底，这不仅能让你感到幸福，”他继续说道，“还能为你带来财富，因为顾客会一而再、再而三地光顾。”

吉拉尔丁与马斯西亚加接受了关于餐饮服务话题的采访，发表了书作，登上了杂志，通过开展主题演讲而获得了报酬，还在大学讲授了餐饮课。年轻的伯纳德·莱文一定没预料到英国餐饮业会迎来这么一天吧。

20世纪80年代中期，阿尔伯特与米歇尔的兄弟合伙关系开始破裂。米歇尔很高兴让哥哥在早期领导业务，因为哥哥会说英语。但大约20年后，他不再喜欢这种先入为主的工作模式，然后他们开始为了琐事闹起矛盾——阿尔伯特去市场采购时会自作主张，用米歇尔的话说：“他没有遵守约定的采购清单，买了过量的羔羊肉与三文鱼，而我们的厨师们又不愿浪费食材，这令他们很恼火。”更糟糕的是，“阿尔伯特不让我参与决策，”他后来写道，“经过十多年和平舒心的合作后，我们俩之间的关系变得非常紧张。”在从伦敦切尔西迁至梅菲尔这项严肃的计划上，“无论是餐厅的选址、装修或是厨房的详细规划，他都没有询问我的意见。”

1982年，当流浪儿餐厅被评为英国第一家米其林三星级餐厅时，米歇尔十分愤怒：“我的哥哥将这归结为他的功劳。”“在那之前，我们始终沟通着所有事宜。”

几年后，兄弟俩的母亲杰曼在参与他们为英国广播公司拍摄的影片时，训斥了他们：“你们花在吵架上的时间比做饭还多。我真替你们感到羞耻。”

现在，到了他们结束大多数合伙关系的时候——米歇尔接管了水畔餐厅，阿尔伯特接管了流浪儿餐厅，然后两人的破裂关系持续了数十年。阿尔伯特曾谈到米歇尔：“他应该留在瑞士山区。”因为米歇尔在克莱恩蒙塔纳镇的阿尔卑斯山买了一幢房子。当阿尔伯特被问道会不会在自己的餐厅里招待弟弟时，他的回答是：“我才不会让他进来。”

但早在20世纪80年代时，米歇尔就已在布雷镇安家，并且有了心爱的新妻罗宾，由她监督水畔餐厅的室内设计工作。正是米歇尔对这家餐厅的奉献导致了他第一段婚姻的破裂。阿尔伯特的情况相似：他后来与莫尼克离了婚，娶了第二任妻子谢丽尔，结果又再次离婚。

这在众多餐厅故事中，也算是耳熟能详的情节了。出生于1943年的英国餐厅老板基思·弗洛伊德于20世纪80年代通过电视向英国公众推荐美食。他曾说：“永远不要涉足餐饮业。它会破坏婚姻，终结关系，消耗生命，仿佛能够吞噬一切。身为一个离婚四次的男人，我十分清楚这一点。”

不过，“鲁氏王朝”得以在米歇尔与阿尔伯特的后代身上延续了下来。如今，米歇尔的儿子阿兰担任着水畔餐厅的主厨，而阿尔伯特的儿子，也就是阿兰的堂兄小米歇尔则掌管并经营着流浪儿餐厅。

鲁氏兄弟创造了一个餐饮帝国与一种英国文化，他们的部分后代热切地投身于美食艺术；其他人，例如罗力·利，则经营了更多有益健康的餐厅。这些人虽然经由法国的鲁氏兄弟培训，但却成了英国的新一代厨师，这也许要归功于乔治·佩里·史密斯与伊丽莎白·戴维。这些新人包括西蒙·霍普金森、萨莉·克拉克与阿拉斯泰尔·利特。随后，在5000英里外的旧金山郊区，一场十分平静的革命序幕又将轻柔地揭开，而他们，则寻求并珍惜着这场革命带来的种种影响。

15

Chez Panisse Opens in the US
美国潘尼思之家

爱丽丝·沃特斯以轻柔、安静的方式，有时甚至只是通过悄声的耳边细语，掀起了一场餐饮业革命，将厨师与农民的利益联系了起来。在适当的时期，她强烈要求学校提供免费伙食，并不懈地力劝其他厨师、主厨与作家共同抵御“美国快餐”这只可怕的怪兽。

20 世纪 60 年代后期，一名 27 岁的女子——爱丽丝·沃特斯驾车驶过海湾大桥来到旧金山以东的伯克利市，后来开设了一家小餐厅，名为“潘尼思之家”。“我对政局大失所望，因此需要先找个方法赚钱。”她后来写道。

这家餐厅在政治方面的影响不容低估——但凡认识到这一点的人，都能从这家餐厅供应的菜肴上推断出来，因为这些蔬菜、沙拉与药草对当时的美国人来说十分陌生。

沃特斯对美食有着满腔的热情与向往，早期在法国生活的经历给了她不俗的餐饮灵感，而她的政治动机又使她成为其他餐厅发展史上值得一提的人物。

普里姆斯酒馆为庞贝人供应食物，是因为他们喜欢吃，没有任何迹象表明其中存在其他原因。18 世纪末与 19 世纪初的贵族私厨在巴黎开设餐厅，是因为他们需要谋生，而他们的技能正是烹饪与招待。20 世纪 20 年代，克西诺尔家族在孟买开设餐馆，是因为英国殖民主义者喜欢不辣的食物；该餐厅也许将各阶层、各党派的人士聚到了一起，但这并非食客光顾的初衷。20 世纪 60 年代末与 70 年代初，鲁氏兄弟在伦敦各地传播美食，是因为当时伦敦缺乏美食。

“潘尼思之家”厨房所用食材及其来源，是一系列价值观的体现，向现代化、工业化、经济蓬勃发展的美国传达了一则信息：有些事能够且应该以不同的方式实现。在各种文化主张、政治理念与社会矛盾的背景下，这可谓一场细腻高雅、令人感官愉悦的开篇。尽管有人对其产生的效能表示怀疑，但其动机是毋庸置疑的。

“潘尼思之家”（以法国电影《塞萨尔》中的角色奥雷诺·潘尼思命名）于 1971 年开业，其经营哲学源于 20 世纪 60 年代初美国的社会动荡期。

1964 年，当爱丽丝·沃特斯在加利福尼亚大学伯克利分校开始求学生涯时，正是美国学生运动与反战思潮最激烈的时期。三年下来，参加越战的美军中有超过 1.5 万人阵亡，超过 10 万人受伤，这导致更多人加入了反战游行。而抗议活动最初萌芽于加州大学伯克利分校等学校的师生之中。

实际上，沃特斯所在的学校与其管理的群体站在了对立面——时任院长的彼得·范·豪登在校园内施行了自己的极权管制，禁止校内人员参与政治运动和相关的集资活动。而且当时，他并非出生于上一个年代的执拗高龄学者，他只有 30 岁。

沃特斯回忆道：“任何学生，只要在校园里大胆谈论关于越南的事，就会被校警拖走。”讲师们为了教书，不得不签署效忠政府的宣誓书。而这一切，恰巧刺激了当时的学生以及他们的讲师奋勇投身于政治抗议活动。

沃特斯在考虑主修科目时，选择了 1750—1850 年的法国文化史。“当然要了解法国大革命了。”她曾笑道。

然后为了学习，她和一个朋友去法国生活了一年。这趟旅行大大地拓展了她对食物的认知，向她展现了原先生活里从未出现过的事物。她出生于美国新泽西，后来父亲因工作而让全家搬迁至了加利福尼亚。向来挑食的她表示："我很瘦，而且不喜欢多吃。"学校的伙食"味道不好闻，并且看起来全是褐色的"。在到访巴黎和法国南部之前，她从未想过自己竟然会喜欢上"吃"这件事。她对法国产生了"永不满足"的热爱。

她在巴黎留宿的第一家酒店提供了一种极简的蔬菜汤，她在回忆录中写道："漂浮在琥珀色清汤中的小块蔬菜丁。"令她感到喜出望外的事物都是一些最简单的小发现，例如，她认识了从未见过的各类生菜，了解到大多数法国餐厅会在送上甜点前以沙拉作为餐前菜，以及发酵面包的烘焙者是巴黎的莱昂内尔·普瓦兰。在布列塔尼，她体验了一顿固定搭配餐品，其中包含三道菜：火腿甜瓜、杏仁榛果鳟鱼和树莓挞。

她还尝到了被称为"什锦生菜"（mesclun）的鲜嫩蔬菜叶，并把一些种子带回美国种植，然后这些菜叶就成了"潘尼思之家"菜单上的招牌菜之一。鉴于其他餐厅也开始需求这种食材，农民便纷纷培育这种蔬菜。她在回忆录《醒悟过来》中表示："我认为我对这个国家的责任，就是美国正宗沙拉的普及。"

回到美国后，沃特斯尝试用法国人的方式烹饪，但寻找农产品这件事就没那么容易了。她说，20世纪60年代的超市"全是冷冻与罐装食品……与法国超市完全相反"。

她在担任服务员与幼教期间，经常用从合作社与少数专卖店批发的有限食材为朋友们做饭，因而获得了良好的口碑。她还在激进政报《旧金山快讯》上拥有一个专栏，名叫"爱丽丝的餐厅"（Alice's Restaurant），在其中发表了她为想象中的餐厅编写的食谱。

她似乎经常为一大圈朋友做饭，毕竟扩大供应范围是有意义的——如果他们喜欢这些食物，那么她肯定能开拓更大的市场。

然后她开始搜寻一处用来经营餐厅的场所——一处最多能容纳

40 桌顾客的小场地。而这些搜寻则围绕着政治活动展开，包括游行、会议、辩论等。

自然而然，她建立的友谊与关系都受到政治因素的推动与驱使——她努力地拉着选票，耗费着大量精力；而当人们都认为她会当选议员时，她落选了。她写道，当时自己“非常沮丧……万念俱灰”。

当时所有事物都具有政治意味，无论是音乐还是食物。她在为“潘尼思之家”选址时，发现了沙托克大街 517 号。她感觉这个地方很合适，部分原因是它靠近一家工人集体经营的奶酪店，并且拐角处还有一家“毕兹咖啡”（Peet’s Coffee），出售着小批量的手工烘烤咖啡豆。（“毕兹咖啡”后来发展壮大，其创始人阿尔弗雷德·毕兹向三位男子进行了指导，并分享了他的经营方式与供应商信息，后来这三位男子创立了“星巴克”。）

沃特斯签下了租约，并获得了 3 年内以 2.8 万美元买下这块场地的权利。1971 年 8 月 28 日，开业第一天晚上，这家由管道工人店改建而成的餐厅俨然一副法式小餐馆的派头，店内摆着二手的椅子等家具、铺着格子桌布的餐桌、不配套的餐具、从跳蚤市场买来的旧玻璃器皿，以及鲜花。酒单上有三款葡萄酒：产自附近纳帕山谷蒙达维酒庄的一款红葡萄酒、一款白葡萄酒，以及苏特恩白葡萄酒（Sauternes）。固定选择的菜品则包括：一碟配以欧芹、腌菜与芥末的千层肉酱饼，橄榄烤鸭与梅子挞。

沃特斯担心人手不足，因此雇用并组建了 55 人的员工团队，服务 50 名顾客。结果厨房里一片混乱，从开胃菜到主菜之间足足等了一个小时。

“那真是一团糟，”她回忆道，“我们一边进行着工作，一边……补救着过失。”一位朋友将之描述为“一场闹剧”。不过所有顾客居然都得到了服务，然后沃特斯“打开了一瓶白富美（fumé blanc）葡萄酒，在店里干杯庆祝了一夜”。后来她也常常在每天营业结束后这么做。

关于当晚与之后每晚的菜肴，她表示：“食物是我们生活中最具政治意味的事物。我们每天都要进食，我们对食物的选择会为每天带来不同的结果，而这些结果可能会改变世界。”沃特斯、她的朋友与同伴将餐厅视为反主流文化时期的象征。而当时，固定搭配菜品的经营模式还未在加州其他城市或美国其他地区出现。

美国人民仍在享受战后解放的欣喜，在不断扩增的汉堡连锁店里大口啃食着牛肉。无论是超市还是餐厅，所有场所都以大为美。20 世纪 70 年代的摩登美国追求着高效便捷与即时满足的新梦想。对于当时的很多人来说，最美味、最优质且最新奇的奶酪，是喷雾奶酪。

美国作家艾丽莎·奥尔特曼将沃特斯的做法描述为“对明确道德问题的专注态度：优质食物应该人人可享受——勤恳的种植、成熟季才进行的采摘、简单的制备、优雅的服务、缓慢的细品”。

“我们的餐厅与众不同，”沃特斯表示，“我们有自己的一套价值观。”当时拥有餐厅的女性为数不多，在餐厅里掌厨的女性更是少之又少，并且大多数员工毫无相关工作经验。

这家餐厅确实令人感觉与众不同，与麦当劳、必胜客、肯德基与塔可贝尔这类侵蚀着当代美国食客思想的快餐连锁店大相径庭。

“潘尼思之家”的创始人爱丽丝·沃特斯。当时拥有餐厅的女性为数不多，在餐厅里掌厨的女性更是少之又少

在随后的几个月中，她拜访了农民等生产者，请求他们为她栽培特定的植物。她还雇用了一名全职人员为她寻找农产品与小规模生产商，包括渔民与牧场主。她会向他们支付她认为合理的价格，还会与顾客谈论这种观念。“我们所用的部分食材价格高昂，但我们认为这是农工应得的报酬，”她如是说道，并为菜单上供应方的名称感到自豪，“您的盘中餐正是社会公正的体现。”

她的顾客们纷纷赞同。其中许多人本身就处于“反主流文化战役”的先锋，他们包括电影制作人、新闻记者、摄影师和作家。沃特斯与农工之间的联系形成了“农场与餐桌”之间的羁绊；从早期的营业到之后的年月，随着沃特斯为“潘尼思之家”展开的货源筹划，旧金山湾区的农牧场网络逐渐铺开。开业当天过去 42 年后，爱丽丝·沃特斯坐在一棵巨大古老的红杉下，身前白色的金属桌上放着一小碗新鲜的杏子；她一边喝着杯中的绿茶，一边思考起自己创业的初期。“我很感激并珍惜农民的付出。”她表示，农民“是土地的管理者”。

“潘尼思之家”刚开业时，人们以为不会有足够的农民来支持她的生意，那么她将无法维持食材的质量，而这对于餐厅的成功至关重要。然而她解释道：

> 向农民支付适当的报酬，并鼓励那些态度正确的从业者，你会发现越来越多的人从建筑业转向农业。我们开始以实在的价格向农民采购农产品后，愿意供货的农民蜂拥而至。现在我们与他们相互依赖，这番景象真的很美好。

“潘尼思之家”的菜肴证明了许多事情能有更好的处理方法。

不过，在这个食物、谈话与精神都与政治相关的时代，存在一种政治团体：左翼。在 1969 年的伍德斯托克音乐节上，反主流文化引人瞩目。那也许只是“为期三天的和平盛世与音乐庆典”，但这场传奇却会一直延续下去。伍德斯托克的魅力、污浊与激情已经融入了美国本土的“潘尼思之家”。爱丽丝·沃特斯直率地承认了自己对性爱持着不拘一格的态度——她在回忆录《醒悟过来》（副书名为“反主流文化厨师的品格”）中写道：“我们都是自由而随性的。”在 2019 年美国国家公共电台的主持人盖伊·瑞斯面前，她坦承：“社会上存在言论自由的运动、性爱观念的革命，所有这些东西，你懂我的意思吧？……它们真真切切地组成了这个多姿多彩的时代。”

沃特斯的其中一位恋人杰瑞·布德里克说，在“潘尼思之家”开业一周年之夜，“就在餐厅里，爱丽丝勾引了我。”一位朋友芭芭拉·卡里兹甚至说，“‘潘尼思之家’背后的故事一言难尽，其中一个原因是爱丽丝曾与许多男人往来”。

此外，就算沃特斯没有吸毒（她确实承认自己服用过一次迷幻药），也有许多流言蜚语说她的员工吸毒，例如，有服务员上菜时嘴里还喷着大麻烟的传闻。并且实际上，虽然沃特斯的父母资助过这家餐厅，据杰西·贾诺在其作品《迷幻美国》中所称，许多原有投资都来自毒贩，并引用了沃特斯的话，“他们才是有钱人，唯一富裕的反主流文化群体。我们又没法从银行贷款，天知道还有什么办法呢？”

美国杂志《城里城外》的美食与美酒栏目编辑詹姆斯·维拉斯曾将“潘尼思之家”形容为“一家毒品泛滥而意识混沌的嬉皮士餐厅”。托马斯·麦克纳米也在沃特斯的传记《爱丽丝·沃特斯与潘尼思之家：浪漫、虚浮、怪事频发却又最终辉煌的美食革命》中谈到了厨房闹剧与混杂了大量毒品与性爱的餐饮服务。麦克纳米说，一位名叫威利·毕肖普的厨师“喜欢在早午餐里加入中等剂量的 LSD[1]”。因此才有传闻称，餐厅的卧式冰柜面上堆着可卡因。

美国博主托德·克里曼粗略了解了沃利斯 40 年的经营生涯后，

1 即麦角酰二乙胺，一种半人工合成的毒品，有强烈的迷幻作用。

说她的“品牌是刻板的美食正确性……烹饪，说到底就是把事情做好，把食物做得美味” 。甚至连《纽约时报》都称她为“装腔作势的美国餐饮界圣女贞德”。而《名利场》杂志的大卫·坎普曾写道：“‘潘尼思之家’的成就之伟大，因某种令人反感的自我膨胀而被看低。这家餐厅向来清楚自己的定位与价值，并且早在1973年[1]就通过纪念版限量海报庆祝了开店周年日。”

至于财政方面——原先每人4.5美元的餐费现在需要6美元的烹饪成本；沃特斯的债台迅速高筑，在数周内欠下了4万美元。她的赞助人试图止住亏损，但根据英国美食作家埃尔弗蕾达·波纳尔的叙述：“像金钱这样微不足道的琐事不会拖垮她。”

评论家则对“潘尼思之家”的债务震惊不已。她的理念是向农民支付合理的价格，然而在经济危机初期，随着债务的增加，她显然无法向许多农民偿付任何东西。

就这样，餐厅经历了连续8年的亏损。不过根据西雅图记者大卫·拉斯金的叙述，“由于命运与时代思潮的会聚”，它得以存续。“潘尼思之家”坚定地立足于它的细分市场，引起了加州甚至全美国食客的关注，并吸引了一批至关重要的群体：厨师。正如“流浪儿”与“水畔餐厅”培养了一代厨师，而这些厨师又继续在英国各地传播了美食文化；曾在“潘尼思之家”工作又进而成为美国烹饪新星的那批人，在美国餐饮史上也有着举足轻重的地位。

这些人包括：朱迪·罗杰斯，因旧金山“祖尼餐馆”（Zuni Café）而闻名，他的祖尼食谱经常被誉为美国厨师编纂的最佳食谱；颇具影响力的《纽约时报》专栏作家大卫·塔尼斯；名厨兼餐厅老板马克·米勒；纽约、亚特兰大与纳什维尔拥有许多餐厅的曼哈顿厨师长乔纳森·瓦克斯曼；洛杉矶的苏珊娜·格因（因她在洛杉矶经营的高级餐厅而闻名）；广受赞誉的烘焙师史蒂文·沙利文。

1　这一年爆发了世界性的经济危机。

还有就是后来几乎终生都在指责沃特斯的耶利米·托尔。如果说沃特斯是美国餐饮革命之母，那么托尔便自视为美国餐饮革命之父。

美国记者达娜·古德伊尔在《纽约客》杂志上写道，托尔与沃特斯合作，将“潘尼思之家”从“令沃特斯想起布列塔尼美食的朋友聚餐之地，变成了世界级的餐厅”。备受推崇的美国葡萄酒评论家罗伯特·法恩根也说过，“潘尼思之家”是一家“为学生与年轻教员提供炖牛肉与水果挞的小餐馆，仅此而已。托尔的出现改变了一切，把它做成了真正意义上的餐厅”。

1975年，《美食家》杂志评论了这家餐厅，将它誉为“通过生命力、新鲜感与多样化，以及对千篇一律的法式菜肴的推陈致新，为顾客提供探索真正法国美食的愉快体验”。托尔后来指责沃特斯未将他记入这家餐馆的历史。他回想起沃特斯向他展示第一本“潘尼思之家”食谱时，才惊讶地发现“她已经收录了我创造的所有佳肴，把它们写成了菜单，投入了烹饪实践，还说这都是她自己的想法”。确实，食谱中虽然提及了与沃特斯共事的30个人的姓名，但未提及耶利米·托尔。

就这样，他心中的怨愤持续了数十年。他在入伙“潘尼思之家”的28年后，在《纽约时报》的一次采访中，宣称自己已决心不再讨论这家餐厅，不会再被有关爱丽丝的话题吸引。然而他还是没忍住——采访即将结束时，他咕哝道：“她从来不懂得辨别腐坏的蔬菜。”

还有另一次相似的情况——他在2016年接受拍摄安东尼·波登的纪录片《耶利米·托尔：最后的辉煌》时，又在预告片开头的几秒钟抨击沃特斯抢了他的功劳。

托尔似乎无法克制内心的愤慨。但他们俩的关系是复杂的，而且是非常复杂。

托尔出生于1942年，毕业于哈佛大学，曾在英国萨里郡的寄宿学校念书时学会了一口英国腔。他是自学成才的烹饪爱好者，之前没有真正从事过餐饮业，直至 1973 年冬天来到“潘尼思之家”——他在报纸上看到了一则广告：“即将开业的创意法式小餐馆现招聘一名心灵手巧积极肯干的大厨负责每周按照伊丽莎白·戴维与费尔南德·普安的方式规划与烹饪包含一道主菜共五道菜品的晚餐。”其中无分句的结构和语法使人读起来喘不过气。

他急需用钱，夹着菜单样本就去应聘了。面试时间意外地安排在下午 6 点；他心想，这不是餐厅最繁忙的备菜时间吗？

他横下心来走进了这家餐厅，工作人员却告诉他大厨爱丽丝抽不开身，问他能否次日再来。他也许出生于富裕家庭，但时至那一刻，他几乎身无分文，为了前来面试，他用光了口袋里仅剩的现金。

走下餐厅台阶时，托尔心有不甘，决定再试试。这次他要直接前往厨房。他找到厨房通道后，轻手轻脚地往里走去，再次介绍了自己，只不过这一次面对他的是身型矮小的沃特斯。她看了托尔一眼说：“改善一下那锅汤，可以吧？”然后大步越过他走向了饭厅。

炉灶上一个大铝锅里的蔬菜蓉汤正咕噜噜地沸腾。他用手指蘸了蘸汤汁，放入口中尝了尝，确定它还需要加点盐。他环顾四周，只找到了白葡萄酒与奶油，但还是把这两样加进了汤里。

爱丽丝回来后尝了尝汤汁，并说“你被录用了”，然后又走开去处理其他事情。其他厨师对这件事的叙述则不同，他们称当时有许多厨师与托尔一同前来面试，而且随后的几天，应聘者还为这一岗位进行了一次“试工”。

最终托尔获得了这份工作，并在“潘尼思之家”工作了五年。他是同性恋，而且沃特斯当时已有恋爱对象，但他们俩还是有了一段暧昧关系。托尔还说自己曾带沃特斯的男友去夏威夷度假。如果厨房气氛紧张，那么就说明餐厅生意旺。在两人的矛盾与情愫之中，诞生了这家态度严谨、颠覆性的餐厅，其中既有沃特斯的理想主义，又有托尔强烈的怀旧情怀。

托尔为原本混乱的反主流文化厨房环境带来了秩序。用古德伊尔的话说，他创作了“别具匠心的美味佳肴，法国大厨的学术论著，美食未来的勇敢宣言”。

托尔创作出了一道道精美的菜肴，也得益于不断增加的本地生产商的食材供他挑选，例如产自索诺玛的牛排番茄与新鲜的加州山羊奶酪。他公然蔑视了伊丽莎白·戴维的理论：只有地中海地区才能做出法式鱼羹；他对当地蛤蜊、明虾、鱿鱼、龙虾、螃蟹、洋葱、藏红花、大蒜和茴香的结合运用，可谓一项叹为观止的创意。他称是自己最先对菜品的食材供应商进行了调查。他于在职后期规划的一组套餐沿用至今，其中包括“蒙特雷湾虾”与“加州土鹅”。

同样为餐厅费尽心血、与沃特并肩作战的伙伴沃特斯，在日复一日的经营后，仍然是原来那个形象完美的女厨师，戴着头巾有条不紊地打点着餐厅，直至一天的营业结束。相较之下，托尔的个性与做派都更为张扬，他不在乎自己在他人眼中是不是餐厅的管理者，而且他会活泼、热情地对待工作。

爱丽丝·沃特斯的灵感来源于英国的伊丽莎白·戴维，而沃特斯自己又成了莎莉·克拉克的灵感源泉

五年后的1978年，托尔离开了“潘尼思之家”，也许沃特斯松了一口气吧。说起与他共事的感受时，沃特斯避重就轻地说：

> 那段时间里我非常喜欢寻找食材，而耶利米则非常热衷于烹饪，所以我们俩能够完美

结合。我一直希望把“潘尼思之家”做成一家简单的小餐厅，从来没想过更多，现在也一样。耶利米加入时，对食物有着另一番期待。他创作出了我没有做过的菜肴，这令当时的我无比着迷。

八年后，托尔已在各处教授并学习了一段时间的厨艺，开设了“星星餐厅”（Stars），而这家餐厅则成为旧金山湾区最成功的餐厅之一。现在的他无需顾及政治正确，无需背负拯救地球的伟大使命，可以尽情地在菜单上与餐厅里展现自己华丽的创作。根据波登等曾与他共事的厨师的叙述，星星餐厅升华了托尔的厨师地位。

“耶利米改变了餐饮服务的模式。”波登解释道：

在耶利米出现前，厨师的作用是幕后帮手。食客不会特别在意厨师的选择或建议，而厨师也只不过是在提供服务。而人们光顾耶利米·托尔的餐厅，是为了一睹他本人的风采，进入他的运作轨迹。

波登继续说道：在星星餐厅，托尔“拥有一间开放式的厨房，因为顾客会想要进来会一会这位大厨。在那之前，顾客最不想见到厨师，也最不愿听取厨师提供的选项。而在星星餐厅，人们却坚持这么做”。

根据美国厨师兼美食家露丝·雷克尔的叙述，“在星星餐厅，耶利米否定了美式餐厅的定义。”营业结束后，他不仅会整理餐厅，还会庆祝一番。后来他在美国其他城市开设了星星餐厅的分店，进而又将业务拓展至海外，包括菲律宾马尼拉与新加坡，并在香港开设了“山顶餐厅酒吧”（Peak Café）。

托尔是全球首批高端餐饮品牌的大厨之一。但在 20 世纪 90 年代末，他卖掉了所有业务，然后彻底退出了餐饮业的大舞台，迁至墨西哥过起了与世无争的生活。如今，他谈吐温和、高雅且机智，既是一位健谈之人，也是一位非常优秀的共餐伙伴。他的态度和语气与爱丽丝·沃特斯已无明显区别。不过，在托尔愉快地享受着惬意的退休生活和品尝他继任者的成果时，爱丽丝·沃特斯从未停止竞选活动。

她未曾开设第二家餐厅，但她对农贸市场以及有机农产品的热情与敬重，在全美国大范围引起了共鸣。“在美国各个城市甚至更远的地方，农贸市场遍地开花；有机农产品得到了广泛的普及；小型有机菜园从市中心发展至郊区的草坪，再到白宫。”艾丽莎·奥尔特曼写道。

沃特斯的另一项使命是捕捉孩子们的心理，令他们喜欢上食物，甚至渴望成为农民。“我们必须首先关注孩子们，”她曾在那棵巨大的红杉树荫下说道：

> 我们可以教他们有关经济负担能力与管理工作的知识。我们需要让幼儿园的孩子们认识食物；他们应该学习用水果来计数，绘画食物，在戏剧艺术课上做饭。食物是人类生活的基础，

离开了“潘尼思之家”的大厨耶利米·托尔开设了自己的餐厅，在菜单上与餐厅里展示了自己华丽的创作，成了烹饪明星

也是地球上所有其他生物赖以生存的资源，因此相关食物的学识尤为重要。

她于1995年提出了“食物校园”的倡议，用沃特斯的话来说，这是为了“创建有机菜园，维持它们的发展，并使这种理念完全融入学校的课程、文化与伙食规划中”。到2019年，“食物校园”已在33个国家运作。即便到了晚年，她也依然在坚持抨击与贬损持续膨胀、规模庞大的快餐产业。“这很艰难，因为快餐产业已累积了雄厚的资本，”她说道，“并且它们正强悍、粗野地进行着游说，影响着国会议员和参议员的思想与决策，这着实可怕。”沃特斯在多次有幸与前总统奥巴马会面时，都会在他耳边轻声提到三个词：“自由，学校，午餐。”

而后来继任了总统的特朗普对自己吃快餐这件事引以为豪，这就使沃特斯的游说面临了更艰巨的挑战。的确，许多人可能会质疑她是否真正产生了影响，毕竟她的居住地——伯克利附近的学校仍没有供应符合她所提标准的伙食。

2020年，美国快餐产业估值将超过2230亿美元。在过去10年中，特许经营权快餐餐厅增加了28000家。

然而，沃特斯热切传达的信息——食物应是季节性、本地性、简单性与公共性——引起了全世界的共鸣。2014年，美国《时代周刊》将她誉为最具影响力的人物之一。该杂志称：“‘潘尼思之家’无疑是最具教化作用的餐厅，但爱丽丝的馈赠远不止于此。她证明了厨师的影响力，告诉了整整一代人：一个人的热情能够改变一个国家的饮食习惯。”

沃特斯的其中一位“门生”是一名英国厨师，名叫萨莉·克拉克。她从未受雇于“潘尼思之家”，但在巴黎蓝带酒店厨艺学院学习后，于1979年在加州马里布找到了工作。克拉克听闻过“潘尼思之家”，因此在定居一两周后，她预定了该餐厅的位子，乘飞机降落于奥克兰机场，然后前去用餐。

“推开大门的那一刻，我着迷了。”她表示：

> 我所看到的一切，正是我在十二三岁时梦寐以求的景象。我认为经营餐厅的唯一正确方式，就是把它当成自己的家：从菜园或市场进行采集，选择最优质的食材来规划与创作菜品。

她在饭厅入座时，日落的余晖洒满了海岸，从窗户照进餐厅。然后服务员给她递上了一张单子——一张改变她人生的菜单，上面写着固定搭配的菜品。“我看到这种模式在当地切实可行，然后便思考着：不妨在伦敦试一试？”

在接下来的几个月中，克拉克会在每个空闲的周末降落于奥克兰机场，然后前去“潘尼思之家”。

“我去那里吃了一顿又一顿午餐和晚餐，仅仅是吃，”她回忆道，“我从来没有在那里工作过，仅仅是像个游手好闲的人一样坐在那里用餐。我还把我认识的每个人都带去了那里。那是我唯一想去的地方。”

1984 年，萨莉·克拉克在伦敦诺丁山开设了“克拉克餐厅”（Clarke’s），而她的餐厅以及许多年轻的英国厨师又将掀起一场餐饮业的革命，但这一次是非常英式的变革，其中包括克拉克、罗力·利、阿拉斯泰尔·利特，以及年轻的西蒙·霍普金森。在鲁氏兄弟及其精致餐饮引领的法式烹饪独占鳌头后，伦敦也终将尝到一种独具一格的风味。

16 Bibendum Opens in London
伦敦必比登餐厅

厨师西蒙·霍普金森与设计师兼餐厅老板特伦斯·康兰合作，在伦敦开设了“必比登餐厅”，主供法国菜，但其氛围休闲、随性且喧闹，与其他高卢餐厅大不相同。霍普金森是新式厨师，从业于撒切尔精英主义处于高峰的时代。外出就餐在英国成为了一项庄重的爱好，进而催生了一种新文化：餐厅公关。

在伦敦西区“希莱尔餐厅”（Hilaire）的厨房里，33 岁的厨师西蒙·霍普金森收到了一张改变他命运的字条。

那是特伦斯·康兰的来信。当时霍普金森在这家老布朗普顿路上的小型餐馆掌厨，结束午餐供应后，他终于有时间放松下来，打开这封信——上面只有一幅小草图，底下写着三个单词。

这幅铅笔素描画的是必比登先生，即米其林轮胎人，他的身体由叠起来的轮胎构成。图画下方写着：“我有主意了。”

霍普金森立马意识到事情即将变得有趣起来。几个月后，“必比登”餐厅开业了。

康兰让霍普金森成了股东，而这家餐厅则开在伦敦南肯辛顿改建的米其林大厦中，康兰为拿下这处场址费了好一番工夫。这幢大厦于 1911 年落成，作为米其林轮胎公司的英国总部与轮胎存放处，当时是一幢由混凝土材料建成的新潮装饰性建筑。

时至 1985 年，它已不再适合该公司，刚开始出售就引起了许多人的兴趣——这可是伦敦的时尚区。与康兰一样全力争取这块地盘的人，还包括出版商保罗·哈姆林。两人是朋友，但都未透露自己的抱负，所以一开始尚未意识到彼此成了对手。他们发现这个状况后，决定合作，一起击败其他竞标者，以800万英镑的价格拿下了这幢建筑。通过改建，哈姆林的出版业务，以及康兰规划的商店、酒吧与餐厅都搬了进来。

康兰与霍普金森相识于希莱尔餐厅。康兰成为该餐厅的忠实顾客后，每周都会前来用餐，还与这位主厨成为了好朋友。

一天晚上的聊天中，霍普金森对康兰说："我想拥有自己的餐厅。你会支持我吗？"对于康兰来说，设法开一家新餐厅简直易如反掌。

霍普金森生性腼腆，拥有一副优美的嗓音（曾是牛津大学圣约翰学院的合唱学生）。他与兄弟出生于英国兰开夏郡，父亲是牙医，母亲是学校教师。他曾在学校放假期间到伯特尔一家法式餐厅打工；在20岁时，他到威尔士彭布罗克郡海岸的菲什加德附近开设了"小屋"餐厅（The Shed），其中能容纳五桌顾客。在那里，他引起了埃贡·罗内的注意，首次赢得了罗内的一颗评星，然后移居至伦敦，就职于希莱尔餐厅。

他执着于把事情做好，并越发相信自己的实力。他曾拜访过美国旧金山的星星餐厅，并从主厨耶利米·托尔身上得到了一些启发。30年后，霍普金森回忆道："他的才艺令我着迷。他热爱传统法国菜，个性张扬，富有人格魅力，拥有明星气质。我还知道他是同性恋。"

霍普金森的著作《烤鸡与其他美食故事》（最早于1994年出版，与厨师林赛·贝尔汉姆合著）中分享的第一份食谱就是"耶利米·托尔的蒙彼利埃黄油"，一方面是向托尔致敬，另一方面是它确实非常美味。

必比登餐厅于1987年11月开业，而霍普金森的菜单显然会令

左页图 霍普金森与康兰的必比登餐厅为英国的新精英阶层提供了法国资产阶级风味的美食，迅速成为伦敦最时尚的餐厅

伦敦其他餐厅的常客叹息——上面列了一长串的菜肴，而且大多数以法语书写。其中包括鱼汤（soup de poisson）、土豆苦苣（endives au gratin）、勃艮第焗蜗牛（escargots de Bourgogne）、红酒酱蛋（oeufs en meurette）、布雷思鸡（poulet de Bresse rôti），以及香炒羊肚菌（sauté de veau aux morilles）。

所以，伦敦餐饮业仍在对法国美食俯首称臣吗？即便在当代最佳设计师之一开张的这家耳目一新的餐厅里，也一样吗？

菜单上主要是法国菜［其中也有少数英国菜，例如"蛋黄酱蟹肉"（crab mayonnaise）、"芹菜奶油汤"（cream of celery soup）、"大蒜黄油烤龙虾"（grilled lobster in garlic butter）］，但非常别出心裁，也绝不是贵族那类奢华料理。

康兰与霍普金森曾在必比登餐厅开展过很多有关食物的探讨，也曾到法国实地考察。他们拜访过一家当地的米其林三星级餐厅，店内供应种类繁多的菜肴，并且全都非常精美。康兰表示："我无法忍受这种老派的食物。"必比登餐厅将会独树一帜——既要展现奔放的艺术，又要追求正宗的口感。霍普金森表示：那是一种"法国资产阶级风味的料理"。

他们用餐的房间沐浴在阳光中。霍普金森说，那里有高高的屋顶和宽大的窗户，店内"业务繁忙，气氛喧闹而欢快，并且任何方面都不刻板"。

为了秉承这种氛围，霍普金森挖走了那里一位名叫约翰·戴维的男领班。那么当客户踏进必比登餐厅的那一刻，迎接他们的就不再是鞠躬、拘谨、奉承或谄媚的法国人或意大利人，而是友好、合群的英国人。

霍普金森表示："他能随性地表现出才智。"华丽庄严的餐厅因约翰·戴维的存在变得温和起来，但又不乏奢华与舒适的享受，迅速成为新一代伦敦富人的社交常聚地——一家汇集了时尚宠儿、设计精英、影视明星与政界官员的餐厅。电视节目主持人大卫·弗罗斯特这类人士则拥有固定桌位；餐厅内的部分乐趣来自从前台走向餐桌的过程——当约翰·戴维带领顾客穿过饭厅时，会不时停下向几乎每张餐桌的友人致意。

必比登餐厅与鲁氏兄弟的餐厅大不相同——流浪儿餐厅或水畔餐厅的氛围更为雅致且安静，摆盘更精美，食物看起来更精良。但霍普金森仍然依赖着两兄弟，即便只是供应方面。

霍普金森需要的大量食材只能通过鲁氏家族创立的供应公司获取。必比登餐厅以及当时许多其他餐厅的供应都依赖着鲁氏企业，包括禽肉、酥饼、牛肝菌（英式牛肝菌或意大利牛肝菌）和某些蔬菜。

关于甜点，霍普金森还进行了一些特别的加工。他沉迷于英国人擅长制作的美食：布丁，因而菜品里才会有“布丁女王”（Queen of Puddings）和一款蒸姜布丁。菜品也包含法式菜肴，例如苹果挞（tarte fine aux pommes）和皮蒂维耶巧克力。（霍普金森在法国西南部乌什内·勒·贝区的一家餐厅尝到了这种巧克力，其主厨名叫米歇尔·盖拉德。霍普金森曾写道：主厨“向我分享食谱时，我有些词不能理解”。回到伦敦后，霍普金森自己弄清楚了这份食谱，并在后来论断道：“结果，还是我的更好”。）

他相信，这种混合流派——最好的法式餐厅与老派的英式餐厅同在一间氛围休闲的豪华饭厅中呈现，将会别开生面。伦敦人确实爱上了这种格调。

康兰环顾自己联合打造的这家餐厅，陶醉于自己能为英国精英阶层提供餐饮服务的事实。几个月前，玛格丽特·撒切尔夫人连续第三次赢得大选，这是她第二次以压倒优势获胜。

必比登餐厅迅速成为伦敦西部最时尚的餐厅，而名人们前去用餐并非为了追赶时髦或抛头露面，而是单纯地因为想去。霍普金森还记得一次三人座的订台——亚历克·吉尼斯、劳伦·白考尔和阿兰·本奈特[1]的一次共餐。后来康兰表示：

> 伦敦人的口味在改变，这正是独辟蹊径的大好机会。我们的愿景是创造一种全新的餐厅，风格介于巴黎餐厅与康诺特（Connaught，一家梅菲尔区的高档酒店）那样精致优雅的场所之间。这对我来说也是一个分水岭，是我爬上美食天梯的庄重的第一步。

必比登餐厅随后的成功令康兰充满了信心，继而他又在英国首都各处开设了许多其他餐厅。

评论家们对此赞不绝口，其中许多人都十分佩服霍普金森能够复兴“欧陆”餐饮的名声，毕竟在战后的岁月里，“欧陆”标签下只有惨淡的餐饮。霍普金森描述那类食物“非常非常的欧陆式”，但比起之前的“欧陆”风味，例如流行的意面与薯条或当时的异国牛油果与法式调味品，他的美食大相径庭。

他的一套菜品包括小牛头肉（tête de veau）、内脏（牛或羊的胃）、芥末酱兔肉，以及白色猪血肠（boudin blanc）。此外则是炸鱼和炸薯条，在周日还会供应烤牛肉。当时英国《卫报》的评论家保罗·利维对该餐厅的菜肴爱不释口，将它们称为必比登餐厅的“复古、保守而时髦的法式风味：鲱鱼、红烧苦苣、粉红烤小牛、皮蒂维耶巧克力”。

厨房里则有一组年轻的英国厨师团队，他们包括：亨利·哈里斯与马修斯·哈里斯两兄弟、菲尔·霍华德、布鲁斯·普尔——后来，所有人都在自己开设的餐厅中点亮了英国新餐饮革命的

1 三人都是著名的电影演员。

灯塔。

终于，一名英国厨师——霍普金森，在伦敦拥有了一家时髦餐厅，并且他不是唯一的一个。

另一位引起类似轰动的英国人名叫阿拉斯泰尔·利特，他以自己名字命名的餐厅于1985年在伦敦苏活区开业。他毕业于剑桥大学，同样对伊丽莎白·戴维的食谱一见倾心。他不提供桌布，而是以纸张作为餐巾，而他那清淡、新鲜又简约的菜肴则为他贴上了“现代英国烹饪教父”的标签。

然后是罗力·利。他曾得到鲁氏兄弟的培训，是另一位伊丽莎白·戴维的崇拜者。于必比登餐厅开业的同一年，他在伦敦诺丁山开设了“肯辛顿广场”，跟必比登餐厅一样宽敞而开阔，其中一整面墙是一扇落地窗，面朝肯辛顿教堂街的上段。

罗力·利与另外两名男子组成了餐厅团队，他们是尼克·斯莫尔伍德与西蒙·斯莱特。罗力·利的烹饪生涯始于流浪儿餐厅，后来鲁氏兄弟将他提拔为伦敦“普乐波餐厅”（Le Poulbot）的主厨。他在四处游览伦敦的餐饮环境时，发现的全是高端时髦或物美价廉的餐厅。他表示：“伦敦所有场所都在发展精致的餐饮服务。”

罗力·利设计的一套菜品富有创意，获得了广泛食客的喜爱，其中包括一款简单的蛋饼（按照伊丽莎白·戴维的食谱制作）、他独创的“鸡肉与山羊肉奶酪慕斯”、配以甜玉米烙饼的整块新鲜煎鹅肝，以及香肠和杂粮粥。餐厅环境嘈杂得令人难以置信，其顾客群与必比登餐厅相似。不过由于它位于肯辛顿宫的步行距离之内，因此威尔士王妃戴安娜偶尔会在一端用餐，同时，来自附近《每日邮报》办公楼的记者则会在另一端用餐。

根据英国广播公司电台节目制作人兼美食作家丹·萨拉迪诺的叙述，肯辛顿宫拥有“英国餐饮史上最热门的餐厅之一”。英国厨师卡丝·格拉德韦尔曾在20世纪80年代后期为该餐厅掌厨，她表示，该餐厅的菜品非常“新颖”。她还补充道：“任何其他人都无法做到将薯条加入菜单而不被抱怨。这相当于一场革命，很多事情就是在那时改变的。”

1984 年，在罗力·利的诺丁山餐厅对面有了另一家引起热议的餐厅：“克拉克”——萨莉·克拉克曾在爱丽丝·沃特斯开在美国伯克利的“潘尼思之家”吃过无数顿午餐与晚餐，从中汲取了灵感后复制了这种经营模式，提供固定搭配的菜品。“蔬菜、草药和沙拉都是我获得的灵感，”克拉克曾说道，“所以我会在早晨 7 点半到 8 点之间到餐厅，看看有哪些食材，然后认真地权衡菜品的供应。”

她与沃特斯的做法一样，没有为自己的餐厅开设分店，更别说发展成产业链了。“潘尼思之家”为她提供了源源不断的灵感。她曾称：“那是世界上最好的餐厅，这体现在其氛围、团队、各方支持与他们之间的友谊。我只是渴望自己生活中的每一天都能拥有这些。我总会以爱丽丝为标准，在制作每道菜的时候都问问自己：她会喜欢吗？”实际上在 2014 年 10 月，为了庆祝“克拉克”餐厅营业三十周年，爱丽丝·沃特斯去了伦敦，并且在该餐厅当了一周的领班。

早在 20 世纪 80 年代后期，必比登餐厅与“肯辛顿广场”“阿拉斯泰尔·利特”和“克拉克”之间就有一大区别：价格。霍普金森也承认，必比登餐厅的菜品价格“非常高昂”。作家兼餐厅老板尼古拉斯·兰德尔曾写道：“当时我十分震惊，一顿双人晚餐的费用居然超过 100 英镑。”

霍普金森为其定价辩护的理由则是成本——餐厅雇用了大量员工，大约 90 人，并且对食材的选择与供应也是毫不吝啬。但如果有人抱怨那些不提供高级餐饮服务的餐厅收取了这样高昂的费用，那么必比登餐厅的定价就是合理的。毕竟，这是哈利·恩菲尔德扮

阿拉斯泰尔·利特与罗力·利和霍普金森组成了神圣的英国烹饪明星铁三角

演的“大富豪”[1]在英国人民的电视荧幕上风靡的一年……

亨利·哈里斯的弟弟在必比登餐厅工作的多年间，曾在骑士桥[2]发现了一家名为“拉辛”（Racine）的酒馆。他将霍普金森、罗力·利和阿拉斯泰尔·利特形容为“一种神圣的铁三角”。他们也是温文尔雅的厨师。尽管霍普金森已承认他的厨房“一开始有点吵吵嚷嚷”，但其管理完全不同于非常另类的厨师马尔科·皮埃尔·怀特——于必比登餐厅开业的同一年，怀特在泰晤士河畔的旺兹沃斯公共区开设了哈维斯餐厅，以残酷的方式对待年轻的厨师。

戈登·拉姆齐则是怀特的门生之一，后来建立了自己的餐饮帝国，把残酷的厨房管理变成了一种艺术形式。他喜好咒骂的形象催生了一些电视节目，他（并不总是成功）的原则是打响名声可以吸引顾客。

霍普金森的独门手法，则是与他的厨师们探讨风味的正宗、食

1　“大富豪”（Loadsamoney）是哈利·恩菲尔德在英国第四台（Channel 4）的歌舞喜剧节目《星期六表演》（*Saturday Live*）中创作并饰演的角色，是一个经常吹嘘自己赚了多少钱的泥瓦匠。这个角色主要是为了讽刺和回应当时撒切尔政府的政策。

2　伦敦市中心西部的一个住宅和商业区域。

物的口味，以及做好事情的重要性。他会让厨师们阅读他的“导师”伊丽莎白·戴维与法国烹饪作家理查德·奥尔尼的食谱。

面对抱怨厨房温度过高的厨师，马尔科·皮埃尔·怀特选择撕烂他们的衬衫和围裙；而哈里斯谈到霍普金森时说：“我还记得他让我坐下，让我阅读了理查德·奥尔尼写的一段文字，内容是关于如何备货。”

霍普金森说：“我掌握了用人的窍门，并看得出他们天资聪颖，因此培训时，我会让他们去思考问题并构思想法；这也令我非常兴奋和激动。”

罗力·利则将自己的烹饪手法描述为“治疗”。他也坚持贯彻了精准度与好习惯的准则，并且他的训诫并非总限于员工。在一次吵闹的晚餐后，他敢于邀请当时态度粗鲁的顾客来餐厅，并命令他们到厨房上方他那间小小的办公室见他，然后严厉地训斥他们的不良行为。还有就是阿拉斯泰尔·利特；比起厨师，留着胡子、戴着眼镜、神情古怪的他更像一位和蔼可亲的教师。

马尔科·皮埃尔·怀特的门徒之一——戈登·拉姆齐，将其导师对厨房的残酷管理变成了一种暴利的艺术形式

不过虽然在风格、性情与教育方面，霍普金森与马尔科·皮埃尔·怀特截然相反，但他们确实有一个共同点：一位名叫艾伦·克朗普顿·巴特的男子，他一手将厨师们从灶台奴隶驱策成了烹饪明星。

20世纪70年代末，霍普金森在成为一名用料节约的私厨前，详读了埃贡·罗内的指南。同样详读了这本指南的人包括艾伦·克朗普顿·巴特——乱糟糟的金发盖在双眼上方，哪怕披着夹克、戴着领带，他看上去也很邋遢。

谈到食物与饮料时，克朗普顿·巴特几乎都会兴奋不已，这也难怪他会与霍普金森成为朋友，还曾同住过一间公寓。

克朗普顿·巴特曾在20世纪70年代尝试过一次音乐圈生涯——担任朋克乐队的经纪人，其中包括"迷幻皮草"乐队（Psychedelic Furs）。后来他决定追求自己更热爱的事物：美食。在全家跟随身为英国皇家空军的父亲去了新加坡后，克朗普顿·巴特被送到了马来西亚槟城的英国寄宿学校，正是在这段时期，他的味蕾仿佛觉醒了。

他通过了罗内的实践考验，成了美食评论家，在二十多岁时兴冲冲地游历着英国，以吃谋生。他了解到了优质餐厅的组成要素，以及最佳餐厅的经营模式。几年后，乐于交际的他已对这份每天独自吃两顿饭的工作感到倦怠而难耐，于是在一家名叫"肯尼迪·布鲁克斯"（Kennedy Brooks）的餐饮公司找了份工作，一路从餐厅经理晋升到市场总监。然后他便着手开拓自己的事业，同时设法讨好记者，请他们到该集团的部分餐厅用餐。

他会用公司经费来款待这些记者，并大肆赞扬厨房员工。对于西蒙·霍普金森的崛起，克朗普顿·巴特认为自己功不可没——他曾建议霍普金森放弃当私厨，到希莱尔餐厅工作，而特伦斯·康兰正是在这家餐厅发现了霍普金森。没准康兰也是听从了克朗普顿·巴特的建议才前来的呢？

不久后，克朗普顿·巴特便决定自己创业，成立了“艾伦·克朗普顿·巴特公关公司”（Alan Crompton-Batt Public Relations，缩写为“ACBPR”），将厨房里身穿格纹裤子、安静工作的“艺术家们”送上了英国光彩夺目的杂志页面。如今，数百家公关公司争相向媒体宣传着伦敦等英国城市的餐厅以及他们的大厨。从 20 世纪 80 年代中期到末期，ACBPR 都占有或多或少的市场份额。

克朗普顿·巴特身边向来不缺年轻貌美的助理，他的妻子兼往昔的商业伙伴伊丽莎白也曾与这些助理共事，直至 1995 年两人离婚。他们曾是“金发崇尚者”。尽管他们多数人本就是金色头发，但同样是金发的巴特还是决定把他的头发染成更耀眼的金色。20 世纪 80 年代，他为了搭配自己新浪漫主义风格的长发与西装，买了一辆白色宝马。他于 2004 年去世，享年 50 岁。之后英国餐厅评论家费伊·马施勒回忆道：“他开着车应酬了一场又一场，有时会把车开得左右摇晃。”

当时记者们欣然接受了他的午餐邀请——用餐时间很长，很愉快，并且当然是免费的；反过来，他们也很乐意在报纸副刊和八卦专栏上将克朗普顿·巴特的客户打造成明星。其中一位明星就是马尔科·皮埃尔·怀特。怀特最初遇见克朗普顿·巴特时还在流浪儿餐厅工作，他在后来回忆道：“我以前每天晚上沿着国王路回家的途中，会到肯尼迪餐厅喝一杯，巴特则是那里的经理。我们聊天时，他会告诉我有关流浪儿餐厅、阿尔伯特·鲁克斯和餐厅大致业务的信息。就这样，我们成了好朋友。”克朗普顿·巴特对食物的知识与热情令怀特震惊——“艾伦对食物非常痴迷，”他表示，“他清楚地记得自己吃过的每一道菜和用餐地点。”

克朗普顿·巴特与妻子伊丽莎白一同创业时，怀特最早得知了这个消息。“他是我遇到过的最善良的人之一，”怀特表示，“我开设‘哈维斯’时，他为餐厅做了公关工作，也没图一分钱。他从来没有向我开具过任何账单。”怀特还表示，克朗普顿·巴特“对我有信心，而我当时只有 19 岁，刚从约克郡出来谋生。他说，我会成为英国首位米其林三星级厨师”。

ACBPR 的其他客户还包括声名狼藉、难以正名的尼克·雷登斯——一位希腊裔餐厅老板，曾将顾客的加盐要求视为罪过而将他们赶出餐厅，并因此而闻名。他不喜欢姿态懒散的食客，还曾因为一名食客看起来有点儿过于自在，踢了一脚这位食客的椅腿，并呵斥道：“在我的餐厅里要坐好！”

既然怀特曾为雷登斯打工，那么他无疑会向这位师父学习。怀特的惯用绝技叫做“呼呼”——如果顾客拒绝按照厨师的请求离开，服务员会“突袭”餐桌，拿走所有的容器与餐具，然后由领班“呼”地一下收走桌布，完成逐客令。

在大量媒体进行了相关报道后，怀特便不再施展“呼呼”绝技，然后他就发现，某些狡猾的银行家和他酒醉的朋友开始竭尽所能地作怪，看看自己是否会被赶出去。

克朗普顿·巴特并未阻止这些报道出现在报刊上。根据英国《每日电讯报》上克朗普顿·巴特的讣文所述：

> 如果有记者让克朗普顿·巴特确认关于他客户的报道，他可能会回答：“是的，完全正确。这就是他会说的话。”然后他会完美地模仿那位客户，用上所有适当的措辞与表演效果；他天真地以为客户不会记得他是否对媒体说过这些。

克朗普顿·巴特升华了厨师的地位，把英国烹饪人才打造成了明星。此外，怀特还得益于摄影师鲍勃·卡洛斯·卡拉克为其拍摄的形象照。怀特表示：“巴特发明了餐厅公关，与鲍勃一同创造了属于厨师的时尚风潮。”虽然克朗普顿·巴特英年早逝，但怀特还表示：“在我认识的所有人中，他拥有最出色的味觉。即便不会做饭，他也像一名伟大的厨师。”

20 世纪 80 年代是他的全盛期，但其他公关公司也在陆续成立，其中一些公司就是为曾经身为金发崇尚者的女孩们诞生，而这个机构的员工又催生了其他公司，依此类推。时至今日，英国几乎每家令油盐酱醋物有所值的餐厅都聘请了一名公关人员。

利维写道："艾伦·克朗普顿·巴特是英国餐饮革命的先驱。包括他在内的那类人，带来了象征着时髦生活的新奇特色——外出就餐是一项消遣活动，烹饪是一项爱好而非日常苦差事。"

然而随着潮流的更迭，ACBPR 耀眼的蓝色西服与黄金首饰还是过时了。20 世纪 80 年代的浮华已然褪去，90 年代经济寒潮开始了，这就意味着厨师与餐厅老板不再愿意为公关人员提供高额的午餐预算——越来越少的记者能够享受到整个下午的痛饮狂欢，ACBPR 也逐渐泄气。"人人都花光了钱，而我也走投无路了，"克朗普顿·巴特曾说道，"在这个时期，致电某人推销说'我们打算在哈罗拿一根鸭绒搞点大事情'，这是不会有人买账的。从某种程度上说，是我们活该——我们创造了经济泡沫，然后它们破裂了。"

不过，尽管克朗普顿·巴特的发财梦已然破灭，但在 90 年代，英国仍然出现了越来越多的新餐厅，尤其是在伦敦——1994 年，弗格斯·亨德森的"圣约翰餐厅"开业；1995 年，赫斯顿·布鲁门塔尔在布雷开设了"肥鸭餐厅"（Fat Duck）；1998 年，戈登·拉姆齐在切尔西开设了自己的餐厅，而在 1998 年，甚至有了高端杂志——《美食画报》，记录了英国餐厅、厨师和小规模生产商蓬勃诞生的新纪元。

当时髦的杂志与报纸副刊均聚焦于新一代英国厨师，并试图定义 20 世纪 80—90 年代的"英国现代食品"时，这些美食作家与评论家却忽视了组成餐饮文化的其中一个部分：印度餐馆的盛行。美食作家、评论家与餐厅评审员可能会嘲弄这类场所的墙纸，并把该民族的整体音乐流派取笑为"咖喱屋曲风"，但比起必比登餐厅，印度餐馆拥有更豪放不羁的风味。

确实，英国的印度餐馆在 1980—2000 年发展最为迅猛，总数从 3000 家增长至 8000 家。

第二次世界大战后，英国餐饮业苦不堪言，但咖喱屋可谓成功经营的典范。来自孟加拉和巴基斯坦[1]的移民遍布全英国，意味着许多城镇拥有不止一家印度餐馆，而是好几家。正如英国历史学家莉泽特·科林厄姆在其书作《咖喱传奇》中写道："谈及利明顿温泉镇时，首先涌入人们脑海的事物可并非咖喱屋。"但在 1975 年，一位到访该镇的游客在当地发现了五家咖喱屋。这类餐厅是一种具有领先优势的流派。

多亏了东印度公司，印度饮食文化才能于 19 世纪初期在伦敦逐渐传播。实际上早在 1811 年，英国《泰晤士报》就刊登了"印度斯坦咖啡屋"（Hindoostane Coffee House）的开业广告。这家餐厅向东印度公司的退休官员提供了"最完美的印度菜"。这是一次光荣的讽刺现象——为了迎合身在英属印度的英国苦工相对寡淡的口味，印度各地出现了许多英式俱乐部。而他们一旦回到英国老家，就吃不上这种更具异国风味的佳肴了。只有印度餐馆中的装潢、竹藤椅、水烟筒，当然还有咖喱，才能够为这些"地方长官与富商"提供旧时光里的美味。因此 19 世纪的食谱中咖喱菜肴的数量不断增加，出售香料、酸辣酱和咖喱酱的商店也越来越多。

不过这些现代印度餐馆实则兴起于 20 世纪 40 年代，当时英国首都的红砖巷和商业路等街道出现了许多咖啡餐吧，为来自孟加拉锡尔赫特区的海员们提供服务。其中许多人原先从印度加尔各答出发，在一次可怕的旅程中幸存下来后，跳上了英国南安普顿或加的夫港口的船舶，前往了伦敦东部。

伦敦也有较为时髦的印度餐厅，例如于 1926 年在摄政街开设

1　这两地曾属于印度，同为英国殖民地。

英国的印度餐馆兴起于 20 世纪 40 年代——咖啡餐吧在伦敦东部开业，为来自孟加拉锡尔赫特区的海员们提供服务

的“维拉斯瓦米餐厅”（Veeraswamy）。这些餐厅与 19 世纪初的印度咖啡屋一样，主要面向之前在印度工作的人士，包括退役军人与退休公务员，并且员工通常是锡尔赫特人及其家人。移民在餐馆创业上付出了巨大的努力，印度移民买下“二战”后伦敦各处大量炸毁与废弃的咖啡餐吧——许多中国移民和希腊 - 塞浦路斯移民也抓住了这一商机。

于 20 世纪 50 至 60 年代在英国各城镇开业的印度餐厅，也成了学生们最喜爱的实惠之选。锡尔赫特人后来被简称为“孟加拉人”，他们虽然迎合了退休印度英侨的口味，但也令首次光顾的食客喜欢上了这些菜肴——杏仁奶油咖喱浸肉、挤了少量柠檬汁的马德拉斯咖喱热菜，以及彩斑肉汁饭。由此，英国人的口味受到了程度适中的挑战。科林厄姆写道：“这些餐厅以实惠的价格与及时的服务吸引到了顾客。”然后啤酒进入了供应项目，印度炸圆面饼与香辣酱成为了开胃菜，巴尔蒂锅菜（Balti）也随之出现。然而，印度当地居民并不认得这些菜肴。

当伦敦的“盖洛德餐厅”（Gaylord）安装了一款印式泥炉后，

一切就变得更有趣了。1968 年的《美食指南》将之描述为“一种特有的泥炉”。科林厄姆还指出：“印度餐厅里的菜肴仿佛有了生命，成了一种独立于印度次大陆食物的存在”。

英国人开始将印度咖喱菜视为自己国家的风味，与烤牛肉一样作为一道主菜。随着历史上文化摆锤的撞击，缺乏正宗性的英式咖喱给新一代印度厨师带来了商机——他们利用这种改良食品，开设了一批展现印度地区文化与正宗风味的新式餐厅。

其中一位非常成功的厨师名叫阿图尔·科克哈尔。2001 年，他于伦敦梅菲尔区的餐厅“罗望子”（Tamarind）成为首位获得了一颗米其林评星的印裔厨师。2019 年，他仍在这家餐厅工作，并开设了“伽腻色迦”餐厅（Kanishka），主供菜肴风味源于印度东北部——阿鲁纳恰尔邦、阿萨姆邦、梅加拉亚邦、曼尼普尔邦、米佐拉姆邦、那加兰邦与特里普拉邦等地区。对于伦敦食客来说，这也许不值一提，但也没人抱怨英国餐饮业里突然出现了这么一家新奇的印式餐厅。

21 世纪印式餐厅的增长也体现在过多新潮餐饮体验的涌现上，它们共同将世界各个角落的美食文化带到了英国。同时，20 个世纪 80 年代的英国餐饮业革命先驱则陆续脱下围裙，逐渐退出竞争的舞台。

阿拉斯泰尔·利特在从事了多年的烹饪后，放弃了餐厅生意，转而在伦敦维斯特波恩路开了一家名叫“塔沃拉”（Tavola）的商店。“我喜欢制备食材，喜欢与生产者打交道。”他说道，但“餐饮服务的过程冗长、艰辛且枯燥……就是周而复始地装碟和上菜”。并且正如英国美食作家卡罗琳·斯泰茜在《独立报》中写道，像利特一样“有文化素养的同龄人，例如西蒙·霍普金森和罗力·利，不会仍在每天夜里把锅碗瓢盆弄得乒乓作响了”。

霍普金森也发现餐饮服务有着难以承受的无情压力，因此在必比登餐厅开业七年后，他永久地辞去了餐厅厨房的工作。他后来反思道："一切都超出了我的负荷，我崩溃了。这种感觉很可怕，很糟糕。我受够了，现在再也干不了这行了，不然我会因恐惧而不小心切掉手指或者其他什么。"

罗力·利则继而在伦敦贝斯沃特开设了"英吉利咖啡馆"（Café Anglais），在那里创作出了一道经典菜肴：帕尔马干酪烤鳀鱼蛋奶沙司，堪比他之前的作品——鸡肉与山羊肉奶酪慕斯。

霍普金森、罗力·利、利特和克拉克永远地改变了英国餐饮业，赢得了评论家的喝彩，并因其著作而受到赞誉。然而无论他们是否在乎，他们都没得到过任何一颗米其林评星……

17

The Death of Bernard Loiseau

伯纳德·卢瓦索之死

名厨伯纳德·卢瓦索的自尽在法国乃至世界各地的餐馆中引起了轰动。人们开始好奇，厨师究竟承受着多大的压力？其中，米其林红色指南的影响力，以及餐厅评论家的操纵力，究竟有多可怕？而这些所谓的权威观点又面临了强大的竞争对手—— 一种被称为“博客”的文化潮流……

2003年2月25日，周二，大约下午4点，勃艮第中心的索利厄小镇的一家餐厅里，年轻的斯特凡妮·盖蒂坐在饭厅的角落，周围的人们专注地边听边记录着她说的话。这位女子轻轻擦了自己哭红的双眼，深深地吸了一口气，只说道：“我们不明白他为何要这么做。”

前一天，是这家餐厅开业以来最令人心碎的日子。午餐时间结束后，媒体获得允许来采访少数的指定员工。

盖蒂在当时是伯纳德·卢瓦索——法国最著名的大厨之一的助理。当时有许多年轻的厨师争先恐后地来他的厨房接受锻炼。世界各地的顾客都前来用餐，坐在他精心布置的房间里，围在炉火旁。

一天前，卢瓦索叠好他的厨师围裙后，回到了他在科多尔酒店（Hôtel de la Côte d’Or）的卧房中，而他的餐厅正是开在这家酒店中，这样他可以保持每天午睡的习惯。只不过这天，他没有选择午睡——关门上锁后，他来回踱步了一阵，在椅子上坐下，娴熟地调好猎枪，让枪管直对着自己，然后扣动了扳机。

是妻子多米尼克发现了他——大约 5 点 15 分时，妻子回到了酒店和餐厅来取一份落在房间里的文件。结果房门打不开，她只好绕去了另一扇门，因为她知道这把锁坏了很久。然而这扇门似乎被堵上了，于是她用力撞了一下，跌入了一个令她这辈子都想努力忘记的场景。还好——她表示，幸亏是自己发现了死去的丈夫，而非他们的孩子。而卢瓦索用的这把枪正是她赠送的礼物。

那天晚上，这家米其林三星级餐厅的晚餐照常进行。十年后，

在科多尔酒店里，厨师伯纳德·卢瓦索拥有自己的米其林三星级餐厅。他对完美的执着最终酿成了悲剧

卢瓦索的主厨帕特里克·伯特兰回忆道："当天我们仍然正常开餐，多数人直到第二天才知道这件事。我们继续营业，因为餐厅就像剧院——表演要继续，幕后的供应就不能停。"

多米尼克突然就成了卢瓦索的遗孀，必然不想接待任何人，但其中许多人早在几个月前就预订了桌位，特地大老远前来用餐。所以她表示："当晚我们只能照常营业。"她还补充道："我们提供的是幸福感。"

次日的午餐也照常供应，尽管当天早晨法国各个电视网络都传出了新闻。

周二晚餐营业时间前，在餐厅外排队的媒体记者终于被邀请入内。卢瓦索的助理没有提供太多其他信息，只是摇了摇头，双眼泛着泪花。

12 年来，名厨卢瓦索一直令餐厅保持着米其林三星评级，要不是盖蒂说出了缘由，那么在 200 英里外的里昂，身为卢瓦索之友的厨师保罗·博古斯就没想通他为何会自尽。

博古斯除了拥有著名的米其林三星级餐厅"科隆芝池塘酒店"（L'Auberge du Pont de Collonges）外，还经营着啤酒连锁店。当法国日报《巴黎人报》打通他厨房办公室的电话时，他并未拐弯抹角。

"好极了，《高特米罗美食指南》，"他说道，"你赢了。"

博古斯最后一次与朋友卢瓦索交谈是在上周日，他想起当时卢瓦索感到心烦意乱。《高特米罗美食指南》（由两位餐厅评论家——亨利·高特与克里斯蒂安·米罗创立于 1965 年）已告知卢瓦索，在即将出版的 2003 年期刊中，他将被扣掉两分，从 19/20 掉到 17/20。虽然这本指南不及《米其林指南》那般博人眼球，但也具有相当大的影响力。

随后该法国餐厅的一些评论家抱怨道，卢瓦索的酱汁质量赶不上以前。

厨师保罗·博古斯将朋友之死归咎于《高特米罗美食指南》："好极了，《高特米罗美食指南》，你赢了。"

卢瓦索还听到传闻说，米其林在考虑扣掉他一颗星。他甚至会见了米其林的高管，对方告诉他："无风不起浪，无火不起烟。"这场谈话似乎重创了这位大厨的信心——一位同事听到他在厨房里喃喃自语："我完蛋了，我不再优秀，变成了废物。"

米其林的财务主管伯纳德·法布尔也见过气馁的卢瓦索——他对法布尔说："我将失去第三颗星……这会使我赔钱、破产，最后他们会夺走我的餐厅。"

几天后，全世界都得知了这位法国美食界伟大从业者离世的消息。实际上，卢瓦索不仅厨艺精湛，还改善了法国最精美的菜肴。例如，他会用大蒜与欧芹酱制作蛙腿，味道非常好，手法却很简单——蛙腿用黄油煎炸；大蒜反复煮熟并冷却七次左右，以此去除涩味；欧芹则简单地制成菜泥。然后，将蛙腿呈扇形摆在周围，中间是一圈绿色的菜泥与一小圈色泽光滑、味道浓郁的大蒜酱。食客只需用手指拿起蛙腿蘸上酱汁，即可尝到绝佳的美味。

多年来，卢瓦索与他的团队和妻子并肩携手，共同实现着关于美食的梦想。他告诉妻子，自己 15 岁时就决心要成为厨师，并尽早赢得米其林三星评级。"那时的我年轻气盛，每天起床出门前，每穿上一只袜子都会对自己说一次：'我要赢得三星级，我要赢得三星级。'"

他已成为最伟大的厨师之一，所烹饪的菜肴也许可谓世界上最精致的美食。并且他还拥有一家漂亮的餐厅与酒店，坐落于最美的花园，附近便可通往全球最佳葡萄种植地区——勃艮第。

1991 年，《米其林指南》的奈吉林先生给他打了通电话，对他说："卢瓦索先生，我有个好消息——您的餐厅将在我们的下次期刊上被评为三星级餐厅。"

结束通话后，卢瓦索把多米尼克抱在怀里，并说："这是我人生中最美好的一天。"

但成功也是有代价的——卢瓦索的领班胡博·寇伊罗表示："自从赢得了三颗星，他就开始患得患失。"

精神病医师拉迪斯拉斯·基斯评论说，卢瓦索"不懂得自己其实可以拥有简单又美好的生活，他令自己背负了完美主义的枷锁"。自然而然，他成了工作狂。"他把生活从家中搬到了餐厅里，"多米尼克表示，"他从来不休假。"

> 我们天天营业。他没兴趣发展业余爱好，也不想把过多时间花在孩子［卢瓦索去世时，三个孩子分别是 13 岁、11 岁和 6 岁］身上，所以我们很少能一起吃饭。这令我十分难过，但我从未向他吐露过心声，因为那是他的生活、他的工作。既然我选择与他结婚，就应该接受他，而非改变他。

当然，卢瓦索既不是第一个追求完美的厨师，也不会是最后一个。19 世纪的名厨，例如法国皇后玛丽·安托瓦内特的私厨卡雷姆，或者伦敦的亚历克西斯·索耶，均献身于厨艺，致力于实现完美的精确度。他们的热情把就餐这件事从一项必要的日常，升华成了一种奢华的消遣。

英国厨师兼电视节目主持人基思·弗洛伊德在谈到餐厅业务时，表示："它会破坏婚姻，终结关系，消耗生命"。卢瓦索证明了自己这类人容易患上抑郁症（多米尼克的评述是“他既能成为最好的厨师，也能随时变成最糟的厨师”）。而他的自杀揭示了那些考核、批评甚至无情诽谤厨师的从业者——比起提供知识，他们更多是出于娱乐意图而中伤他人。虽然没人认为《米其林指南》符合这种情况，但许多人确实对它行使的权力以及对厨师造成的影响提出了质疑。

在卢瓦索因《米其林指南》的宣判而变得极为焦虑时，该指南在所有同类读物中首屈一指，并且影响力覆盖全球。这本小小的红皮书通过自己的评判，将食客们引至世界各地的餐厅与酒店，从非洲到亚洲，从美洲到欧洲。许多国家推出其他指南加入了这场竞争，但均未颠覆米其林的霸主地位。无论它们采用哪种评级体系——《意大利葡萄酒指南》的叉子、美国汽车协会的钻石，又或是英国玫瑰花星级奖的花结，都无法比拟米其林的评星（或者说米其林三星级）所赋予的意义。

英国厨师马库斯·韦林是戈登·拉姆齐的门徒，其在伦敦的餐厅“马库斯”于2019年被评为米其林一星级餐厅。韦林曾说：“《米其林指南》里那些小小的马卡龙、一颗颗小小的评星谱写而成的餐厅历史——看似渺小，却有着极大的影响力。”

《米其林指南》最初由轮胎公司的创始人安德烈·米其林与爱德华·米其林所策划。虽然如今它给人感觉与最初不同，但依然有存在的理由。尽管该指南本身已是一项可观的业务，但它面向的国家，其实也是米其林销售轮胎的对象。

在经营汽车业务的初期，路面仍坑坑洼洼，充满了危险因素，这也意味着汽车轮胎会经常损坏，因此这最早的《米其林指南》就详细提供了轮胎修理厂与医生的信息，以应对任何乘客因路面不平整而意外受伤的情况。

1908年，该指南发展成为了一本手册，为游客推荐游览地区与景点——也许它越能发掘出人们的冒险精神，人们就越有可能因远行而损坏轮胎，从而为米其林拓宽财路。

1926年，该指南开始为餐厅评星，这项评级则于1933年成为正规的系统，同样为人们鉴别着最佳去处——“一星级”代表“同类餐厅中的佼佼者”；“二星级”代表了那句著名的低调陈述：“值得改道一试的杰出美食”；而三星级则代表“值得专门一试的非凡美食”。

米其林的巡访员一向是先匿名光顾。而在现代，在几次光顾值得评星或已被评星的餐厅后，他们通常会在饭后公开身份，说明光顾意图。这时，他们通常会要求参观厨房。

该指南于20世纪60年代遍及欧洲，第一本《米其林指南：大不列颠与爱尔兰》则于1974年出版。《米其林指南》后于2005年首次介绍了美国地区，于2007年首次介绍了日本东京地区。现在，有23个国家的餐厅在竞争评星。随着该指南业务的发展壮大，争议也随之产生。

其中某些恶意的抱怨称该指南偏袒法国传统风味。的确——曾任指南巡访员帕斯卡尔·雷米写了一本书，内容是关于他在米其林的工作经历，其中宣称法国厨师保罗·博古斯与艾伦·杜卡斯是“无法触及的”美食天花板。但后来该指南又向英国酒馆授予了评星，因此评论家称其标准令人难以捉摸。

马尔科·皮埃尔·怀特是英国最年轻的米其林三星级大厨，他承认自己曾以该指南为信仰：“小时候我认为获得一颗米其林评星就像赢得了奥斯卡奖。”然而米其林为了拓展业务，开始评价世界各国越来越多样化的餐饮场所后，其标准变得“飘忽不定”。怀特表示：“如今，他们像抛洒糖果一样给出评星，似乎想通过取悦厨师来推广与销售这本指南。我认为米其林已经偏离了自己的初衷，像一匹脱缰的野马。”

怀特在获得三星评级五年后的1999年，宣布要归还这些评星。在这五年里，他实现了自己的梦想，并保持着菜品的质量，但他还有其他想做的事，例如钓鱼。他说："我不想虚伪地活着。"于是他不再长时间站在炉灶前，也不再认同米其林的评级。

九年后，怀特在新加坡开了一家餐厅。他表示，假如他知道哪些顾客是米其林的巡访员，他会拒绝他们入内。"我不需要米其林，他们也不需要我，"他说道，"他们卖的是轮胎，我卖的是食物。"

美国已故厨师安东尼·波登也抨击了《米其林指南》的一条核心宗旨：一致性是不可动摇的。他表示："任何其他职业都无法始终保持一致性。在纽约用最优质的鱼肉做一道最精美的菜肴，是对品质的追求，但这还不够，为了赢得评星，厨师们还必须保证完全相同的品质，并且永远做下去。"而这在他看来是不健康的观念。

英国厨师斯凯·杰尼格尔则抱怨道，米其林让人们误以为她的餐厅能提供该指南所谓的用餐体验。她表示，这仿佛"一个诅咒"。"人们对米其林餐厅抱着某种程度的期望，但我们并不会给餐桌铺上桌布，服务也不是非常正规。"

当 72 岁的街头商贩杰伊·费伊通过曼谷炒锅烹饪的海鲜而获得一星评级后，许多人慕名来到她的餐厅，嘈杂声充斥、侵扰着原本安静的社区，导致她被迫启用了自己曾发誓绝不施行的预订制度。此外，许多餐馆都利用自己赢得的一颗星来抬高价格，香港精明的房东与地主更是采取了先发制人的手段——2008 年香港版《米其林指南》授予评星的几家餐厅遭遇了租金上涨，导致其中有些餐厅因无法负担而被迫停业。

2017 年，法国厨师塞巴斯蒂安·布拉斯请求米其林把他的餐厅"苏给"（Le Suquet）排除在下一期指南外。他已得到过三星级评价，于是希望自己和员工都能摆脱评星施加的"巨大压力"。但米其林对他的请求不予理会——2019 年，他的餐厅以二星评级再次出现在指南中。

有些人认为，米其林对渴望获得这项荣誉的厨师造成了精神压力，损害了他们的精神健康与福祉。

马库斯·韦林于1999年在伦敦开设了“帕图斯餐厅”(Petrus)，并于七个月后赢得了米其林一星评级。但这项荣誉的赞美，真的对得起人们所要付出的代价吗？韦林表示：“两年的培训期间，我每天工作16至18小时，从来没能在凌晨2点30分前上床躺下。但人们需要这样的态度来达到最终目的。”

在这些厨师带领下朝着目标努力进发的团队又怎么样了呢？举例来说，戈登·拉姆齐也曾以残酷的管理而闻名——“如果我的员工没能正确打开一只价值2.7英镑的扇贝，我会发怒，我会问自己：什么惩罚才能对等一只2.7英镑的扇贝？”他曾说道，“但在我不得不结束这门生意的那天，我就不在乎能否正确打开扇贝这件事了。”

虽然拉姆齐在早期职业生涯中取得了相当大的成功，但直到2001年，他的同名餐厅“戈登·拉姆齐”获得了难以触及的第三颗米其林评星后，他才敢说：“这是我有生以来第一次感到自己有所成就。”

尽管世界上许多厨师效仿了怀特的做法，拒绝被评星，但米其林的高管仍对这种观念表示否定。“这与奥斯卡不同——这并非有形的物件，”该指南的国际销售主管迈克尔·埃利斯坚持道，“这是一种观点，一种认可。”

很显然米其林沉醉在自己所拥有的力量之中。它清楚，众多就读于餐饮学院或就职于餐厅的年轻男女都怀着两个梦想：拥有自己的餐厅，并获得米其林评星。而向厨师们传达他们梦想实现的消息，是一种什么样的体验呢？该指南的前总监让·卢克·纳雷反映道：

> 这是一项美好的任务。当你把他们从二星级评到三星级时，你成就了他们的梦想，你会得到一种不可思议、妙不可言的回馈。但当你要为已经获得三星级的对象评星，并要在指南出版前一天晚上亲自致电告诉他们时，他们清楚你不会特别为他们

创设第四颗星，因此这通电话就令人难以拨出。

曾在电话另一端的厨师包括阿图尔·科克哈尔——2007年1月，《伦敦标准晚报》的一名记者拨通了科克哈尔的餐厅厨房电话，这家印式餐厅名叫“贝纳勒斯”，位于伦敦梅菲尔区东侧的伯克利广场。可能的话，记者希望记录科克哈尔的感言。接待处的女孩将电话转接到了厨房，然后一位年轻的印度厨师接起了电话。记者便开口：“请问阿图尔·科克哈尔在吗？”

“他不在，先生，”对方答道，“有什么我能帮到您的吗，先生？”

“我想问问他，对于获得米其林一星有何感想。”记者解释道。

“我们没有获得米其林评星。”厨师回答完便挂掉了电话。

那天早上，记者又尝试了几次，才终于对接上了科克哈尔。

“我以为是朋友的恶作剧，”多年后科克哈尔回忆道，“我一直在烹饪更加精致的印度风味菜肴，从没想过这家餐厅会引起米其林的关注。”但这一切都是真实的，并且《米其林指南》的这颗评星改变了餐厅的命运，以及阿图尔·科克哈尔的生涯。

世界各地都存在与此相似的故事——赫斯顿·布鲁门塔尔在伯克郡布雷镇尝试开了一家“肥鸭餐厅”，因连连亏损而即将停业之际，一颗突如其来的评星为这家餐厅注入了新的生命力，他也因此逐渐享誉全球。

水畔餐厅这类餐饮场所在20世纪60—70年代改变了英国的餐饮业，饱经历练的一代代厨师又维持着米其林三星的荣耀评级，然而，被誉为20世纪80年代英国新餐饮革命先驱的人物——西蒙·霍普金森、罗力·利、阿拉斯泰尔·利特以及萨莉·克拉克——从未被授予米其林评星。“英国某些优质餐厅没获得米其林评星，这令我费解。”马尔科·皮埃尔·怀特评论道。

杰里米·金是英国最成功的餐厅经营者之一，他与商业伙伴克里斯·科尔宾共同在首都开设了一些最具标志性的餐厅，例如“随想曲”、“常春藤”（The Ivy）、“杰士奇”（J. Sheekey）与“沃尔斯里”（The Wolseley），都是现代餐饮史上大名鼎鼎的餐饮场所，然而其中任何一家都没赢得过米其林评星。杰里米·金表示：“米其林的标准如此令人困惑，任何时候，我都无法假装了解他们的评星范畴。”一些获得了评星的餐厅令他“难以置信”，于是他表达了质疑：“餐厅的意义是什么？它们是美好时光的催化剂。在烹饪评价方面，米其林确实担任了优秀的公断人；而至于顾客实际上想去哪家餐厅，它一无所知。”

但在那些寻求外出就餐建议的食客眼里，《米其林指南》可不是唯一著名的参考资源，因为餐厅催生出了另一种气势汹汹的文化：美食评论。

多个世纪以来，人类社会一直存在絮絮叨叨、发表大作的美食评论家——公元前350年，西西里诗人阿彻斯特拉图斯曾抱怨过自己在古希腊托罗涅光顾过的一家餐厅：鲨鱼排总是“酱汁太厚，奶酪融化了，油也太多了”。16世纪，穆斯塔法·阿里对自己当时所吃食物的描述是：“汤汁尝起来像洗碗水，米饭与布丁像呕吐物。”

美国餐厅评论家克雷格·克莱伯恩实现了颠覆性的改变——使美食话题能够出现在期刊、报纸的头版，并在《纽约时报》写了29年的专栏

19世纪20年代，约翰·麦卡洛克写下书信时，神气十足地批评了苏格兰一家旅店供应的劣质食物。而在20世纪的第二次世界大战后，随着餐厅的激增与外出就餐文化的兴盛，同时发展起来的餐饮文学进化成了一门艺术。

在21世纪初的数字革命前，

印刷世界是由餐厅评论的大腕们支配的。

美国颠覆性的餐厅评论家则是克雷格·克莱伯恩。1957年，37岁的他退出《美食家》杂志的工作后，加入了《纽约时报》的美食栏目，在接下来的29年里担任着餐厅评论家。

根据美国作家托马斯·麦克纳米的说法，“二战”后美国与英国有一个共同点：萧条。这可谓“美食的荒原”。麦克纳米就职于《纽约时报》后写道，克莱伯恩“纵观了全美国餐饮业的惨淡景象，并发现了他的巨大商机”。通过美食评述，“他能够成为一种文化的评论家，与美术、音乐、书籍和戏剧类的报刊评论家地位无差。他还能够改变美国人的饮食习惯，以及他们对食物的看法和生活方式。”

在他带起这个话题前，餐馆文学读起来与广告无异。确实，人们会通过付费换取一篇新闻报道。就算不付费，老板也至少要确保编辑及其家人能够在餐厅用餐，并且不收钱。这样一来，各刊物也就不会出现负面评价，直至克莱伯恩改变了这一切。麦克纳米表示：“在当时20世纪50年代不存在美食评论这回事，也没有美食评论家这一职业。”

克莱伯恩会光顾一家餐馆好几次，向来匿名且携带同伴，然后进行评判，并按四分制给分。

他注重细节，而且自己也接受过烹饪培训，因此能兼顾对厨师技艺的判断。他曾因发现一名餐厅经理的胸前口袋里插着一支红色铅笔而写下：这是餐厅标准“悲惨下滑”的证据。

20世纪50年代后期，他写过一篇关于“精品餐饮”衰落原因的文章，而这篇文章则登上了报纸头版。当时人们从未想过，关于饮食的报道也能有如此高的待遇。

克莱伯恩写道：“美好生活有两个历史悠久的象征——法国传统佳肴，以及高雅的服务。而这些正逐渐在美国消失。”他还抨击了美国快餐产业的发展：“餐厅菜肴的质量下滑，是因为美国人总是迫不及待，不愿花时间在每道菜之间稍作休息。”

人们为了纪念著名的美国美食作家詹姆斯·比尔德，用他的名字设立了一系列奖项。比尔德曾告诉克莱伯恩：“比起秉承传统经典的厨艺与提高餐饮服务的标准，美国人更愿意研究如何保存美洲鹌肉与水牛肉。我们所生活的这个时代，也许终有一天会有充分理由被视为美国人味觉的衰落期。”

克莱伯恩的每周专栏都包含简评，然后他会及时开始着重考察一家餐厅。该栏目的篇幅随着评论的增加而扩充，而文字便开始略显冗长。对于 1959 年 10 月新开张的“四季餐厅”，他写道：“店内装潢本身就是一种对话，足以在一顿悠闲的午餐中维持一场活跃的漫谈。”通过在评论中提及厨师，他还开拓了新的领域。正如后来艾伦·克朗普顿·巴特于 20 世纪 80 年代在英国展开的餐厅公关工作，克莱伯恩在当时也提出了这么一个想法：厨师可以成为名人。

到 20 世纪 60 年代，克莱伯恩已具备足够强大的影响力，能够在美国《时代周刊》上大放异彩。1965 年 10 月，该杂志报道称：“他的积极评价能为餐厅生意带来非常大的收益。”

虽然有更多评论家加入了竞争，但作家诺拉·埃弗隆在 1968 年 9 月的《纽约杂志》中写道，克莱伯恩“所做的，是自己比他人在行的事”。他拥有扳倒一家餐厅的影响力，已“是餐饮界最令人称羡、钦佩又痛恨的人物”。

但克莱伯恩并没有沉醉于自己所拥有的力量。实际上，他承认自己会在深夜辗转反侧，担心小小一段文字会对他人的人生造成什么改变，他想知道“我是否有正当理由把一名厨师制作的奶油蛋黄酱贬为单纯的黏液，又或者我的判断是否正确，例如荷兰酱中令人难以适应的味道实则来自罗勒或迷迭香”。

终于他写道，他已“厌倦了餐厅评价”：

有时我并不在乎曼哈顿的任何餐厅是否会倒闭，是否会被推进东河，就此沦灭。他们供应的夜莺舌配以吐司、美味至极的甘露与蜜酒，使这块舌肉的味道过杂，而食客的身体（与精神）则会因难以接受而产生排斥……渐渐地，我发现自己开始沉迷饮酒，为的是舒服地熬过又一个外出就餐的夜晚。

1971 年 1 月，克莱伯恩辞去了这份工作。曾有人问他，一名优秀的美食评论家需要具备什么素质。他的回答是："写作能力，以及对食物的精通。"他还补充道："我认为人类天生善于组织语言。"

弗兰克·布鲁尼接过了他在《纽约时报》开创的事业。布鲁尼的专栏出现后，即 2004—2009 年，食物的地位令他的影响力超出了餐饮界，连英国《观察家报》都称他从事着"美国媒体中最具感召力的职业"。布鲁尼将评论家的工作变成了近乎无休止的外出就餐和语言组织。他的每条周评都是多次光顾（至少三次）的成果，而且为了匿名光顾，他无数次使用了假身份。但由于他会记不清自己上次用的是哪个名字，例如韦伯斯特先生、罗杰特先生、福多尔先生、弗罗默先生、沃顿先生、埃利奥特先生、迪迪翁先生或是图罗先生……因此他常常在餐厅前台陷入窘境。

布鲁尼曾写道："我发现，要当一名餐厅评论家，不仅要懂得品鉴美食，还要身兼礼宾员、巡游总监、法律顾问、秘密行动特工。"他的某些判断可谓传奇般的素材。

戈登·拉姆齐到达纽约之际，布鲁尼写道："很少有好斗的征服者会像拉姆齐先生这样低调地踏上新的大陆。"对于自己在"哈里·西普里亚尼餐厅"（Harry Cipriani）吃的土豆，布鲁尼批评道："竟然做出了'布里洛'[1] 的质地，硬得几乎可以用来刷干净煎炒它

1 Brillo, 一款钢丝绒的品牌名。

们的平底锅”。而关于“从前”（Ago）餐厅（合伙人包括罗伯特·德尼罗[1]），他称这里“根本没有款待顾客的热情”：

> 他们贯彻着自己的经营态度，投射出一种高傲，渗透在我所吃的每道菜里……觥筹交错的夜晚，急于求乐的潮流追赶者、寻觅猎物的熟女，以及其他自得其乐的顾客，看似十分享受这种轻率的荒唐——所谓的合格服务，或配以任何可辨别的肉类、撒上了面包屑的米兰小牛肉。

同样地，英国的餐厅评论家也成了令人羡慕的艺术家，但竞争的舞台可比美国纽约更加拥挤。没有任何一位评论家能拥有布鲁尼那样的主导地位。

1986 年之后的十五年中，英国《泰晤士报》的餐厅评论家乔纳森·梅德斯可谓最机智、最博学的写手。在他离开《泰晤士报》几年后，他在《每日电讯报》上写了一篇文章，抨击米其林鼓励的那种用餐体验。让不熟悉梅德斯的人几乎要痛惜自己错过了梅德斯大展身手的时代，正如他所写的。

> 自视甚高、关门造车的美食学，其所崇尚的更多是咬牙切齿、嘲笑愚弄而令人绝望的蔑视，而非“精品餐饮”。这不过是餐饮业的一个分支，特征是近乎谄媚的服务、过度繁琐的怪诞厨艺、大惊小怪的脾气、自命不凡的态度、高得离谱的定价，以及似乎把自己当成了哲学家的愚蠢厨师。

2019 年，在英国从业时间最长的评论家是费伊·马施勒，她于 1972 年开始在《伦敦标准晚报》上拥有了自己的专栏。她用乖

1 美国著名演员、导言、制片人，曾主演过《教父 2》《美国往事》。

巧温柔、深思熟虑、条理清晰、聪明睿智的散文，做出了实则更尖锐、更凶悍的评价。曾在一段时间内，厨师与公关人员最为重视马斯勒与阿德里安·安东尼·吉尔（《星期日泰晤士报》的已故评论家）的观点。当一名记者问作家兼餐厅评论家查尔斯·坎皮恩，自己如何能成为一名餐厅评论家时，坎皮恩的回答是："鉴于F1赛车手都比全国报刊的餐厅评论家多，因此答案是——需要克服重重困难。"

但自从一种被称为"博客"的文化出现后，一切就改变了——1999年，一位名叫列席·詹姆斯·加瑞特的男子记录了自己在网上发现的23个博客。到2006年，博客的数量已增长至5000万个，其中许多博客围绕的主题正是食物。

知名餐厅评论家会汇聚于餐厅开业庆典与派对，一边环顾四周，一边猜测到场者的身份。其中大多数人开始将写博客发展成为一项爱好。渐渐地，许多评论家干脆辞去了工作，专注于写博客。然后社交媒体的趋势又将这些博主引流至Instagram动态，毕竟一张手机拍摄的照片显然远比精心组织的1000字更具说服力。例如，一位英国的Instagram用户"克勒肯维尔男孩"（Clerkenwell Boy）在2019年就拥有了20万粉丝，而猫途鹰（TripAdvisor）这类网站也跻身其中，分享着每位日常用户的独到观点。

已故厨师伯纳德·卢瓦索改良了法国经典美食，一切从简，以简为美

不过社交媒体上有着太多未经编辑的"内容"，

其中只有少数是评论家的观点，以及许多厨师仍然关注或畏惧的存在——米其林的评价。

至今还没有任何厨师曾因博文而无地自容，以至于把自己的脑袋塞进烤炉。不过，已有许多厨师通过自己的社交平台账号回击了某些博文，并常常后悔这一行为。在博主詹姆斯·伊瑟伍德用“平庸”一词评价了法国厨师克劳德·波西当时的“芙蓉餐厅”（Hibiscus）后，波西在Twitter上回应道：“我认为你就是个蠢货。”

把卢瓦索逼入绝境的并非任何高明的千字短文。他害怕失去一颗米其林评星，而这种恐慌与沮丧在他心中刮起了一阵剧烈的风暴，令他苦苦挣扎。可是在他自尽的次日，他的餐厅并没有失去那颗评星。事实上在2019年，那里仍是一家米其林三星级餐厅。他的遗孀施行了新的管理政策，餐厅不再一周营业七天，员工们有了强制性的假期，而店内的蛙腿仍是一道世界一流的菜肴。

18 The Future of Eating Out 外出就餐的前景

当“新飞船餐厅”在巴塞罗那市开业时，宣称其采用了一种新式厨艺，名叫“神经烹饪法”（neurogastronomy）。这是一门学问，关于人类对味道的感知，以及味道对人类认知与记忆的影响。餐厅并非只是为顾客预留座位，而是邀请他们“预订一趟旅行”；掌厨人员不叫厨师，而叫“船长”，负责带领食客体验“多重感官”的旅程。至此，外出就餐已不仅是人类生理需求的满足，更是情绪调节的催化。

几个世纪以来一直存在合理的证据表明，人们被吸引到餐馆的原因是饥饿感——庞贝城普里姆斯酒馆的取餐窗飘出的食物香味吸引了过路行人的注意。18 世纪 60 年代，布朗热的巴黎餐馆门上挂着广为流传的标语牌：“饥饿的人们，来我这儿觅食便能重拾精力。”到 20 世纪 40 年代，饥肠辘辘的顾客只需要花费一美元，就能在拉斯维加斯大道上维加斯牧场酒店赌场的“牛仔自助餐厅”（Buckaroo Buffet）大快朵颐。

当然，人们也出于各种原因寻找餐厅，一处可用于聚会、社交、商谈、恋爱与谋划的场所。但说到底，饥饿才是餐饮业务发展的先决条件。

“新飞船餐厅”（Ovnew）位于形似飞碟的建筑中，坐落于巴塞罗那机场附近高速公路边的摩天大厦顶楼。而这家餐厅并不希望顾客胃口大开。你没看错，这才是他们推荐的用餐状态。餐厅指引语的标题是“旅程开启准备”，其中一项就写着“尽量别在行走很久或锻炼很久后前来光顾。”该餐厅还在自己的网站上宣称：“为了充分享受‘新飞船’的体验，请确保您的身体、思想与灵魂处于和谐的状态。”口渴与饥饿会干扰食客的情绪。

如果顾客光顾时确实口干舌燥或饥饿难耐，那么他们就会把细读菜单与满足味蕾的常规习惯抛到九霄云外。其中一道多重风味的特色菜肴叫做“联觉”（Sinestesia），提供口味之间双向作用的体验。而对于这道菜，顾客不能提出“我想要五分熟”这样的选择。

在21世纪的第二个十年，在一座风味小餐馆遍布各街角的城市，仅在盘子里盛上食物、在杯子里倒上酒水的经营理念是无法长久盈利的。

于是“船长”乔恩·吉拉尔多与杰米·利伯曼决定独树一帜。英国作家杰西卡·普鲁帕斯对他们的描述是“味觉无政府主义者”，“在高速公路旁的一艘飞船里”提供着“七道菜组成的太空漫游……”出生于哥伦比亚的吉拉尔多则称自己为“擅长烹饪、款待与现代艺术的多学科专业人士”。他的伙伴利伯曼来自墨西哥城，称自己为“烹饪艺术家”，能提供“刺激整体认知与感官的美食”。

在距离地面300英尺的28楼，女服务员戴着绿色面具与毛茸茸的大猫耳，穿着质地反光的靴子迎接着顾客。每次用餐时间为精确的两小时，厨房里会先端出小食，包括一块上面涂着维吉米特酱［一种澳大利亚酵母味的涂酱，类似马麦酱（Marmite）］的烤奶酪，以及一份香草冰淇淋。

食客在餐厅入座后，可以看到屋顶上由金属、玻璃、雕塑与闪灯装饰而成的一派奢华，以及外面星光点点的夜空，而七道菜组成的“五大陆美食盛宴”（Taste of the Five Continents，价格为160英镑，不另含酒水）则即刻开始。开胃菜叫做“原始味觉”（Primeval Be），理念是提供一种原始的风味，例如“香烤绿蔬”（grilled whorl）或“松脆辣木叶”（crunchy corn-morninga）。随后是“美索不达米亚：阿拉伯炼金术之谜”（Mesopotamia: The Mystery of Arab Alchemy），包含“多汁羔羊颈肉、奶油藏红花与漆树胶”的一盘菜。在“联觉”之后，是“亚马逊古陆”（Amazonia），以“琼特马杜罗酱、金合欢胶与木薯”（salsa chontaduro, acai and tucupí）为特色。然后是“远东”（Far East），包含一道“松露鱿鱼汤”（squid and truffle dashi）。最后是“甜蜜大爆炸”（Sweet Bigbang），铺放着六种甜点，配以十分普通的食材：“可可与开心果冰淇淋”（cocoa and pistachio ice cream）。

面对菜单上某些难以理解的内容，最好不要提问题，按照顺序享用即可。毕竟餐厅本身就建议食客“用开阔的思维来体验。敞开心扉，才能更好地感知一切事物”。

普鲁帕斯称餐厅能提供“穿越银河般多重感官的体验”，并且它的菜品销量“能战胜加油站出售的三明治”。而“新飞船”（名称组合了“OVNI”，在西班牙语中指“不明飞行物”）的理念则表达未来主义的神秘感。要嘲笑这样一家餐厅并不难。

但如果人们以非常低的价格就能吃得非常饱足，那么他们为何不外出就餐呢？许多优质餐厅都抛出了这个提议，新飞船餐厅也是其中之一。

20 世纪下半叶，高级美食的种类变得更为繁杂，原本价格高昂的精致餐饮服务变得更加亲民。2003 年，穆拉德·马祖兹在伦敦西部开设了“速写餐厅”（Sketch），店内的装修与菜品精美而华丽，房间与菜单均展现了太空时代的风格，用餐者在法国厨师皮埃尔·加涅尔设计的、以温度为顺序摆放的盘子上用餐。而英国《卫报》则称之为“大不列颠收费最高昂的餐厅”，其供应的菜肴被评论家马修·福特称为“一堆荒谬之物”。面对各种批评的言论，马祖兹辩解道：“有些人存下一整年的积蓄，为的是观看一场足球赛，或是一场戏剧。那么我也可以期待人们会为了到速写餐厅这样的地方用餐而存钱。”

20 世纪初期，其他餐厅，例如小米歇尔·鲁克斯（阿尔伯特的儿子）管理下的流浪儿餐厅，都在设计套餐，其中包含一杯葡萄酒、咖啡与 45 英镑的服务费。当时许多人存钱的目的，是为了到米歇尔·鲁克斯的水畔餐厅或英国的其他高级餐厅吃一顿午餐。人们规划假期的重点甚至不是海滩，而是美食；他们会围绕一家著名餐厅来安排周末行程，还要提前几个月预订桌位。

而且，游客们必然会饿着肚子光顾餐厅，但他们对于餐饮服务体验的渴望与需求远远比饥饿感更复杂。人们放弃在家简单地解决一顿，为了消遣而外出觅食，这种心态“将他们带入了社会与心理欲望的领域，在那里，生理需求服从于精神满足”，约翰·伯内特在其创作的《外出就餐社会史》中写道。

新飞船餐厅的船长们为何选择巴塞罗那呢？理由很充分——1964 年，“斗牛犬餐厅”（El Bulli）开业，距离海岸一百英里，靠近玫瑰镇的加泰罗尼亚村。这家餐厅最初是一家海滩小食吧，到了 20 世纪 80 年代才以新式美食而闻名。店内注重摆盘，以及轻量的烹饪方法，“轻量”一词是对极简派艺术的委婉表述，后来却成了贬义词：小盘子上盛放着少量食物，价格却高昂，食客就算花光了口袋里的钱也无法饱足。

传统与正宗风味成了当前的美食风潮后，厨师与顾客又一次拥抱了经典，但新潮烹饪的某些精髓仍然保留了下来。伯纳德·卢瓦索用大蒜和欧芹酱制作的蛙腿就是一个完美示例——分量较少，兼顾了文化根源、完整性与口感的一道经典菜肴。

厨师费兰·亚德里亚加入斗牛犬餐厅时年仅 22 岁，正值新式烹饪的巅峰期。服完兵役的他得到了这家餐厅的聘用，在那里，他能够以更和平的方式进行类似军厨的工作，而他的勤奋与创造力也得到了回报——18 个月后，餐厅经理朱莉·索拉将他提拔成了主厨。

1987 年，亚德里亚受到了在法国尼斯召开的一场讨论创造力

斗牛犬餐厅的费兰·亚德里亚（于 1995 年在店内拍摄）。这家餐厅造成的影响无论好坏，都波及了全球各地的年轻厨师，吸引他们尝试了“分子料理”（molecular gastronomy）的经营模式

概念的会议的启发，思如泉涌。那年冬天，该餐厅整整停业了六个月，这让他拥有足够的时间坐在自己的工作室里，抛开他以前用作参考的所有食谱，进行创新实验，并创作出了他眼中全新的前卫菜品。

1988 年，该餐厅重新开业，拥有了新的定位与一系列非常新颖的菜品，还为特定菜肴设计了餐具。店内不供应面包或黄油，并且菜单很长——相当长。在随后的几年中，菜单的篇幅还在持续增加。

1990 年，朱莉·索拉与亚德里亚建立了合伙关系，买下了斗牛犬餐厅，并将它逐渐打造成了一家享誉全球、地位更高、影响力更大的餐厅。那一年，它被评为了米其林二星级餐厅。

1995 年，《高特米罗美食指南》对“斗牛犬”的评分是 19/20，这很关键——一本法国指南将它与法国最佳餐厅排在了同等级别。1997 年，米其林向这家餐厅授予了三星。

20 世纪后期，斗牛犬餐厅的经营模式已进入稳健状态。每位顾客支付200欧元，即可享用由28—35道佳肴组成的套餐，不另含酒水。套餐包括鸡尾酒、小吃、西班牙菜、餐前甜点以及一道名叫“幻形”（morphings）的菜肴——亚德里亚创作的花色小蛋糕，外形通常很精致，加入了类似珊瑚的调和物，由巧克力与覆盆子等食材制作而成。

他的热门菜肴包括“西班牙龙虾冻汤”“咸香番茄冰糕配新鲜牛至与杏仁牛奶布丁”“白豆泡沫海胆”“花纹蔬菜羽叶”“双面咖喱鸡”“焦糖鹌鹑蛋”“60°/4° 豌豆汤”“球瓜鱼子酱”，以及“开心果利奥配黑松露果冻清汤与柑橘香”。

这些菜肴采用了世界各地的厨房先后使用的技艺，分别是：一道装饰菜，端到客人面前后倒上汤汁；一道冷冻的开胃点心（这挑战了先入为主的思想与假设，模糊了主菜与甜点之间的界限）；一份用白豆打成的泡沫（比慕斯分量更轻，但也更美味）；使用单一食材但制作并摆放成不同纹理的食物；使用相同食材但口感完全不同的两份菜肴；有着松脆的外皮，但在咬下一口后却流出非凡的汁液的菜肴；同一玻璃杯中彼此相依却不混成一体的冷热汤汁；用调好味的汁液做成的果冻，口感如同弹跳的小球；一份冻干菜肴。

光是这几道菜就展现了亚德里亚的非凡创意和远见，并满足了所有食客的期望：美味。至今，我们仍可在世界各地看到斗牛犬餐厅带来的影响。

亚德里亚曾说：“我从未想过自己能做出如此贡献，这简直难以想象。”他在自己的工作室里试验菜品时，仔细确认了它们的分类。每道菜都历经了艰苦的七道工序，通常从草图开始。亚德里亚一边在笔记本上绘制草图，一边抽着一支万宝路香烟。他会试做菜肴，将其制成餐厅所需的标准，根据顾客的反馈做出进一步改进，然后才会把它们正式编入菜单。

24年来，斗牛犬餐厅创作并规划了1846道菜，并且每道菜都有照片与记录。同时，他们也勤奋地记录了自己所发现的食谱，并标注了日期。亚德里亚还与科学家达成了合作，以了解影响口感的其他因素——那些他无法在厨房里掌控的事物。

例如，他通过与牛津大学实验心理学教授查尔斯·斯彭斯的合作，学到了将草莓慕斯放在白色盘子中比放在黑色盘子中给人感觉更甜，两者甜度口感相差 10%。而当食物以不锈钢或木头等不同材质的餐具送入口中时，也会产生不同的效果。实际上，彭斯彭还与英国厨师赫斯顿·布鲁门塔尔达成了合作，研究声音对食物口感的影响。

亚德里亚的作品又衍生了斗牛犬餐厅领域外的其他分支。如果说 F1 赛车能向赛车界以外的领域传达信息，例如家用汽车设计，以及维修团队值得工厂学习的工作效率，那么他的厨艺应该也能实现进食以外的愉悦与消遣。在他看来，烹饪与科学可以相互渗透。

“什么是烹饪？”他曾问道，“它覆盖了公司、机构、家庭厨房、教育、健康、招待事宜、工业、餐饮业、医院、机场、农业、时尚、新技术。这是世界上跨领域最广泛的学科。”

2008 年，亚德里亚通过费顿出版社发表了书作《斗牛犬餐厅的一天》，其中包含他的个人故事，提供了他的方法论与哲学见解，还引据了他的部分食谱。但这些内容只适合有胆识、有追求的读者。

他重新印制了菜单，然后将上菜流程绘制成了四“幕”，并发表了一张地图，展示顾客可从厨房到达会客厅，再来到饭厅，最后再次穿过厨房离开。他还表述了为何“当代高级餐饮已发展到了可以媲美艺术形式的阶段”。

而在这一进程中，是亚德里亚的贡献打了头阵。他写道：“将创新美食作为一种艺术形式的观念仍处于起步阶段。”他甚至向世界保证，无论斗牛犬餐厅的菜肴摆盘技术多么高深，无论它们的外观与传统美食相差多大，“任何一道菜肴都不应单纯从艺术品的审美角度品鉴”。他仍然希望为人们提供美食，并且他也承认人们要吃上他做的菜并不容易，因此也解释了预订系统的运作原理。

但预订系统存在问题，他写道："现在这是斗牛犬餐厅唯一令人不满意的地方。"而当他注意到媒体报道更强调餐位预订的难度，而非他在厨房付出的努力时，他理所当然感到很失望。

他曾考虑开放午餐供应，或是每年营业 10 个月，而不是 6 个月，又或是扩建餐厅。他可以将每年供应 8000 顿增加到 30000 顿，但这也不足以解决问题："还是会有很多顾客预定不到桌位……并且服务质量也会下降。"于是他抛下了这些顾虑，并且拒绝利用餐厅的热度来抬价。他表示："价格不能成为阻拦顾客进入餐厅的因素，这点很重要。"

然而，大多数人仍然订不到桌位，每年都有 200 万人抢着预定这 8000 顿。记者们来到巴塞罗那，寻思着是否有方法能订到位子。杂志专题则提议，倘若能够大胆搏到别人预订取消的那一刻，那么也许就能进入心心念念的斗牛犬餐厅。

亚德里亚的故事传遍世界各地，他本人则受到了文学节日、烹饪大会与各类会议的宴请。他想，通过解答每一个问题，人们应该已经了解有关他工作与生活的方方面面。他从未在采访中使用英语，甚至懒得听翻译把整个问题说完，因为他知道每位记者想要提问的确切内容，并且已经回答了上百次。

2011 年，亚德里亚透露了自己的下一步计划——他不打算另开一家餐厅、扩大厨房或改革预订系统。那年 7 月，他关闭了斗牛犬餐厅。他将在这处场址建立一个由私人基金会管理的"创意中心"，旨在"组建创新厨艺与美食的智囊团"。

并非所有人都为这家餐厅的停业而哀悼。例如，英国作家理查德·埃里希就认为：斗牛犬餐厅"改变了我们的饮食方式"。

他表示："这种烹饪方法在全球可能只有 0.1% 的餐厅能使用"，并补充道："我真正讨厌斗牛犬餐厅的原因是，它煽动了渴望新闻的媒体进行炒作。"

他还嘲讽了来自丹麦哥本哈根的厨师雷内·雷德泽皮。这位厨师曾表示：“费兰和他的团队崇尚烹饪自由。”

埃里希则怒斥道：“自由崇尚者致力于解放受压迫者，而厨师是为陌生人做饭。既然斗牛犬餐厅已不复存在，也许我们能再次接受这个观点。”

另一位英国作家扶霞·邓洛普[1]也对亚德里亚给其他厨师带来的影响持轻蔑态度。她表示：“费兰·亚德里亚把一切都搞砸了——年轻人不想学习烹饪，只想模仿他。他也许是出色地完成了自己的工作，但只有少数人能掌握这些技能。”她在巴塞罗那的朋友还抱怨说，斗牛犬餐厅“对新生代厨师造成了灾难性的影响，使他们都想成为美食界的魔术师、名人、超级巨星……”

英国厨师戈登·拉姆齐曾多次在斗牛犬餐厅用餐，并将亚德里亚称为厨师的“标准典范”。在厨师们尝试效仿亚德里亚的烹饪风格前，拉姆齐为他们提出了一些乐观的建议：

> 花上五到八年的时间去正确地学习它，在达到完全理解前都不要去尝试。许多剽窃行为就令人十分尴尬——我最近在纽约吃到这样一份沙拉：厨师在餐桌前用喷雾剂喷洒沙拉时，把罗勒和巧克力的气味喷了顾客一身，这太可怕了。

那些技艺不娴熟的厨师会发现自己更像意大利未来主义厨师菲利波·托马索·马里内蒂。他于1932年发表了作品《未来主义食谱》，其中介绍的菜肴包括“殖民地鱼肉卷”“第勒尼安海藻泡沫（用珊瑚装饰）”“触觉菜园”以及“航空美食”。食用说明建议食客在享用“航空美食”时，用右手轻抚一张砂纸，或在享用“触觉菜园”时，每吃一口，让服务员往自己脸上喷一次古龙水。

马里内蒂与亚德里亚的区别在于，前者只是滑稽的模仿，其用

1　即《鱼翅与花椒》《川菜》的作者邓扶霞。

意绝非改良烹饪或口感。

不过比起扶霞的批评目标——新飞船餐厅厨师们制作的菜品，马里内蒂的菜品名称更为相似，看起来正像是她抨击的群体，而他们正身处于她所抱怨的状态：一群年轻厨师只想着创新与玩耍，不再愿意学习加泰罗尼亚的厨艺。

不愿意扎扎实实学习西班牙烹饪基础的厨师包括帕高·龙塞罗。他于 2014 年在地中海巴利阿里群岛的伊比沙岛开设了“升华餐厅”（Sublimotion）。

龙塞罗自称为厨师、糖果师、工程师、设计师、作家与魔术师。他表示，“硬石酒店”（Hard Rock Hotel）的一张餐桌就是他的“舞台”，在那里，他与电影制作人、布景设计师、音乐家与特效专家共同实现了精彩纷呈的景象——食客可以一边吃着海扇里的小鱼肉，一边看着鲨鱼在四周徜徉，或是坐在“东方列车”上剥虾壳，

帕高·龙塞罗的“升华餐厅”有一张桌子，他称之为“舞台”。这家餐厅由电影制作人、布景设计师、音乐家与特效专家共同打造

又或是在“乡野山坡”上享用一盘蔬菜；女服务员在饭厅里来回推着轨道车；其中一道菜还要求食客戴上播放虚拟现实音效的耳机；餐桌上方还会悬浮起巧克力甜点。

店内只有一间饭厅，只能容纳 12 名顾客。而且餐厅位于小岛之上，又因菜品昂贵而闻名，龙塞罗却对餐厅的供餐规模感到心安理得。一顿晚餐的费用高达 1500 欧元，他理所当然会因此被媒体贴上标签：“世界上最昂贵的餐厅”的经营者。

即便是在经济衰退、粮食短缺、环境问题与贫困泛滥的状况下，高端产品也拥有发展空间。不过在 21 世纪第二个十年，致力于建立餐厅产业链来吸引中端市场算是风险最高的一项行为。英国餐厅老板兼电视明星杰米·奥利弗在付出代价后，才了解到这一点——2019 年，他于 2008 年成立的餐饮集团进入了破产管理。他勤恳、认真、热情、努力，但这并不够；他经营的 25 家餐厅中倒闭了 22 家，1000 名员工因此失业。他的餐厅连锁店倒闭有很多因素，部分原因是经济泡沫的破裂导致中等餐厅被现实狠狠反咬了一口，他们在争夺经营场地时已付出了难以承担的代价，这也就意味着营收无法与成本对等。2016 年，英国国家生活工资标准的实行也极大推高了成本；尽管 2019 年，中端市场找到了提升收入的方法：与超市合作，并在商店里设置优惠活动。例如，“你好！寿司”已开始在英国特易购（Tesco）开设寿司铺。然而，许多餐饮从业者通过提供高端服务来寻求解决之道。

也许奥利弗应该效仿龙塞罗的做法，或是其他高端餐厅的经营——2019 年，曼谷“热风餐厅”（Sirocco）一份甜点的售价为 534 英镑；纽约“机缘 3 号”餐厅（Serendipity 3）的一份冰淇淋售价为 1000 美元；在休伯特·凯勒开在拉斯维加斯的“弗勒餐厅”（Fleur）中，一份汉堡的售价高达 5000 美元。

那些抨击这类服务的人，实则掉进了餐厅公关的陷阱。亚德里亚无疑很庆幸自己已从这门生意中隐退，不用再回答媒体的问题，例如：撇开价格来看，他是否认为自己应该对疯狂的食材搭配或组合承担责任。

当然，世界上还是存在其他才华横溢的厨师，用稀奇古怪的菜品掩盖了餐饮服务的本意。赫斯顿·布鲁门塔尔开在英国伯克郡的肥鸭餐厅之所以能声名远扬，也许是因为他创作了“蜗牛粥”“鸡蛋培根冰淇淋”或“芥末冰淇淋”，但他辩解道，自己既挑战了人们的常规设想，例如：香草是甜的，或者燕麦不能与蜗牛同食；还实现了绝佳的口感。

他通过与查尔斯·斯彭斯合作，创造了一道名为“海洋之声”（Sounds of the Sea）的菜肴。食客在享用过程中戴着耳机，听着海浪拍打、海鸥飞过头顶的声音，面前放着海螺壳，里面盛着代表海滨的元素：海藻、刺身、代表浪花的泡沫，以及用木薯做成的“细沙”。

布鲁门塔尔的兴趣之一是他所说的“情境触发”。逼真的大海环境音可能会令食客想起童年时期或某个假日，从而在其脑中触发那段美好的回忆。他解释说，这种幸福感能够提升食客享用鱼肉的体验：“人类在兴奋状态下，所有感觉会增强。”他还通过研究发现，“焦虑会使人对甜味的感觉下降 30%，对苦味与酸味的感觉上升 50%。”

斯彭斯则提出了更深奥的观点：“声音是一种被遗忘的味道。”它在人们脑中唤起他们对海滨环境的回忆，能够令他们把注意力放在食物上，而非餐厅的装潢或其他食客等干扰因素上。他与亚德里亚一样注重餐具。他曾注视着一名澳大利亚记者说：“餐具一直以来都没有得到改进。它们能有何种存在形式？你希望从它们身上，即你与食物之间的中介上得到什么效果？”

倘若饥饿的食客与愤世嫉俗的记者听到这番话，他们很可能会眉毛一抬，心想：这简直是扯淡。厨师们越努力尝试“分子料理”，布鲁门塔尔和亚德里亚就越感到抵触与恼怒。2006 年，这两人面见了食品科学作家哈罗德·马基与美国厨师托马斯·凯勒。凯勒开创了一种烹饪技术，这种技术在所谓的“高级餐饮”中广为受用，那就是“真空低温烹调法”（sous-vide）。这是一种非常精确的低温烹饪手法，将真空包装的食物浸泡在水中制作。然后四人发表了一项声明，试图将自己与效仿者区别开来。他们写道，自己所崇尚的新式烹饪手法“已被广泛误解。它们被过分强调而引起了轰动，导致人们忽视了其他方面”。

他们说明了自己的烹饪原则是“卓越、开放与诚信”，也就是说，他们“承诺追求品质”，将“诚信”视为“重中之重”，确保自己的工作态度“真诚”，并且不“盲从最新潮流”。而这些手艺则是从最优良的传统烹饪演变而来——尽管他们崇尚创新，但并不是“为了创新而创新。我们会使用现代的增稠剂、代糖、酵素、液氮、真空烹调法、脱水等非传统手法，但这并不能定义我们的烹饪风格”。他们还摈弃了“分子料理”的标签：“这并不能正确描述我们的厨艺。”

素食主义者与素食餐厅将全球关注的问题完美融合到了一起，并呼吁社会“关注当下”

最后，他们宣称自己相信合作精神，并且“随时愿意分享想法”，但他们用了略带威慑的口吻，表示这必须“结合新技术与新菜肴发明者的充分认可”。确实，他们已经受够了自己的想法被其他厨师剽窃，也受够了被人视为如泡沫、喷涂、水沫、浸水煮制后用喷管火烤的松软三文鱼片这类花哨食物的始作俑者。他们甚至指示公关人员来平息记者的言论，防止他们的名字与“分子料理”出现在同一句子中。

但世界对美食的态度已然转变——他们的声明竟然没有登上头版，而像“升华”这样的餐厅则在全球各地出现了一家又一家。

如果厨师们没有去追赶最新的美食风潮，那么这些食品的推销商和餐厅公关人员就会力劝他们这么做。2019 年最流行的趋势之一便是素食主义。

对某些人而言，素食主义将全球关注的问题完美融合到了一起，并给自己别上了“关注当下”的胸章。

这类素食不包含乳制品，而更少的奶牛养殖则意味着更低的甲烷排放，从而起到保护环境的作用。同样地，杜绝食用肉类也表达了反对全球工业化生产的立场，这是集约型食品生产中最不天然的加工方式。而对“不残忍”（cruelty-free）的号召则意味着反对小牛在母亲的尖叫声中被虐杀，反对用金属器械无情地屠宰动物，反对把鸡放在传送带上斩首，反对把家禽关在巨大黑暗的谷仓里孵蛋，反对把成群的猪拥挤地圈养在满地的排泄物中——反对为了人类不必要的娱乐而虐待任何生物。

素食主义出于对地球与人类健康（随着肥胖症流行）的考虑高举起人道主义旗帜。并且某些素食主义者对食物的选择与 20 世纪 60 年代美国反主流文化运动一样具有政治意义。

其中一位自称为“纯素食主义形象大使”的倡议者名叫杰伊·布雷夫，他表示，就某些自称为“非裔、亚裔与少数族裔”的激进分子来说，他们可以“通过这个机会来反对英国社会长存而遗留下来的不平等现象”：

> 我遇到过许多非裔的纯素食主义者，他们决定吃素是为了掌握个人自主权，掌控自己的饮食体系，摆脱市场的操控。

根据纯素食协会（成立于1944年的国际组织）的数据，在2008—2018年，英国素食主义者的人数从15万增加到了54.2万。零售素食产品的数量增加了一倍。而根据英敏特市场研究咨询公司的一项调查，英国42%的无肉食品消费者更喜欢“植物类食品”（不含蛋奶）。

为了满足人们对素食的渴望，新的咖啡馆、酒吧和餐厅又纷纷在英国、美国等地区开业。于是伦敦有了一些素食酒馆［例如“展翼鹰”（Spread Eagle），位于城市东部］、一家素食甜甜圈店，以及众多街头素食摊。

伦敦一些高端餐厅开始提供素食菜品，例如戈登·拉姆齐的门生杰森·阿瑟顿开设的“花粉街社交餐厅”（Pollen Street Social，这是其在全球所建餐饮帝国的组成部分），以及厨师西奥·兰德尔开在公园巷的“洲际酒店”（InterContinental Hotel）。此外，像“拉面道”（Wagamama）与“何时”（Itsu）等中端连锁餐厅也试行了素食菜品，而且为了反驳素食虽健康但土气的观点，他们会供应“垃圾素食”——油炸的人造肉串或甜甜圈。食品记者几乎每天都会收到素食新餐厅、新菜单或新菜品出现的消息。

当然，也有许多证据表明素食主义哲学存在逻辑矛盾：这种饮食缺乏维生素；素食产品的制作使用了快餐与非天然技术；肉食者认为素食口味寡淡、口感不佳。2019年，英国作家乔安娜·布莱斯曼写道：

> 无论是纯素“汉堡”还是“不含真鸡肉的肉片”，都只不

肉类代替品，在实验室中使用活体动物的肌纤维培育而成，比常规肉类用地减少 100 倍，用水减少 5.5 倍

> 过是以另一种形式使用了廉价食材：大量的水、某种蛋白粉（豌豆分离蛋白或大豆）、通过化学反应改制的淀粉、强力食用胶、工业精制植物油，然后再加入所谓的“调味剂”——糖、过量的盐，以及合成香料。

然而，20 世纪 90 年代与 21 世纪初期，纯粹主义者倡导了有机运动，鼓励食客与生产者考虑小规模耕种的优点。那么同样的，人们因素食主义考虑肉类用量的同时，也会在意其质量，并思考肉类是否必须取自活体动物。尽管新飞船餐厅也许曾认为自己处于美食风潮的最前沿，但最具市场潜力的未来食品可不是分子料理或素食菜肴，而是肉类代替品。

实验室培育出来的肉类使用了活体动物的肌纤维，这项技术吸引了微软创始人比尔·盖茨等亿万富翁的投资。盖茨在他的博客中写道：

动物养殖需要大量的用地与用水，还会对环境造成严重的危害。简而言之，想要为90亿人生产足够的肉类是不可能的。但我们不能要求所有人成为素食主义者，这就是为什么我们需要用不过分消耗资源的方式来生产肉类。

实验室肉类的培育减少了100倍的用地、5.5倍的用水，但纯素食者会吃吗？毕竟培育过程需要提取活体动物的肌纤维，并未完全摆脱残酷性。不过对于追求时髦的偶尔吃素的人来说，这很可能成为不错的选择，尤其是，他们还能把食物照片发上Instagram——全球潮流餐厅发展的另一驱动力。

在这个Instagram热度极高的时代，社交媒体平台均开始影响食物与装饰的发展，与未来的餐厅老板和厨师达成合作的伦敦设计工作室也不得不把Instagram列为推广餐厅的必须要素。设计师汉娜·柯林斯表示："年轻的企业家都会考虑这个要素。"因此，除了马赛克贴砖、壁画和霓虹灯等装饰，食物也需要在审美上令人愉悦，哪怕只是看起来离奇而已。如果照片墙的红人成为新一代"影响者"，那么厨师就必须吸引他们光顾餐厅，确保他们把菜肴与装潢拍照上传到Instagram动态，并让食物能拥有符合当时潮流的热搜标签。

正如社交媒体的至理名言："只有登上Instagram，才算来过这个世界。"

倘若烹饪的原因是食物很可能被拍摄并发布到Instagram上，而餐厅老板与厨师制作美食的地方是以娱乐为目的，那么外出就餐的概念必然会被质疑。因为，如果美食带来的乐趣主要在于社交，那我们是否应该把手机关掉，充分融入当下的氛围，望着同伴的双眼，感受人与人之间的互动之美呢？

外出就餐的未来无疑就反映在当下。随着岁月的更迭，人类还会迎来新的食物概念、新的餐具、太空时代的餐饮环境、新奇的数字预订系统，它们甚至会根据你的光顾偏好与银行余额来推荐餐厅。但世界上始终会存在单纯供人们就餐的场所。有些人会幻想将科学与食材相结合，有些人仍然会梦想开一家自己的小餐厅，拥有一间小厨房、随季节适度更变的菜单、实用的葡萄酒清单、开朗活跃的员工，以及交错成一片的欢声笑语——而我，会想要在这样一家餐厅，订一张双人桌。

致 谢

首先，我要感谢西蒙与舒斯特出版公司的出版总监伊恩·麦格雷戈邀请我写作本书，我很荣幸接受委托深入探究“外出就餐”这个妙趣横生的主题。在写作过程中，我的文稿代理人 PFD，给予了我坚定的支持与长期的鼓励，因此我要在此对卡罗琳·米歇尔、乔·福勒与维姬·康福思表示由衷的感谢。此外，我还要感谢英国《每日电讯报》的朋友——维姬、萨莎、克莱尔·I.、劳拉和克莱尔·F.，求证了我对这个我最喜欢的主题的种种叙述，并对我们激动人心的美食家项目给予了支持。

本书的大部分内容创作于我在英国北安普顿郡的家中。我要感谢戴夫和简为我提供了安宁、温馨与幸福（并配备了对讲机）的写作环境，令我们的家庭幸福感倍增。我要感谢管道工威尔、安迪和亚历克斯，在寒冷的气候维护了房屋的供暖设施——如果我知道他们在哪，如果那些崭新漂亮的暖气片能为我传话，我定会亲自向他们道谢。我的岳母住在萨默赛特郡，在她家探望期间，我在饭厅里写下了几乎能铺开几英亩面积的稿件，而她则为我端上了茶水、饼干、布里斯科家族风味的午餐、电视晚餐，以及布加布加巧克力，我永远都不会忘记这段温暖的回忆。我还要感谢在利帕里岛、科西嘉岛和伊比沙岛为我提供了桌椅和无线网络的好朋友：卡洛和亚历山德拉；斯基比和拉拉；林迪和丹。丹，伙计，我仍在遵循你的建议：“行动起来。”

感谢艾米丽·艾丁格为本书拟定了巧妙的研究模式，感谢西蒙与舒斯特出版公司的项目主管梅丽莎·邦德对原稿进行了出色的编辑。感谢我的两个处于青少年时期的孩子，爱丽丝和阿尔伯特，你们如此地努力成长，令我感到骄傲而钦佩。最后，我要感谢亲爱的艾米丽，对我给予了无尽的关爱、鼓励与支持，还为我们的家庭增添了一位可爱的新成员：正在快乐成长的小沃尔特。